KB267354

Machining Technology Series

기계 가공
기술 시리즈
No. 9

머시닝 센터
활용 매뉴얼

툴엔지니어 편집부 편저 | 심 증 수 역

머시닝 센터 입문 | 프로그래밍과 가공 실례
툴 홀더와 시스템 제작 | 툴링 기술 | 준비 작업과 고정구

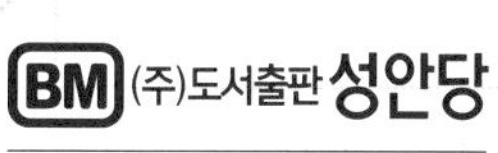

BM (주)도서출판 성안당

日本 taiga · 성안당 공동 출간

머시닝 센터 활용 매뉴얼

기계 가공 기술 시리즈 No. 9

え・佐伯　克介

차 례

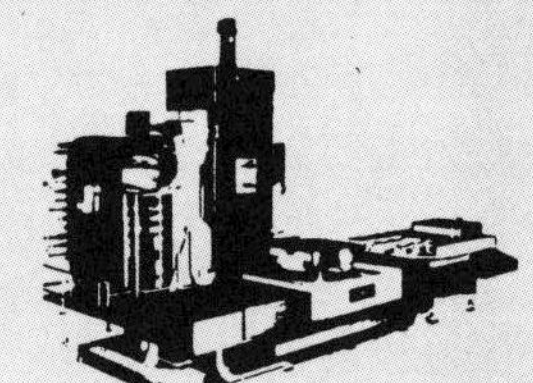

머시닝 센터 활용
메뉴얼

제 4 장　툴링 기술

제 5 장　준비 작업과 고정구

제 6 장　자 료 편

執筆者

牧野フライス製作所　笹川　俊雄
日本光学工業　　　　宮崎　敏彰
遠州製作　　　　　　磯部　裕一
共立精機　　　　　　阿部　伍俊
共立精機　　　　　　平原　明男
大昭和精機　　　　　久保　治明
黒田精工　　　　　　篠生　　全
カトウ工機　　　　　北原　寛巳
溝口鉄工所　　　　　木下　　健
城南精機工作所　　　戸山　正夫
セコ・ツールズ・ジャパン
　　　　　　　　　　松岡　甫篁
日本光学工業　　　　幸村　泰三
日本工学工業　　　　佐野　　裕
東芝機械　　　　　　秋山　久雄

●レイアウト・小和田　　勲

제 1 장
머시닝 센터 입문

MC의 생산과 사용 상황

● MC의 설비 대수는 세계 제일

일본의 공작 기계 생산액은 1981년에 독일을 앞지르고, 그 다음 해에는 미국을 앞질러서 세계 제 1 위로 되었다. 그 이후 오늘에 이르기까지 그 자리는 변함이 없다.

생산액의 내역을 보면 MC가 1위이고, 2위는 NC 선반으로 전 생산액의 63%를 차지하고 있다.

특히, MC의 과거 10년간의 신장률은 대단한 것이었다.

1976년에서 1987년간에 약 7 만대가 생산되었고 그 중 39,000대가 수출되었으므로 국내에는 3 만 대 이상이 설치된 것이다.

지금까지 설비 갱신 등으로 얼마만큼 폐기되었는지는 알 수 없으나 적게 잡아도 25, 000 대 이상이 가동 중에 있는 것으로 생각된다.

생산액도 그러하거니와 오늘날에는 여러 모양의 MC가 갖추어져 나와 있다.

수평형, 수직형, 아치형과 선반을 모체로 한 터닝 센터 등등 사용자측에서 보면 입맛대로 선택할 수 있는 시대가 되었다.

● 수직형 MC가 주종

MC의 형태별 생산액은 1984년의 일본 공작 기계 공업회의 통계에서 보면 다음과 같은 상황이다.

- 수직형 MC　　　　6589대　　　107566백만 엔
- 수평형 MC　　　　2567대　　　 76275백만 엔
- 쌍주형 MC　　　　1017대　　　 26103백만 엔
- T　　　C　　　　　 79대　　　 3112백만 엔
- 합　　　계　　　10252대　　　213056백만 엔

이 데이터에서 보면 수직형 MC가 다른 타입을 단연 앞질러 있음을 알 수 있다.

MC는 초기에는 수평형에서 출발하여 1975년까지는 오히려 수직형보다 많이 생산되고 있었다. 수직형 MC가 급속히 늘어난 것은 70년대 말경부터이다. 생산 대수만으로 보면 수직형 MC가 MC의 대표 기종이라 할 수 있다.

수직형 MC는 수직형 NC 밀링 머신에서 발전한 기종이다.

NC의 기술 습득기였던 NC 밀링 머신에서 사용하던 지그를 그대로 쓸 수 있어서 설치하기 쉽고 프로그램도 같은 요령으로 짤 수 있을 뿐만 아니라 오히려 수평형보다 쉽다.

또 박물 가공이나 금형 가공에 알맞고 작업성이 우수하다는 이점이 있다.그뿐만 아니라 최대의 장점은 뭐니뭐니해도 수평형에 비하여 값이 싸다는 것이다.

보통 수평형 MC의 제어축 수는 X, Y, Z축 외에 C축이 더해지고 그것에 베드,테이블의 강성을 높이지 않으면 안된다. 주축의 저토크 영역도 3단인 기계가 많은 것 같다.

그 점에서 비교해보면 수직형은 X, Y, Z의 3축 제어가 보통이다. 또 주축의 저토크 영역도 2단이 많아서 말하자면 수평형 MC보다 싸고 만들기 쉽다.

또한, 같은 크기의 기계와 비교하면 수직형은 수평형보다 무게가 가볍다. 그러나 강성면에서는 수평형보다 좋지 못하며, 설계상으로 보면 주축의 돌출이 커서 정밀 가공에 좋지 못하다.

수직형 MC의 최대 단점은 아무리해도 칩이 가공물이나 테이블 위에 쌓이기 쉽다는 점이다. 수평형은 칩이 자연히 낙하한다. 칩은 기계의 열변형에 대한 큰 적이다.

따라서 장시간 가동할 때는 야간 무인 운전을 전제로 한 FMS 시스템 머신에는 수평형 MC가 주역이 되고 있다.

열 변형은 어떤 기계에서나 일어난다. 수직형일 때는 X축 방향보다 Y축 방향의 변형이 크고 또 Z 방향(주축의 상하 방향)도 크게 늘어난다. 그것도 어느 시간 늘어났다가 잠시 후엔 역으로 줄어드는 기계도 있다.

여하튼 이런 단점을 충분히 고려하여 기계의 보수와 공작물의 정밀도 관리를 주의해서 해야 한다.

● MC 가공은 어떤 상황인가

일본에서 MC의 사용 상황을 처음 조사한 것은 일본 전자 협회였다. 그 후 당사의 「응용 기계 공학」편집부에서도 1971년, 1972년 두 번에 걸쳐 추적 조사한 일이 있다.

조사 항목은 설비 보유 대수, 가공 로트 수와 가공 시간, 가공 내용 등이었다.

일본 전자 협회와 응용 기계 공학 편집부의 조사에서는 설치된 전 NC 기계 중 MC가 어느 정도 차지하고 있는가 하는 대비, 그 가동 상황, 그것을 금후의 도입 계획으로 하였다.

일본 기계 학회가 행한 조사는 가동 향상을 위해서는 어떻게 할 것인가를 알기 위해서였다. 지금에 와서 생각해보면 전자는, 아직 수직형 MC가 그다지 설치되어 있지 않은 시기였다.

그러나 어느 조사에서나 공통으로 거의 같은 결과를 얻은 항목만을 아래에 써보았다.

① MC 가공물의 로트 수는 **그림** 1과 같이 1로트 30개 이하가 과반수를 차지하고 있다.

② 한 가공물에 쓰이는 공구 수는 10개 이하가 9%, 11∼15개가 14%, 16∼20개가 26%, 21∼25개가 8%, 26∼30개가 24%, 그 이상은 19%.

③ 공구의 사용 빈도

  • 드 릴   33.6%

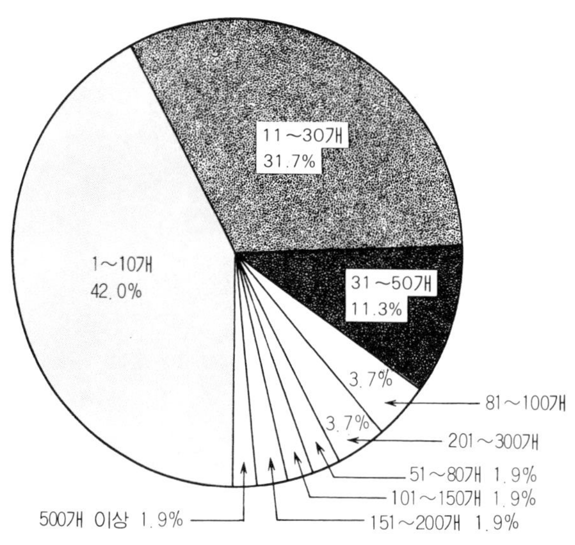

그림 1 MC 가공물의 로트수

- 엔드 밀 16.8%
- 보링 툴 16.7%
- 탭 14.6%
- 플레인 밀링 커터 9.9%
- 리 머 5.9%
- 기 타 2.5%

④ MC 가공 상황

- 구멍 가공 64.9%

    (구멍 가공을 100으로 하고)

    드릴링 43.1%

    태 핑 20.8%

    보 링 20.6%

    밀 링 7.9%

    리밍 · 기타 7.6%

- 면가공 23.5%
- 홈, 윤곽 가공 11.6%
- 평균 구멍 수 27개
- 평균 가공면 수 2.9면

 사용 공구와 가공 상황에서 보아 MC 가공이란 면이나 홈, 코너의 R를 절삭한 후에 구멍 가공이 얼마나 많은가를 알 수 있다.

 또 최근에는 NC의 성능이 좋아졌기 때문에 얕은 구멍의 다듬질 가공에도 보링 툴 대신에 엔드 밀에 의한 2축 제어 가공이 많아지는 경향이 있는 것도 특징 중의 하나이다.

제**1**장 머시닝 센터 입문

● 기계의 가동률을 끌어 올리려면

MC 가공 능률을 한층 높이려고 하는 요망은 해마다 높아지고 있다. 바꾸어 말하자면 무엇이 가공 능률을 방해하고 있는가 하는 점이다.

그런 면에서 앞의 일본 기계 학회가 조사한 것은 매우 귀중한 것이다.

우선, 전 조업 시간이 연 2,647시간 중 가동 가능 상태가 96.9%로, 비가동 - 고장은 3.1%(약 82시간)이다. 고장의 내역은 진단 1%, 수리 대기 0.62%, 테스트 0.28%이고 실제 수리는 불과 1.14%, 약 30시간이다.

가동 가능 상태의 내역은 가동 중 62%, 유휴 상태(遊休狀態)는 34.9%이다.

그 후자의 내용은 다음과 같다.

- 일이 없음   6.3%
- 기계에 부적당   12.6%
- 작업자의 사정   6.3%
- 반송계의 대기   2.1%
- 기 타   7.6%

또 전자의 가동 중의 내역은 다음과 같다.

- 모델 운전   3.1%
- 생산 운전   45.9%
  - 공 전   11.5%
  - 실절삭   29.0%
  - 기 타   5.4%
- 정 지   13.0%
  - 준 비   7.8%
  - 시퀀스 대기   2.2%
  - 기 타   3.0%

이중에서 모델 운전이란 프로그램의 체크, 공구나 절삭 조건의 변경을 포함한 시험 절삭이다.

공전(空轉)은 기계의 워밍업과 조속한 이송 시간 등을 포함한 것이다.

이 데이터에서 첫째로 느끼는 것은, 유휴 시간이 전체의 35%나 된다는 것이다. 이것은 일이 없다든가 기계 가공에 부적당하다는 이유라면 어쩔 수 없으나 작업자의 사정이나 수송 계통의 대기는 허용되지 않는다.

또 가동 정지 중의 준비, 시퀀스 대기의 10%도 더욱 줄이고 싶은 항목이다.

MC만큼 쓰는 방법에 따라 생산 능률, 가동 효율이 달라지는 기계는 드물다. 또 몇 십개의 공구를 갖추고 있으면서도 절삭하고 있는 공구는 항상 단 하나뿐이다.

기묘한 프로그램 작성을 포함하여 사전 준비 시간을 어떻게 단축시키지 않으면 안되는가를 생각해야 한다.

수직 · 수평형 머시닝 센터의 특징

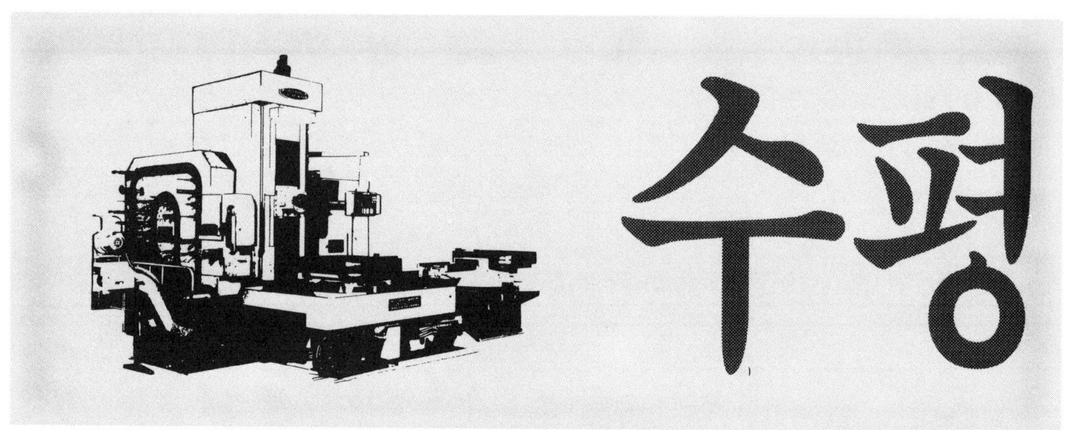

◆ 수직 · 수평형의 특징

머시닝 센터(MC)란 여러 종류의 절삭 가공을 같은 곳에서 할 수 있는 공작 기계라고 정의하고 있다. 그러나 최초의 것은 1960년 시카고 전시회에 카네이 앤드 트렉커사가 발표한 밀워크마틱II로, 수평한 주축과 30개의 툴 매거진, 자동 공구 교환 장치가 있으며 4면의 분할 테이블이 딸린 공작 기계였다.

이후 오랫동안 MC는 수평 주축, 공구 매거진, 자동 공구 교환 장치, 가공물 분할 기능을 갖춘 것으로 알려져 왔다.

그 후 MC는 공작 기계의 한 종류가 되고, 주축이 수평축(수평형 MC) 이외에 수직축(수직형 MC)인 공구 자동 교환 장치를 갖춘 플렉시블한 가공 기계를 총칭하게 되었다고 할 수 있다. 산업계의 합리화, 생력화, 무인화의 요구에 응해야 할 끊임없는 설계 수준의 향상, 제어 장치의 진보에 의하여 더욱 생산성, 신뢰성이 향상되어 경제적인 공작 기계가 되었다. MC의 발달을 생각해 보면 NC 밀링 머신에서 발달한 계열과, 보링 머신에서 발달한 계열로 구별된다.

　전자는 수직형 MC(**사진** 1)이며 기계의 구조는 베드형이 많고 테이블이 앞뒤로 움직이는 형태가 많다.

　이 타입은 가공물에 대한 접근성은 다소 뒤지나, 분할 기구를 갖지 않는 구조상 중량이 큰 가공물의 가공이나 스러스트 하중이 큰 가공에 적당하다. 또 테이블도 커서 한 방향에서부터 가공하게 되므로 여러 개의 공작물을 설치하고 가공(공작물을 설치하고 제거에 필요한 시간을 단축할 수 있음), 판모양의 부품 가공, 가공 시간이 긴 금형 가공 등에 능력을 충분히 발휘한다.

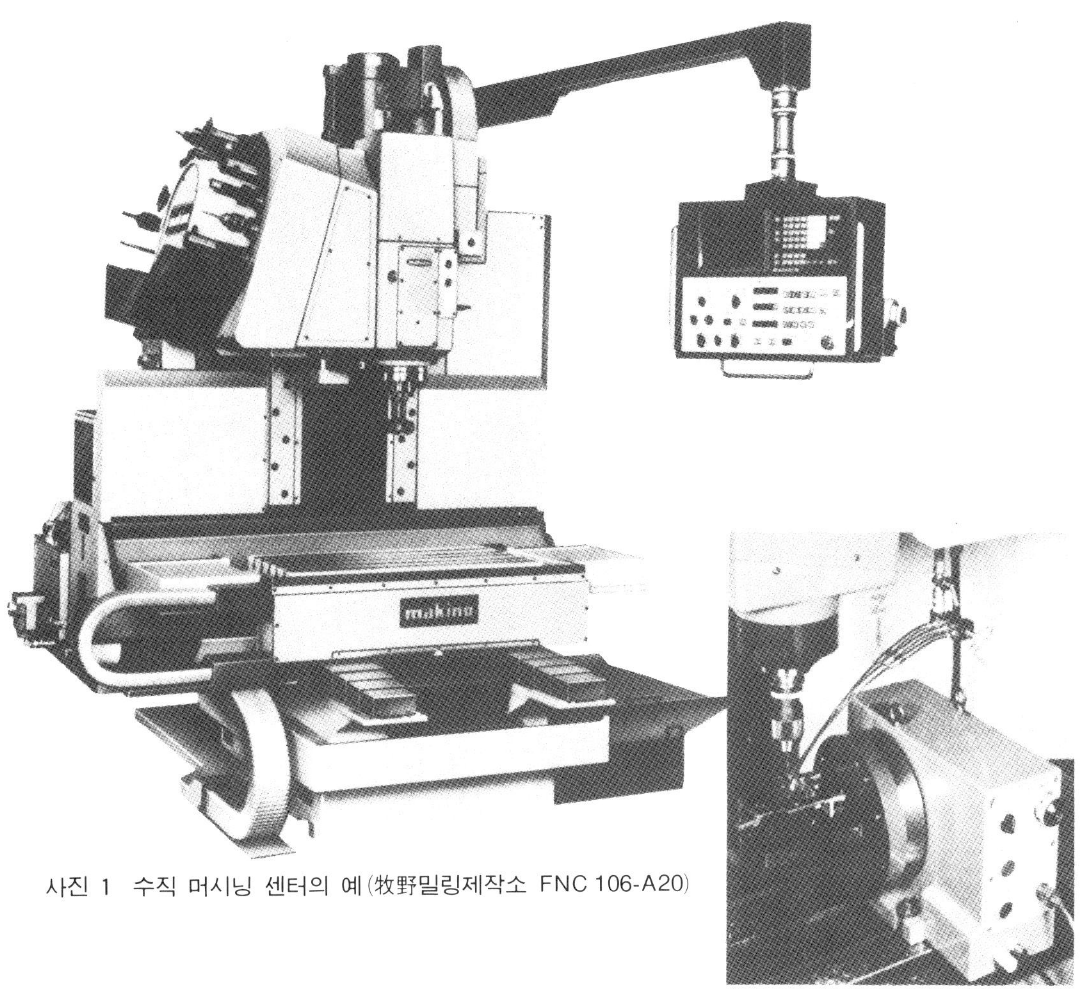

사진 1　수직 머시닝 센터의 예(牧野밀링제작소 FNC 106-A20)

사진 2　전동 분할대를 사용한
다면 가공

　비교적 넓은 테이블과 넓은 품을 이용하여 M 기능(보조 기능)으로 미리 프리세트한 각도만큼 자동적으로 분할할 수 있는 전동 분할대 또는 NC 분할대(NC 드라이브의 로터리 워크 헤드)를 이용하면 중~소물 부품의 다면 가공도 가능하다(**사진** 2).

　수평형 MC(**사진** 3)는 분할 테이블 위에 가공물을 설치하여 다면 가공하고, 가공면이

사진 3　수평형 머시닝 센터의 예(牧野밀링제작소 MC 86-A60)

수직이기 때문에 칩의 배출이 쉽다. 또 주축의 바로 밑에 칩 컨베이어가 장치되어 있는 구조의 기계에서는 열을 가진 칩을 기계 밖으로 반출함으로써 생산성이 높은 머시닝 센터라 할 수 있다.

뭐니해도 무인화를 지향한다는 점에서 칩의 배출은 가장 중요한 일로 공구날의 수명이나 파손에 대해서도 많은 영향을 준다.

한편 다면 가공이 되지만 팰릿상의 앵글 플레이트 또는 가공물 설치 기구의 강성 및 범용성에 대해서는 충분히 고려하지 않으면 기계의 능력을 충분히 발휘할 수 없다.

팰릿 체인저가 값싸고 바닥 면적도 작아졌으므로 한개의 가공물의 가공 중에 다음 가공물을 고정할 수 있으므로 가공물의 준비 문제는 해소된다. 또 고생산성을 살리기 위해서도 팰릿 형식의 시스템화로의 이행도 쉽고 가공 시간이 부족할 경우에 기계 대수를 증설할 때 등 시스템끼리 결합할 수 있어서 컨베이어 또는 팰릿 운반차 등에서 기계 사이를 잇는 FMS(flexible manufacturing system)로 발전이 가능한 기계이다.

항공기 부품 같은 복잡한 모양의 부품 가공에 대해서도 NC 제어축 수를 4축 또는 5축으로 증가시켜 대응이 가능한 구조를 갖고 있다.

◆ 수직·수평형의 비교

MC는 두 가지 형식이 있는데 이들이 현재 사용되고 있는 대수는 거의 같은 수라고 생각된다. 그러나 그 쓰임새는 아래에 표시한 바와 같이 차이가 있어서 각각의 특성을

제**1**장　머시닝 센터 입문

잘 이해한 후에 사용법을 나눌 필요가 있다.

(1) 칩의 배출

수직형 MC에서는 테이블 또는 가공물 위에 칩이 산더미처럼 쌓여 칩에 의한 열변형 문제, 공구날의 수명 문제가 생기고 특히 막힌 구멍의 태핑에도 문제가 된다.

수평형 MC에서는 가공면이 수직이고 자연의 이치에 의하여 칩이 떨어진다. 주축 바로 아래의 칩 컨베이어를 통하여 기계 본체 외의 칩상자에 배출된다.

(2) 가공부 확인의 용이성

자동화의 레벨이 높은 MC는 작업자가 항상 기계곁에 있을 필요가 없어서 그다지 문제가 되지 않으리라고 생각되나 가공부의 접근성, 가공부 확인의 용이성은 중요하다.

가공 프로그램의 디버깅 작업 때나 가공물의 치수 관리시, 공구 수명 체크 등에 유효하다. 이런 점에서는 수평형보다 수직형이 우수하다. 특히 신형의 수직형 MC에서는 가공부가 언제나 일정한 위치로 됨으로 우수하다.

(3) 열 변형 특성

MC는 한번의 세팅으로 가공물을 대부분 가공하기 위해 장시간 안정하여 가공할 수 있는 것을 요구한다. 더욱이나 가공 중에는 작업자의 개입은 거의 없는 것으로 생각된다. 따라서 가공 정밀도, 반복성 등은 모든 MC에 요구된다. 가공물의 정밀도는 모두 MC가 갖는 정밀도에 의존하게 된다. 그러므로 MC는 완성되어 가는 공작물의 최종 가공 정밀도를 갖고 평가할 필요가 있다.

가공 정밀도는 기계와 치공구가 갖는 여러 가지 인자로 정해지나 그중에서도 경시적으로 변화되는 인자가 정밀도 유지상 가장 중요한 것으로 된다.

치수 정밀도에 경시적(經時的)인 변화를 주는 최대의 인자가 열변형이다. 이것에는
- 주축계의 발열에 의한 것
- 주위 온도 변화에 의한 것
- 볼나사의 열변형에 의한 것
- 쿨런트의 온도 상승에 의한 것
- 칩의 열에 의한 것

등의 인자가 있다. 여기서는 수직형, 수평형 MC를 비교함에 있어 주위 온도의 변화에 의한 것을 들어 본다.

수평형 MC의 대부분은 기계 전체의 구성을 열적으로 대칭형으로 한 센터 헤드 마운트 구조를 택해 주위 온도 변화에 대비하여 둔감한 형식으로 하고 있다.

이 형식에 의하면 X 방향의 변형은 대폭 감소된다. 그러나 센터 헤드 마운트 형식이라도 Y, Z 방향에서는 대칭형으로 되기 어려우므로 기계를 구성하는 각 부분의 두께는 고르지 못하며, 각각 열용량이 다른 부분의 집합체이므로 주위 온도의 변화에 따르기 쉬운 부분과 그렇지 못한 부분으로 된다.

그림 1은 기계를 정지 상태로 하고 주위의 온도 변화만으로 컬럼이 변형되는 모양을 사이드 헤드 형식의 기계에서 측정한 예를 표시했다.

사이드 헤드형의 기계는 컬럼의 주축 머리 부분에, 뒷면에 비하여 열용량이 큰 가이드 웨이가 있으므로 이와 같은 X 방향의 변형을 나타낸다. 5℃/2H의 온도 구배에 대하여 테이블 상면보다 600 mm의 위치에서 약 $27\,\mu$m의 변형이 발생하고 있다.

수평형 MC는 프론트 헤드형이므로 Y 방향의 열변위가 커지는 경향이 있어서 주축의 늘어남(Z 방향)과 함께 주의가 필요하다.

(4) 가공 능력

수평형 MC에서는 분할 기구 또는 팰릿의 크랭크 기구 등 수직형 MC에 비하여 부가되어 있는 분량만큼 강성면에서 나빠져 분할 테이블 중심에서 떨어진 위치, 팰릿 윗면에서 Y 방향으로 멀어진 위치에서 큰 지름의 드릴 가공과 같이 스러스트 하중이 큰 가공은 일반적으로 제한되게 된다.

주축의 강성, Z 축의 서보 모터의 출력으로 정해지는 수직형 MC의 스러스트 포스편이 우수하다.

(5) 무인화, 시스템화에의 대응성

가공물의 로딩, 언로딩을 자동화하는 P/C(팰릿 체인저), P/M(팰릿 매거진)의 설치가 쉽고, 무인화에 필수적인 칩의 배출 문제, 절삭유의 비산 방지용 스프래시 가드의 설치, 다면 가공의 가능 등 수평형 MC편이 우수한 면이 많이 있다.

(6) 가공물의 준비

수직형 MC는 테이블 위에 설치하는 것만으로 간단하나 수평형 MC에서는 상자형 무거운 물건은 별도로 하고 보통 앵글 플레이트를 써서 수직 방향으로 설치하는데 스프래시 가드 등의 울타리가 있으면 큰 일이다.

P/C가 딸려 있으면 가공 중에 다음 가공물의 준비는 기계 외에 별도의 팰릿상에 설치할 수도 있고 또 설치 스테이션에서 팰릿 회전이 되는 기구를 가진 것도 나와 있으므로 다면 앵글 플레이트를 사용한 여러 개의 설치도 편하게 되었다.

(7) 프로그래밍

최근에는 컴퓨터를 사용한 자동 프로그램의 보급으로 간단한 부분 프로그램을 입력하면 되는데 이것은 어디까지나 공구 궤적이고 툴링 기술을 마스터한 뒤의 공구 교환시의 가공물과 공구의 간섭이나 테이블 분할시의 공구와의 간섭 등을 고려하지 않으면 안되는 점을 생각하면 수평형 MC편이 다소 어렵다고 할 수 있다.

이것을 프로그래머의 경험에 의하여 해결할 수 있지만 **표** 1에 수직형, 수평형 MC의 비교 항목을 모아 보았다. ○인이 찍힌 쪽이 우수하다(조건이 붙는 경우도 있지만).

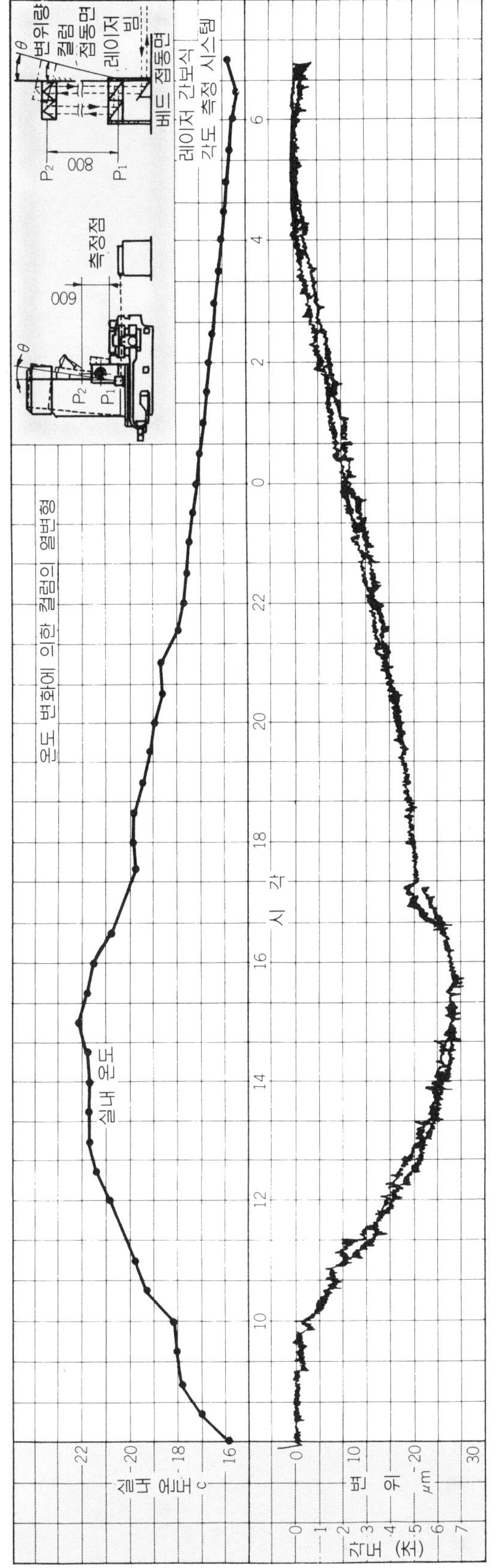

그림 1 주위 온도 변화에
의한 변형

표 1 수직·수평형 머시닝 센터의 비교

내 용	수직형	수평형	비 고
값	○		수평평에 비하여 싸다
칩의 배출		○	탭가공에서 현저
다면 가공(가공 범위)		○	빌드인형 분할 테이블에 의함
가공부 알기 쉬운 정도	○		작업의 안심감
실측 난이도	○		치수 측정 등의 체크
가공 능력	○		스러스트 하중에서
열 변위 특성		○	Y축에서
가공물의 크기	○		양면 스케일의 사용 (수평형) Y방향 스트로크는 수평형쪽이 크다.
가공물의 무게	○		분할 테이블의 회전력
가공물의 준비	○		P/C와의 균형
무인화(시스템화)의 대응		○	
접근성	○		신형에서는 우수함
스플래시 가드		○	묻히기 쉽다
툴스루,스핀들루, 쿨런트		○	절삭유의 비산 방지
절삭유 사용 정도	○		공구 길이에의 대응
프로그래밍	○		

◆ 수직·수평형의 공통 기능

이하에 기술하는 수직·수평형 MC는 공통된 자동화를 위한 모든 기능 및 주변 장치
는 이미 실용화 단계에 들어와 있다.

- 주축 부하 감시 장치(Spindle Load monitor)
- 공구 수명 관리 장치(Tool Life monitor)
- 적응 제어(Adaptive Control)
- 공구 파손 검지(Acoustic Emission)
- 예비 공구 교환 장치(Spare tool Automatic Selection)
- 측정 시스템(Measuring system)
- 공구 파손 검출 장치

이들은 하드웨어와 소프트웨어가 섞여 있으며 금후에도 더욱 발전해 갈 것이나 여기서
는 측정 시스템을 들어 전술한 열변형의 보정에 쓰이는 예를 소개한다.

그림 2는 주축계의 발열에 의한 정밀도 변화의 예를 표시한다. Al재의 기어 박스를 29
분 40초의 사이클 타임에서 연속 가공하는 프로그램을 머신 록 상태로 진행시키고 기계
에는 주축 회전만을 주어 측정한 것이다.

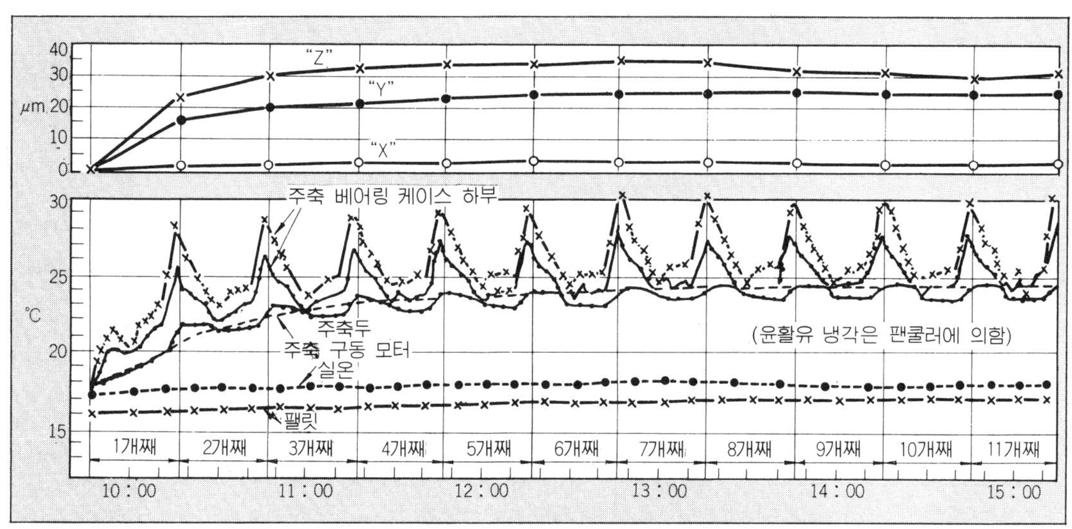

그림 2 주축 열변위에 의한 정밀도 변화

Z축 방향에는 35 μm, Y 방향에는 25 μm의 변위가 발생하고 있는데 더블 컬럼, 센터
헤드 마운트형의 기계이기 때문에 X 방향의 변위는 3 μm로 억제되고 있다.

이 예에서는 Y, Z의 위치를 4개째부터 측정 시스템을 써서(**사진 4**) 지그에 설치한 기
준 구멍 좌표를 측정하여 보정하면 이후 전방향 모두 5 μm 이내의 변위로 억제할 수 있
어서 작업 시작시 적당한 주축 속도로 워밍업을 하면 큰 효과를 기대할 수 있다는 것을
표시하고 있다.

사진 4 측정 시스템의 프로브

이 실험기에서는 주축계의 발생열을 별도로 설치한 팬쿨러에 의하여 윤활유를 삽입해서 기계 밖으로 배출하는 방식을 취하고 있으나 다시 열교환기를 사용하면 열변형을 앞예의 반 이하로 억제할 수 있다. 보통 이들은 옵션 시방으로 돼 있는데 그 장치 비율은 높아지고 있다.

또한 가공한 가공물의 치수 측정이나 복수개의 팰릿의 기계 본체 설치시의 분산 보정, 전술한 열변형의 보정에 측정 시스템이 유효하나 기계 본체의 직각 좌표계가 변하는 경우에는 주축에 프로브를 삽입하여 행하는 방법이므로 유효한 수단이라고는 할 수 없다.

◆ MC의 유효 활용

수직·수평형 MC의 특징을 열거했는데 MC는 세 개의 축을 갖고 세 방향으로 자유로이 운동하는 부분을 가진(수평형에서는 분할 기구를 가짐) 3차원적으로 가공할 수 있는 기계로, 이것은 항상 세 방향에 힘이 가해지고 더욱이 이동 방향이 반전되는 것도 있어서 공작 기계로서는 강성에 한계가 있고 유연성과 강성의 상반되는 기능을 만족시키는 숙명을 갖고 있다.

소경 드릴에서 4~5인치의 플레인 커터까지 같은 주축으로 가공한다고 하는 무리도 있고 절삭 저항이 크게 걸리는 고성능률 가공이나 높은 가공 정밀도가 요구되는 고정밀 가공에 대한 모든 것을 커버하는 만능 가공기로서 사용자로서는 그 MC의 습성을 충분히 파악하여 효과적인 이용 기술을 확립해 두기 바란다.

우리 MC 제조에 종사하는 사람으로서는 다양화 중에서 금후 점점 MC가 보급되어 감에 따라 다시 진일보된 기술로 자동화 기능의 확충, 성능 향상, 경제성 추구 등에 노력해 가려고 생각한다.

1
수평형 MC 활용 예

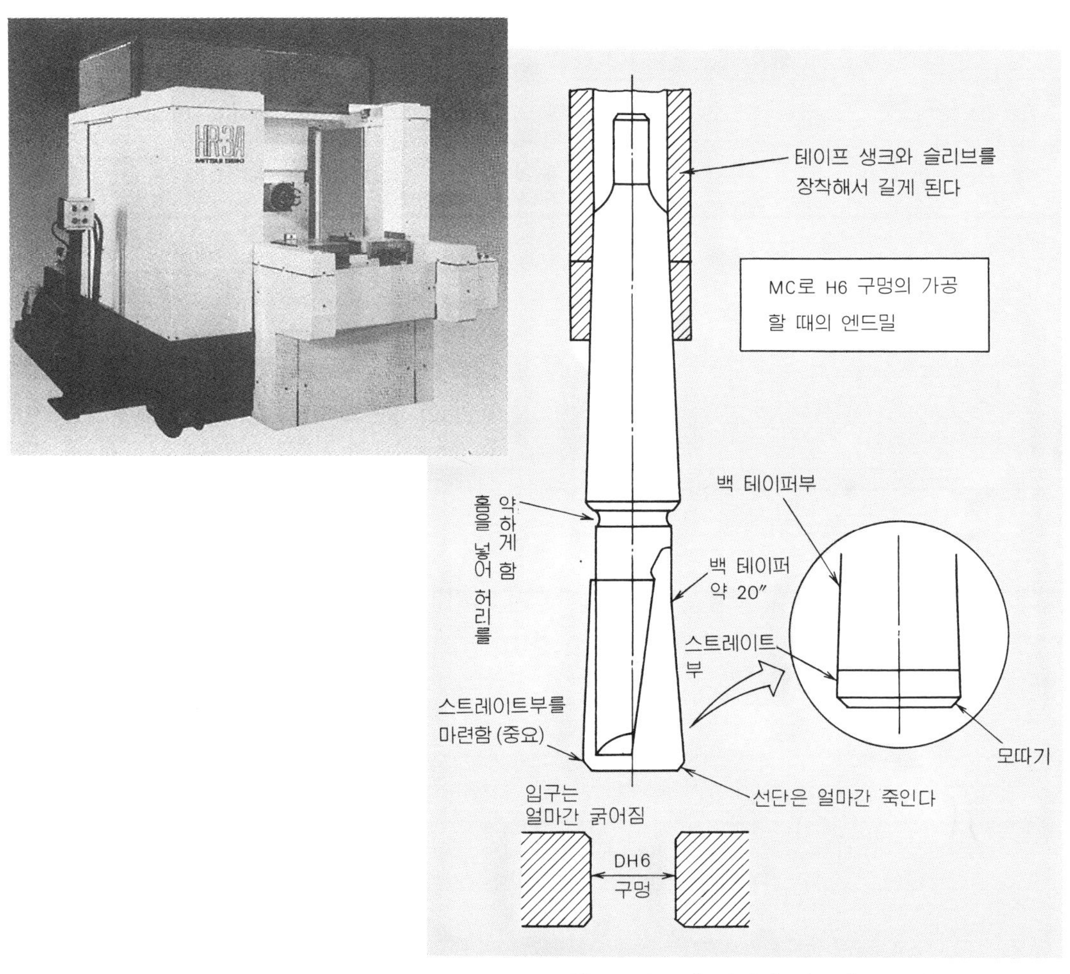

그림 1 공구의 여기가 타사와 다르다.

　사이타마현 내에 있는 공장 단지에 정밀한 프레스 뽑기형을 제작하는 메이커가 있다. 공장에는 그라인딩 머신, 밀링 머신, 여러 대의 선반, 거기에 드릴링 머신이 있고 한가운데 수평형 머시닝 센터(MC)와 NC 지그 그라인더가 각 1대 있다.

　MC는 4년 전 이 공단에 이사왔을 때 구입한 것 같다. 그 때까지는 자택 근처에 공장을 세워 부인을 포함해 불과 4명이 금형을 범용 형조반으로 제작하고 있었다.

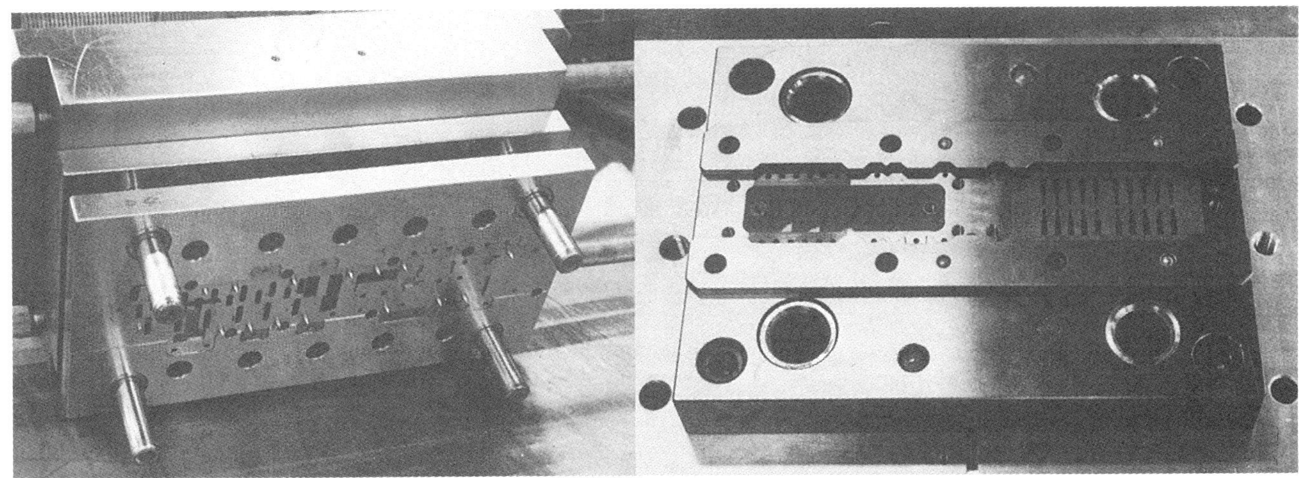

사진 1 금형은 암·수 1조, 거의가 일품 요리로 둘이 같은 형의 주문은 없다.
날부분은 1~2μ의 정밀도이다.

　사장은 예전에 유명한 전기 메이커의 금형 공장에 10년씩이나 있었고, 금형을 설계도 하고 또 NC 밀링 머신의 프로그램 지도도 하고 있었다. 공구 공장에 가장 오래 있은 덕분에 절삭 공구에 대해서는 공장 제일의 지식을 가진 우두머리였던것 같다.

　현재의 공장에서 제작되는 금형은 중요 부분의 공차가 언제나 1~2μ(0.001 mm)으로 대단히 정밀도가 높았다. 일본에서 가장 큰 카메라 메이커의 소형 정밀 프레스 부품용의 금형도 불과 20여 명이 한 공장에서 공급하고 있다.

　이외에 IC 베이스의 뽑기형, 타이프라이터, 사진기, 사무기 등의 금형 등 1업종 1사 주의로 제작하고 있다.

　이 기간의 연간 매출액이 7억앤이며, 금형가공의 경우 재료비가 12~13%이므로 조황 이득이 매우 높은 하청가공이라고 할 수 있겠다.

　그리고 한 대의 MC는 현재 16시간 운전중이다. 기계의 테이블 위에는 4각의 매스블록이 놓여 있고 그 대각선 면에 3개씩, 모두 6개의 가공물이 설치되어 있다. 한면 3개의 가공이 끝나면 테이블이 180° 인덱스하여 대각선 면의 3개가 가공에 들어간다.

　금형은 암, 수 1조이며, 거의가 일품 요리이다. 대단히 복잡한 형상의 것도 있어서 1조의 가공에 20시간 걸리는 것도 진귀하지 않다. **사진 1**은 그 일 예이다.

　가공 내용은 엔드 밀에 의한 틀가공, 홈, 타원 그외 복잡한 윤곽 형상의 가공이 이어진다. 1개의 금형에는 30~40개소의 구멍이 있다. 그 1/4은 탭으로 나사를 깎는다. 리머를 통하여 직경 10 mm 이하에서 공차 H6(9μ 이내)의 정밀한 구멍을 다듬는 곳도 있다. 보링할 곳도 있다. 가공의 종류로 말하면 전 가공의 65%가 구멍 가공이다. 가공 시간으로 보면 엔드 밀 가공도 적지 않게 많다.

　이와 같은 MC 가공은 종업원이 가고난 한밤중까지 사람 하나없는 공장 한구석에서 계속되며, 대략 다음날 아침에 가공이 끝나도록 준비한다. 연삭 가공을 제외한 금형 절삭 가공은 이 MC로 거의 끝이 난다.

사진 2　본체 측면의 60개의 공구를 수납하는 매거진

사진 3　2000의 툴링 데이터가 입력되어
있는 컴퓨터

　　MC가 대강의 가공을 끝내면 암, 수가 만나는 곳, 즉 뽑기형의 날 부분은 연삭되고 이어서 조립에 들어간다.

　　이 MC기의 왼쪽 뒤에 있는 툴 매거진에는 60개의 공구가 수납되어 있다(**사진 2**). 보통 1조의 금형을 가공하는 데는 30개 정도의 툴이 필요하므로 60개 있으면 2~3조의 금형 가공이 된다.

　　이 공장에서는 1대의 MC에 대하여 툴링(툴 홀더에 공구를 설치)은 300개 가까이 준비되어 있고 설계실의 컴퓨터(**사진 3**)의 데이터 뱅크에는 2,000개의 툴링이 등록되어 있다.

　　「MC 그 자체에는 이점이 없어요. MC를 쓰는 소프트웨어-쓰는 법에 있는 것입니다. 이 소프트웨어의 하나는 어떤 가공 공정을 짜는가, NC 장치의 기능을 어떻게 하여 쓸 것인가, 즉 프로그래밍입니다. 또 하나는 툴링에 대하여 얼마만큼 경험하고 어떤 실패를 했는가, 그리하여 어떻게 극복했는가입니다」 이것이 진짜 소프트웨어라고 생각한다고 사장은 말한다.

　　「독립한 지 10년이 가까워집니다만 대메이커로부터 신뢰받고 일감을 맡겨준다는 것은 툴 앤드 툴링을 하루도 거르지 않고 연구하고 경험해 왔기 때문이라고 생각합니다」. 젊은 사장은 이같이 말하면서 마지막에 구체적으로 툴이 타사와 다른 부분을 그려 가며 보여 주었다.

2. 수직형 MC 활용 예

준비 작업 연구와 분할대 활용으로 로스 타임을 줄임

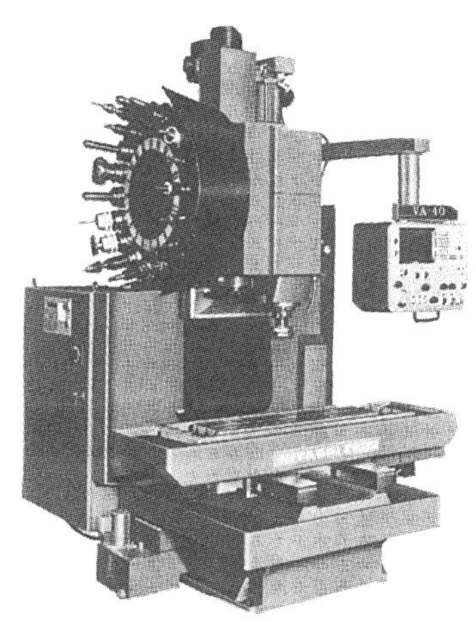

　MC에는 수평형과 수직형이 있다. 수평형은 기계의 주축이 수평 방향으로 붙어 있는 타입이다. 수직형은 주축이 수직 방향, 즉 세로 방향으로 붙어 있는 기계이다. 앞 페이지의 금형 메이커는 수평형 MC를 사용했는데 금형 메이커로는 특이한 편이다.

　대략 금형 메이커의 약 9할이 수직형 MC를 쓰고 있으며, 금형의 형상이나 가공 내용면에서 수직형 MC가 적격이다. 그것은 금형 메이커는 MC를 도입하기 전에 수직 밀링 머신을 오래 써 왔고, 수직형 공작 기계에 익숙해 있기 때문이다. 여하튼 수직형은 가공물을 고정하거나 풀어내기가 대단히 쉽고 작업을 감시하기도 쉽다. 수직형 밀링 머신에서 쓰던 지그를 그대로 MC에서도 쓸 수 있다.

　앞의 금형 메이커는 두 대째나 수평형 MC를 도입해 야간에는 무인 운전하여 20~22시간 가동하는 것 같았다.

　무인 운전을 하면 작업 감시도 일일이 하지 않고 가공물의 고정 시간도 그다지 문제가 되지 않는다. 무인 운전에서 제일 주의하지 않으면 안되는 것은 절삭유제를 밖으로 날리지 않게 하는 일이기 때문에 기계에 스프래시 가드를 달지 않으면 안된다. 스프래시 가드를 달려면 수평형이 좋고, 수직형 MC는 설계상 달기 어렵다.

　이 페이지에 소개할 것은 수직형 MC를 잘 쓰고 있는 예이다. 가공물은 알루미늄 다이 캐스트이고 로트 수는 월생산 200~300개, 매달 한번 이익이 생긴다.

사진 1 테이블 위에 3개의 고정 지그, 우단에 인덱스. 각각에 가공물이 설치되어 있다.

　테이블은 길이 2 m 50 cm나 되는 대형기이고 그 오른쪽 끝에는 NC 분할대(인덱스)가 고정되어 있다. 또 가공물을 가로, 세로 거꾸로 고정하는 지그 세 개가 테이블 위에 고정되어 있다(**사진** 1).

　가공은 우선 플레인 커터에 의한 면절삭(**사진** 2)부터 시작된다. 왼쪽에서 두번째의 지그 위치가 가공물이다.

　여기서는 가공의 정(正)－기준면 절삭이다. 보통 MC의 가공은, 이와 같은 기준면 가공

사진 2 제1공정의 면절삭

사진 3 제2공정의 면절삭

사진 4 제 3 공정의 면절삭

사진 5 센터 드릴 가공

은 흔히 범용 밀링 머신으로 하지만 그러나 고정법을 연구하면 이 예와 같이 기준면 가공기가 필요없게 된다.

제 2 공정은 그 오른쪽에 지그에 고정한 가공물의 측면 절삭(**사진 3**), 제 3 공정은 오른쪽 끝의 인덱스에 고정한 가공물(**사진 4**)이다. 이 제 1~3 공정의 가공 중에는 공구(플레인 커터)를 교체하지 않는다. 또 작업자는 제 1 공정을 마친 가공물은 제 2 공정의 지그에, 제 2 공정을 마친 가공물은 제 3 공정의 인덱스에 다시 고정한다.

플레인 커터 가공을 마치면 드릴 구멍 위치를 결정하기 위한 센터 드릴을 같은 방식으로 세 개의 가공물의 전면에 보낸다(**사진 5**). 그것이 끝나면 드릴 가공(**사진 6**), 계속하여 두 날 엔드 밀에 의한 턱이 진 구멍 가공(**사진 7**), 측면의 홈가공(**사진 8**), 보링 가공(**사진 9**), T 홈 가공(**사진 10**) 등으로 이어진다.

어느 공구를 쓰거나 지그 위치 1, 2, 3, 4의 각면 가공을 함께 한다. 하나하나 ATC(자동 공구 교환 장치)에 공구를 되돌리거나 새로운 공구를 고정하거나 하지 않는다. 여하튼 공구는 12개씩이나 쓴다. 한 개당 전 가공 시간은 약 20분이었다.

사진 6 드릴 가공

사진 7 층이 진 구멍 가공

사진 8 홈 가공

사진 9 보링 가공

이 가공에 특히 흥미를 갖는 것은 인덱스 가공이다. 가공물은 45°, 90°, 180°로 회전시키고 각각의 면 위치에서 복잡한 윤곽 절삭을 하고 있다.

종래 이 공장에서는 2대의 NC 밀링 머신, 4대의 범용 밀링 머신, 그것에 보링 머신, 드릴링 머신 각 1대, 모두 8대의 기계를 사용하여 1대당 45분 이상 걸린 것같다.

이 기계 공장에서는 4대의 수직형 MC, 1대의 수평형 MC, 7대의 NC 밀링 머신이 고정되어 있었는데 수직형 MC기는 4대 다같이 NC 인덱스를 항상 테이블 위에 고정한 채였다. 단 어느 인덱스거나 구입한 채로는 쓰지 않고 있었다.

사진 11은 NC 인덱스의 주축에 고정하는 특별 주문품 홀더이다. 왼쪽은 테이퍼부는 내셔널 테이퍼 50번(NT 50형), 오른쪽은 놀랍게도 툴 홀더-밀링 척-를 워크 척(테이퍼는 NT 40)으로 응용한 것이고, **사진** 12는 그것을 인덱스의 주축에 삽입하고 선단에 가공물을 고정하고 있다.

사진 13은 이들 특수 인덱스의 주축 선단에 붙이는 장치와 그것을 사용할 때의 가공물이다. 가공할 물건이 너무 많으므로 장치와 가공물을 함께 정비하고 있다.

사진 10 T홈 가공

사진 11 분할대용 특주품의 홀더

제**1**장 머시닝 센터 입문

사진 13 야도이와 가공물을
함께 정리

사진 12 밀링 척을 공작물의 척으로 이용

*   *   *

수직형 MC로 능률적인 로트 가공하는 방식에는 "금천소(今川燒) 방식"이 있다. **사진 14**와 같이 1장의 지그에 작은 가공물을 나란히 고정하고 동일 공구로 절삭해 나간다. 사진의 예에서는 왼쪽 밑의 부품이 16개가 동시에 절삭된다.

사진 14 "今川燒방식"의 고정 지그

3 FMS 활용 예

가공물은 팰릿에 세트, 24시간 무인 운전

한 때 신문지상에 "○○공업이 본격적인 FMS 공장을 신설"이라든가, "공작 기계 업계 FMS로 활황"과 같은 기사가 나와 있었다. 그러나 이 플렉시블 매니팩처리 시스템을 어디까지 이해하고 있는가는 매우 의문이다.

많은 사람들은 컴퓨터와 로봇과 기계를 연결한 것으로, 무엇이든지 제조할 수 있는 생산 설비로 생각하고 있는 것 같다. 컴퓨터와 로봇과 가공 기계라면, 이퀄 머시닝 센터라고도 할 수 있을 것이다. 자동 공구 교환 장치는 말하자면 로봇과 같으며, 컴퓨터=CNC 장치이다.

FMS는 MC와 함께 미국이 발명한 기술 용어이다. MC가 들어갔을 때, 그 정의는 매우 애매하였으며, 마찬가지로 현재의 FMS도 명확한 정의는 없다. 개략적으로 말하자면, 복수대의 MC, NC 기계를 중심으로 라인을 짜고 동시에 기계 상호간에 컨베이어, 로봇 또는 무인 반송차 등의 자동 수송 장치가 있고 이들 전체를 컴퓨터로 군제어하여 복수 종류의 공작물을 가공할 수 있는 시스템이다.

그림 1은 그 일 예이다. 플렉시블=유연성이란 무엇이나 되는 것이 아니라 복수 종류가 된다는 것이다.

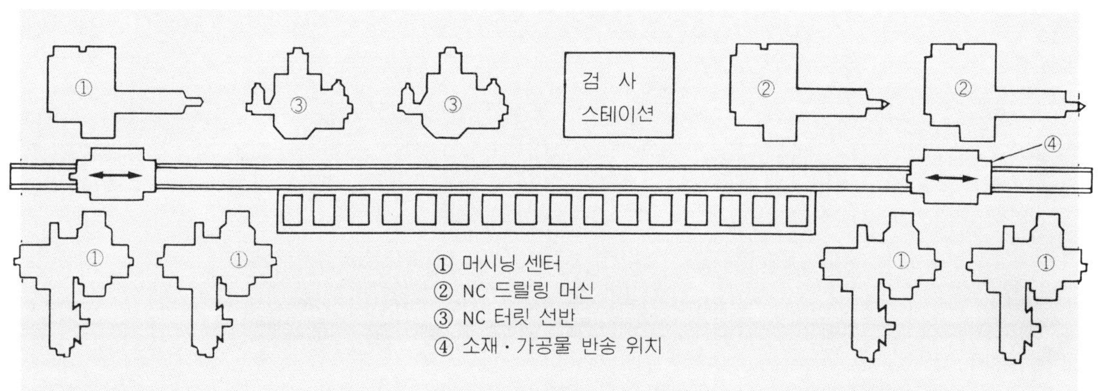

그림 1 FMS의 일례

사진 1은 日立精機의 공장 내에 설비되어 24시간 가동 중인 FMS이다. 다만, 이 예의 MC기는 1대이다. 이 FMS의 MC에는 APC(자동 팰릿 교환 장치)가 컨베이어 위에 나란

제1장 머시닝 센터 입문

사진 1　日立精機에서 24시간 가동중의 FMS

히 있다. 가공물은 팰릿 위에 고정하는데(**사진 2**), 같은 공작물은 2개 나란히 있을 뿐이고 나머지는 다른 공작물이다.

사진 2　팰릿상에 가공물을 세트

ATC의 구조

MC가 다른 공작 기계와 결정적으로 다른 것은 툴 매거진(공구 격납 기구)이 있고 다수의 툴링을 보유하여 그들을 자동 교환하는 ATC(Automatic Tool Changer : 자동 공구 교환 장치)를 갖추고 있다는 점이다.

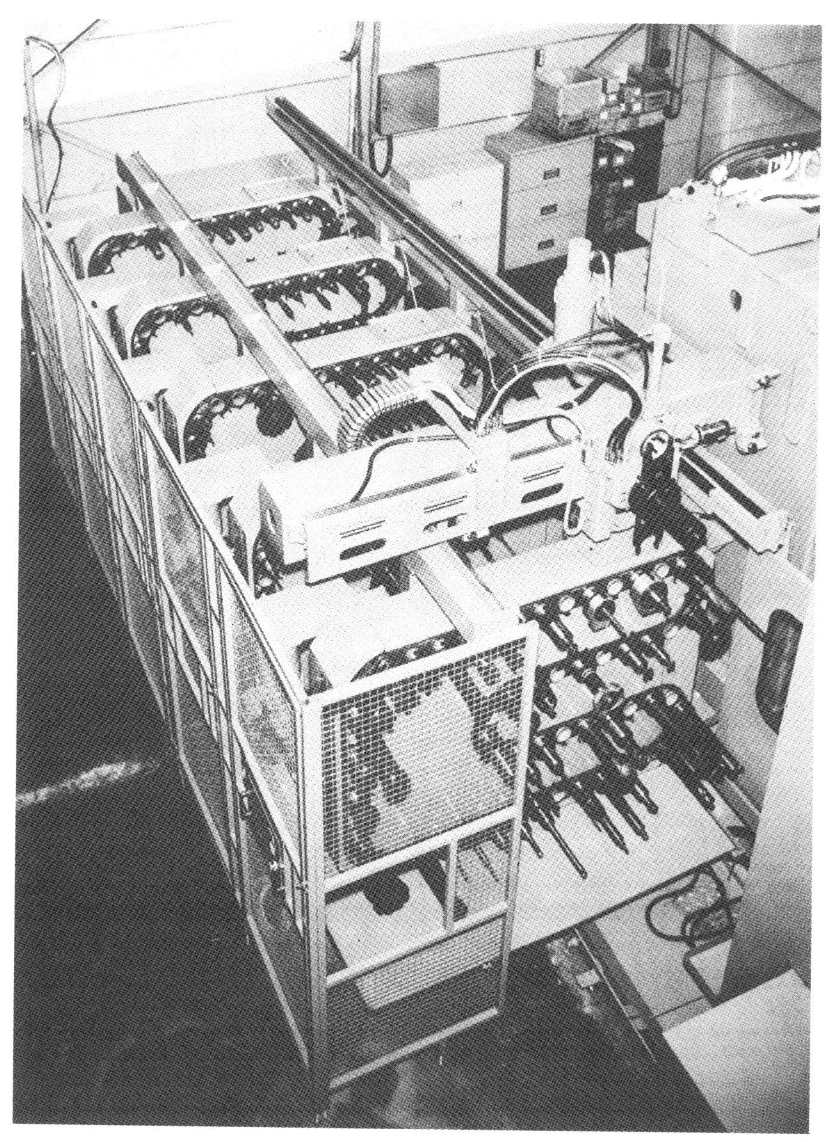

⇧300개의 공구를 수납하는 매거진(安田工業 YBM-90N형)

제**1**장 머시닝 센터 입문

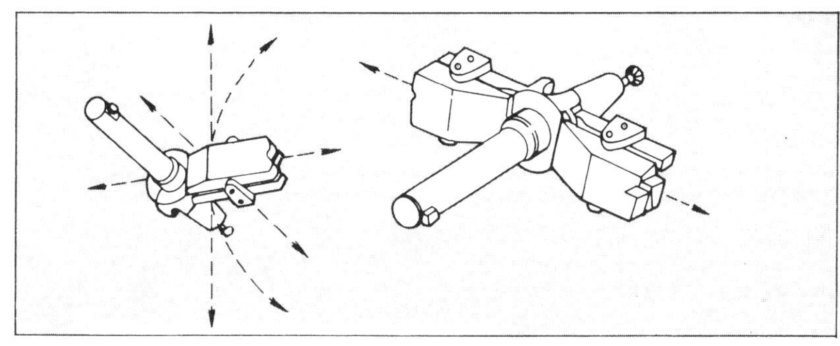

⇧ 소서, 그립식은 거의 없다.

공작물을 기계의 테이블상에 고정하고 조작반의 스위치를 넣으면 프로그램에서 짜여진 순서로 다음에서 다음으로 툴링이 기계의 주축에 물리고, 또 가공을 마치면 툴링은 원위치로 되돌아간다.

최근 이 ATC의 성능은 눈부시게 좋아졌다. 교환 시간도 5~7초로 짧아지고 사고도 매우 적어졌다.

MC기의 보유 공구 수는 20~30개가 가장 많은 것 같은데 그중에는 300개씩이나 보유하고 있는 MC도 있다.

툴 홀더에는 V형 플랜지가 있다. ATC의 갈고리는 이 V홈에 들어가 홀더를 그립(grip=잡는다)한다. 마치 맥주병을 잡듯이 그립하여 보틀(Bottle=병) 그립식 홀더(MAS 규격도 가운데 보틀 타입이 있다)라 한다. 이 보틀 그립식 외에 커피받침 접시(saucer)를 잡는 것 같은 형식의 것도 있다. 소서 그립식이라 한다.

① MC의 주축에는 가공을 마친 플레인 커터, 툴 매거진 중에서는 다음 가공을 위한 큰 직경의 드릴이 대기 중이다.

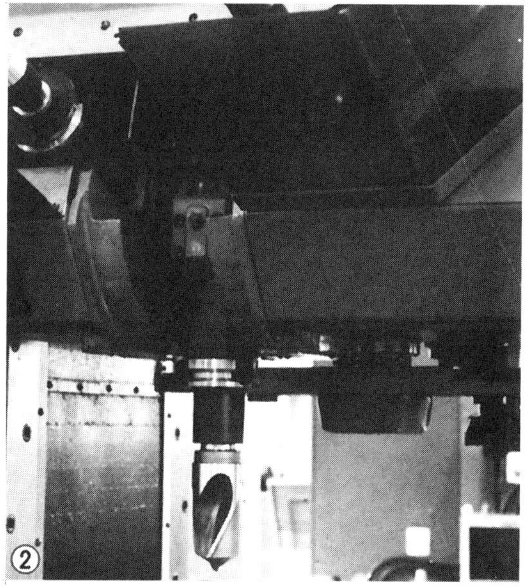

② 드릴이 내려 왔다. ATC의 암(腕)은 한쪽에는 드릴을, 다른 쪽에는 주축측의 플레인 커터를 잡으려고 하는데, 어느 홀더이건 V홈에 ATC의 걸림쇠가 들어간다. 보틀 그립식이다.

홀더측에서 보면 이 V홈은 연중 잡고 있으므로 마모가 심한 곳이지만 이 마모는 가공 정밀도에는 직접적인 영향은 없다. 문제는 테이퍼 부분인데 테이퍼의 마모가 심하면 홀더의 수명이 다한 것이다.

③ ATC의 암이 180도 선회하기 시작한다.

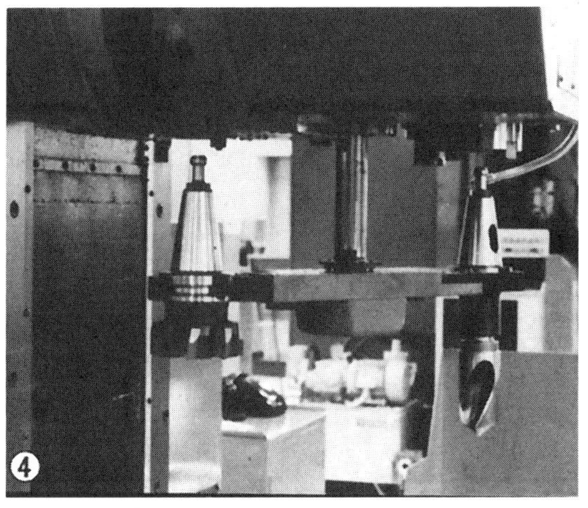

④ 180도 선회하여 플레인 커터는 매거진 쪽으로, 드릴은 주축 끝 아래에 있다. 툴링의 상단에 풀 볼트가 보인다.

⑤ ATC의 암이 끌어 당겨 드릴이 주축에 삽입된다.

⑥ 한편 플레인 커터는 툴 매거진으로 돌아간다.

ATC의 운동

ATC 운동의 한 예를 나타냈는데 이 순차적인 툴 교환은 프로그램에서 말하면 "M06"이라고 하는 교환 지령에 의하여 이루어진다.

따라서 당초 매거진에 순서대로 정렬되어 있는 툴링군(群)은 사용 전후에 격납 위치가 전혀 바뀌고마는 타입이 있어서 랜덤 방식 또는 임의 호출 방식이라 한다. 랜덤 방식이면 매거진 중에 정렬된 순서에 따르지 않고 필요할 때 필요한 공구를 불러낸다. 최근, 이 형식이 많아져 가고 있다.

제**1**장 머시닝 센터 입문

홀더와 풀 스터드 볼트

　MC가 플레인 커터, 엔드 밀, 보링, 드릴, 리머, 탭 가공 등 여러 가지 가공이 되는 것은 이와 같은 많은 공구를 공통의 고정 공구에 장착할 수 있기 때문이다. 이 공구를 지지하고 홀드하는 뜻에서 툴 홀더 또는 단순히 홀더라고 부르고 있다.

　사진 1은 플레인 커터를 홀더에 물린 상태로, 그것을 분해한 것이 **사진** 2이다. 중앙에 테이퍼가 있는 부분이 홀더이다.

사진 1　홀더에 설치한 플레인 커터

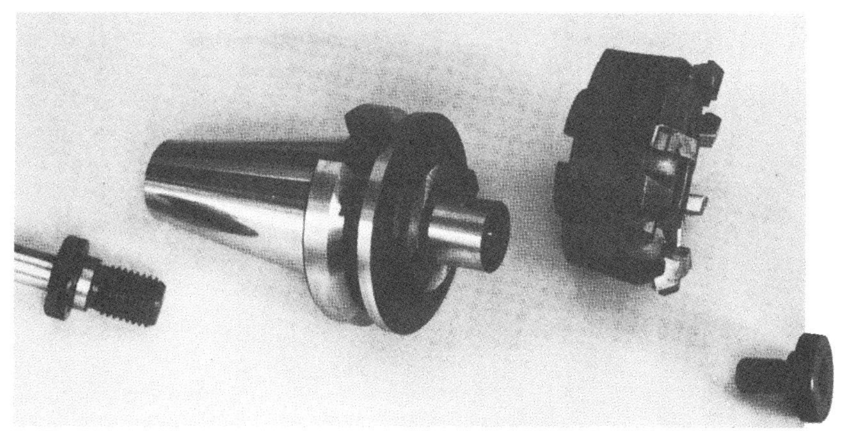

사진 2　홀더를 분해하여 보았다. 좌단은 풀 스터드 볼트

　홀더의 왼쪽 부품은 풀 스터드 볼트(단순히 풀 볼트라고도 함)이다(**사진** 3).

　홀더의 대구경부 끝에 V홈의 플랜지로 되어 있다. 이것은 ATC의 걸림쇠가 들어가는 곳이다. V플랜지라거나 보틀 그립이라고도 한다. ATC로 공구를 교환할 때는 항상 물림

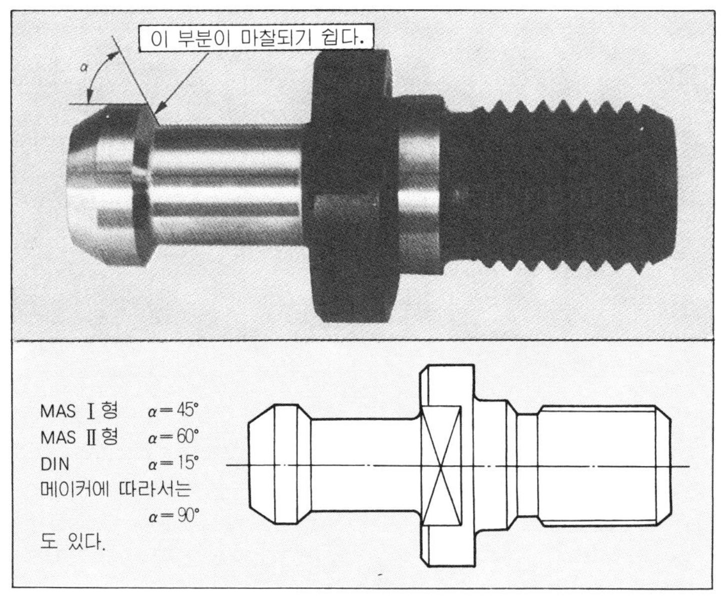

사진 3 풀 스터드 볼트

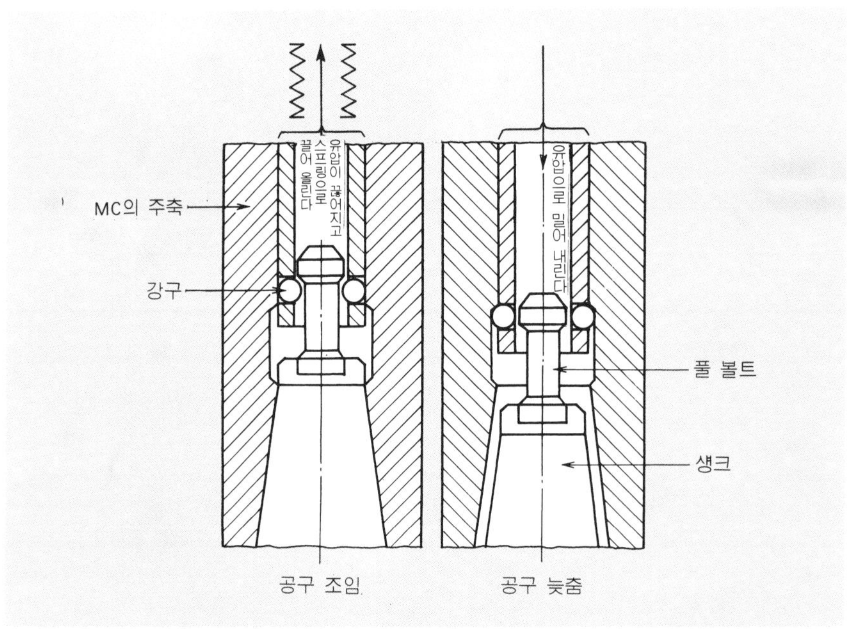

그림 1 ATC의 공구 조임 방식

쇠가 V플랜지에 닿기 때문에 손상이 심한 곳이다.

여기서 **사진** 1과 같은 홀더에 플레인 커터를 물린 1조를 좁은 뜻의 "툴링 시스템"이라 부르고 있다. 보링 바를 홀더에 물리면 이것도 하나의 협의의 툴링 시스템이다.

그리고 또 이들 조립된 플레인 커터, 엔드 밀, 드릴, 보링 등등의 툴링 시스템을 한데 묶은 10수개에서 수십 개의 그룹도 또한 툴링 시스템이라 부르고 있다. 보통 말하는 툴링 시스템은 후자의 편이다.

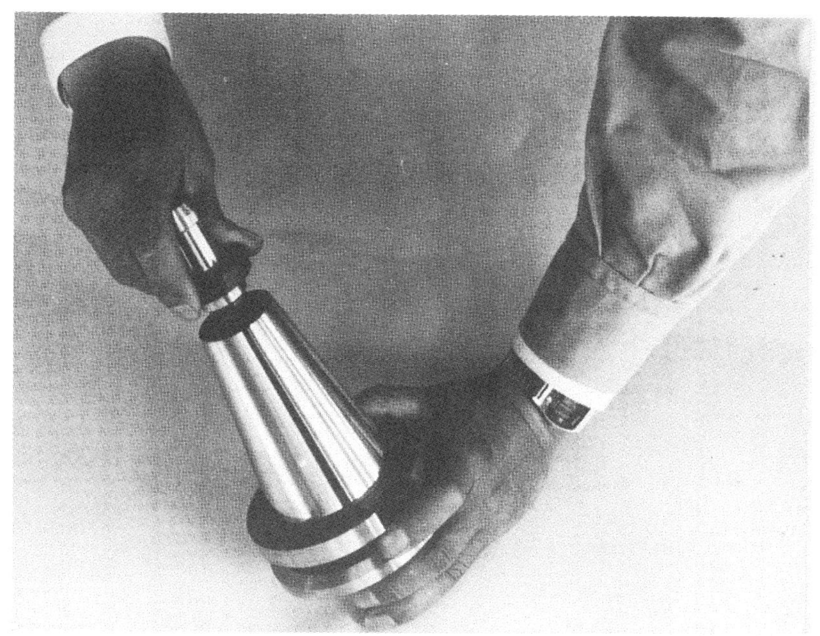

사진 4 마모된 풀 볼트를 바꾸어 박아 넣는다.

하나의 툴링 시스템은 MC 주축단의 테이퍼에 삽입되면 **그림** 1과 같이 강구(鋼球)를 걸쳐서 주축 후방에서 스프링으로 당겨 잠근다. 풀 스터드 볼트의 풀은 당기고 스터드는 심는다는 뜻이다.

큰 MC라면 3~5톤이란 강대한 힘으로 잡아당긴다. 그것에 견디기 위하여 퀜칭되어 있으나 강구가 닿는 곳에는 잘 마모된다. 이럴 때는 **사진 4**와 같이 바꾸어 박아 넣는다.

이 풀 볼트! MC의 메이커, 기종마다 사용 규격이 정해져 있다. 일본 공작 기계 공업회 규격을 「MAS」라 하는데 최근의 MC는 대부분이 MAS로 되었다. 그러나 이 MAS에도 MAS Ⅰ형, Ⅱ형이 있다. Ⅰ형은 **사진 3**의 α 가 45°, Ⅱ형은 60°이다.

이 두 가지만이라면 좋으련만 MC 메이커에 따라서 이 각도가 90°의 것도 있고, DIN(독일 규격)은 15°로 여러 가지다. 지금 전세계의 통일 규격(ISO)을 만들려고 하고 있으나 현재 이 각도 하나도 분규의 씨가 되고 있다.

하여간 MC를 구입할 때는 풀 볼트의 적합 규격(자료편 참조)은 어느 것인가를 확실히 알아 두어야 한다(MC 메이커의 카탈로그에는 풀 볼트의 규격이 들어 있지 않는 것이 흔히 있다).

홀더의 테이퍼와 MC의 주축단 테이퍼는 당연한 일이지만 같지 않으면 안된다. 보통 일본 내에서 판매되고 있는 MC기의 주축 테이퍼는 내셔널 테이퍼 50(NT 50)과 NT 40이 많아졌다. 그중에는 NT 45인 MC도 있다.

또 미국제의 MC에는 테이퍼가 아니라 스트레이트(생크가 원통)인 것도 있다.

중요한 것은 툴링 시스템을 구입할 때는 구입한 기계의 주축단 테이퍼와 맞는 것이 아니면 쓸 수 없다라는 것이다(자료편 참조).

툴링 시스템의 구성

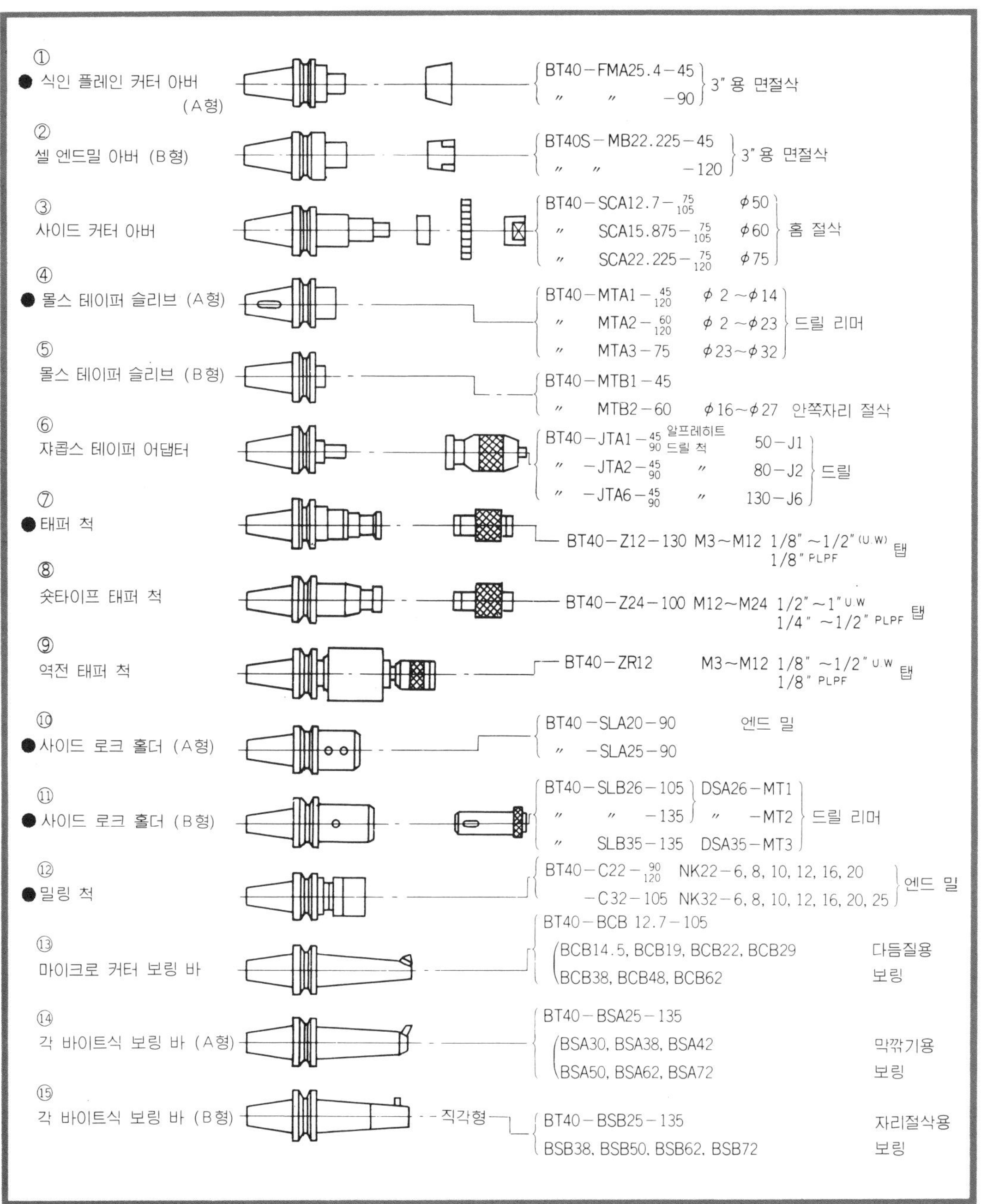

그림 1　툴링 시스템의 예(日立精機 MINIMATIC-500형)

제 1장　머시닝 센터 입문

    사용할 MC기의 주축 테이퍼부와 맞는 생크 형상—툴 홀더의 테이퍼 및 풀 볼트가 정해지면 다음에는 가공 대상물에 맞는 툴을 고정하기 위한 시스템을 짜게 된다.

    MC기가 다종 다양한 가공을 하기 위해서는 그들에 알맞는 툴을 미리 준비하지 않으면 안된다. 보통 한 대의 MC기는 10종류 이상의 공작물을 가공한다고 생각된다. 이들 가공을 하려면 공구의 수도 수십 개가 될 것이다. 그런 여러 종류의 공구마다 홀더를 한 개씩 준비한다는 것은 막대한 비용이 들게 된다.

    때문에 1개의 홀더에 각종 치수의 콜릿이나 어댑터(슬리브, 소켓 포함)를 조합하여 시스템을 준비한다. **그림** 1은 그 일례이다.

    책의 맨 끝의 자료는 MAS(일본 공작 기계 공업회)의 BT 50 시스템이다. 이 시스템은

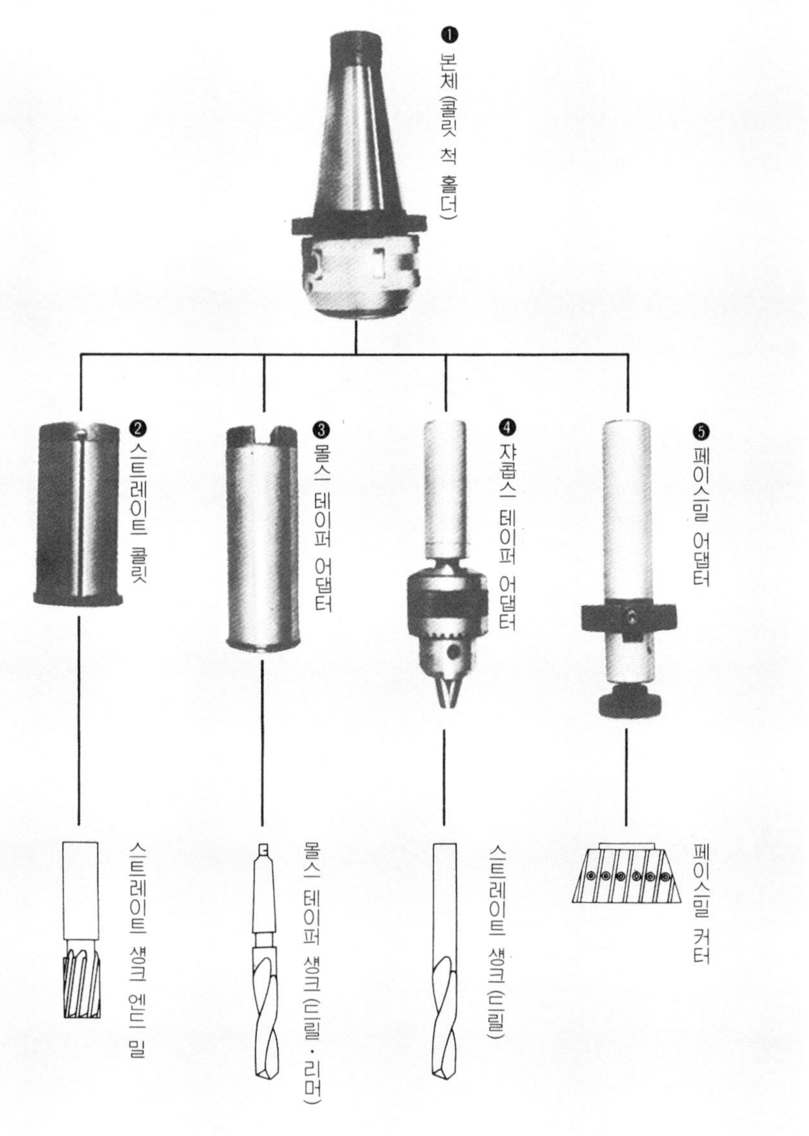

그림 2 공구류는 가능한 한 스트레이트 생크로

최근 일본 공작용 기기 공업회 규격(TES)과 공통 규격으로 되어 있다. 일본의 대표적인 툴링 시스템이다.

이 BT 50은 완비된 시스템이므로 처음에는 이중에서 우선 필요한 툴링만을 선택하면 좋으리라 생각된다. 그 하나가 **그림 1**이라고 생각해도 좋을 것이다.

그림 1은 日立精機의 미니매틱 500형 MC의 표준적인 툴링 시스템으로 BT 50 아래의 BT 40(테이퍼는 NT 40)이다. 15개의 홀더에 3개의 보조 홀더로 모두 18개로 이루어졌다. 홀더의 선택은 제 2 장에 자세히 설명한다.

공구류는 우선 첫째 스트레이트 생크의 것을 표준으로 생각한다. 또 그 편이 경제적이다. **그림 2** ②의 엔드 밀이 그 예로, 스트레이트 콜릿을 걸쳐서 척 홀더에 고정한다(단지, 드릴에서는 ∅ 13 이상은 테이퍼 생크이다.).

▶ 스트레이트 콜릿

이 콜릿은 외경이 밀링 척의 내경과 같은 치수로 스트레이트이다. 내경은 ∅ 6, 8, 10, 12, 16, 20, 25, 32의 식으로 여러 가지 치수로 나누어져 있다.

콜릿 자체에 분리 홈이 있어서 스트레이트의 환봉을 물리는데 알맞게 되어 있다. 엔드 밀에 잘 쓰이고 있다.

스트레이트 콜릿 중에는 고정용 나사가 딸린 조정 콜릿이 있다. 이것은 엔드 밀의 자루(생크) 부분을 감싼 길이를 조정하기 위하여 쓰인다.

▶ 모스 테이퍼 어댑터(콜릿)

스트레이트 콜릿과 외경은 같으나 내경이 모스 테이퍼(MT)로 되어 있다. 콜릿에는 분리홈이 없고 밀링 척은 콜릿만을 조여서 콜릿과 공구는 테이퍼부의 접촉 마찰만으로 고정된다. 이 때문에 축 방향의 힘에는 강하지만 직경 방향의 힘에는 약하다. 그러므로 드릴이나 리머와 같은 축 방향에 강한 힘을 받는 툴에 잘 쓰인다.

툴링 시스템 중에 어려운 물건은 보링 관계이다. 표에 있는 것과 같이 종류가 대단히 많기 때문이다. 처음에는 표준적인 것을 골라서 가공의 70~80%가 되면 좋았다. 그 후에 특수한 전용적인 보링 바를 갖춘다.

또 표준적인 보링에서도 지름이 굵고 길이가 짧은 타입과 다소 긴 타입의 두 종류로 나누는 것과 거친 보링과 다듬질 보링의 두 가지를 준비하지 않으면 안된다.

APC의 구조

머시닝 센터(MC)가 무인화 가공을 할 수 있는 기계로 되기 위한 주요 요소는 ATC(자동 공구 교환 장치)와 APC(자동 팰릿 교환 장치)라 할 수 있다.

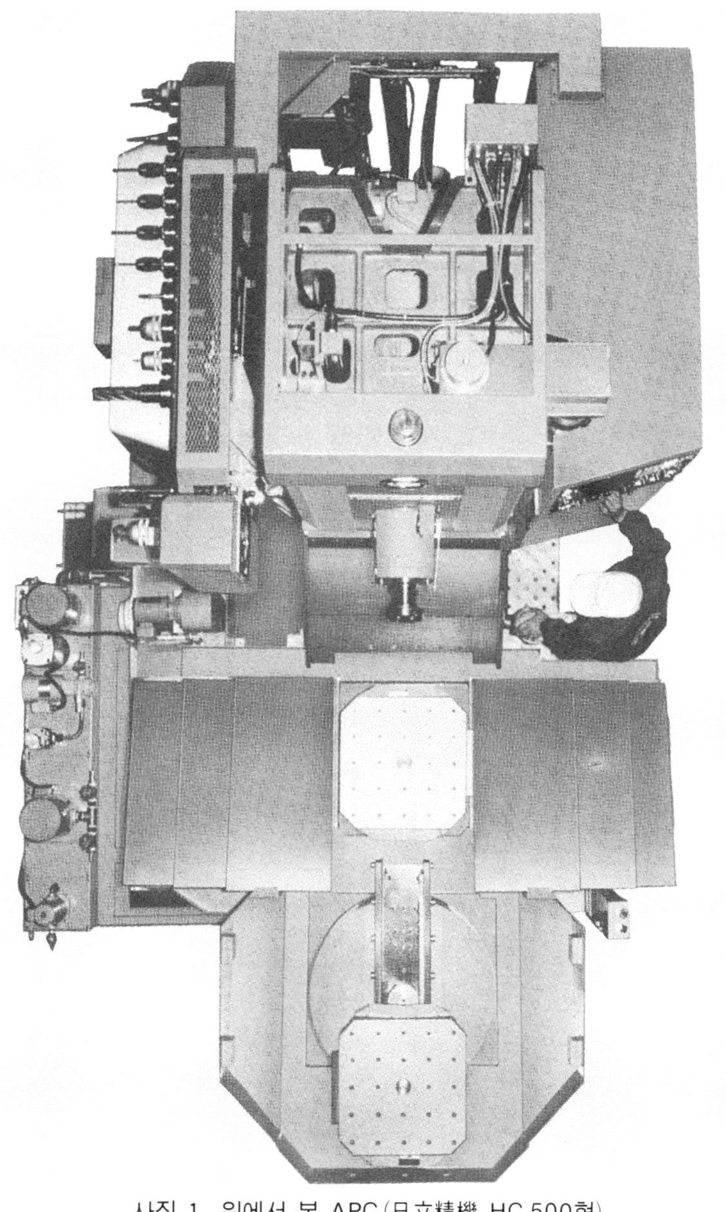

사진 1 위에서 본 APC(日立精機 HC 500형)

APC는 Automatic palette changer의 약자로 자동적으로 팰릿을 교환하는 장치이다.

"팰릿"은 사진 1을 보면 알수 있듯이 가공물을 놓는 테이블로 이것을 자동적으로 교환하는 것인데 그것에 실려 있는 가공물을 자동으로 교환하려고 하는 것이다. 이 때문에 옛날에는 AWC(자동 워크 교환 장치)로 불렸다.

APC는 응용하고 싶은 여러 가지 사용법이 있겠지만 하나의 기본적인 발상은 준비 작업의 단축에 있다.

만일 APC가 붙어 있지 않다면 가공이 끝나고 가공물을 교체하는 등의 준비 중에는 기계가 움직이지 못하게 된다.

이 로스 시간을 해소한 것이 APC이다. 가공이 끝나면 자동적으로 또 하나의 팰릿이 교체되어 기계는 바로 가공에 들어가고 교환되어 기계 밖으로 나온 팰릿 위에서는 다음 작업 준비를 한다(사진 2). 이것이 소위 말하는 「외부 준비」라는 사고 방식이다.

이 사고 방식을 발전시키면 팰릿을 여러 개 고정하여 차례로 교환시키면서 가공을 진행시켜 나가는 방법이 가능하며 이 방법으로 야간 무인 운전 또는 FMS(유연 생산 시스템)의 전신적인 사용법으로 된다.

사진 2 MC가 가공하고 있는 사이에 다듬 준비

보통 팰릿은 정사각형이고 상면에는 M16의 탭 구멍이 뚫려 있다(JIS B 6337). 이 나사 구멍으로 공작물 또는 공작물을 고정한 지그를 쥔다.

크기는 400, 500, 630, 800의 4종류로 규정되고 적재 하중은 최소 300 kg_f, 최고는 1000 kg_f 까지 있다.

팰릿의 두 개의 측면에는 에지 로케이터가 볼트로 조여져 있다. 공작물은 이 두 개의 에지 로케이터의 내면으로 꼭 끌어 붙여서 고정한다. 이 내면이 제 1기준면으로 프로그램상의 원점이므로 공작물의 고정은 조심하여 정확하게 하지 않으면 안된다.

에지 로케이터에 너무 세게 밀어 붙이면 기준편을 구부러뜨려 기준 원점을 어긋나게 가공하게 된다. 조일 때는 얇은 종이를 끼워 그 헐거움 정도로써 틈의 유무를 확인하는 일이 바람직하다.

  제**1**장 머시닝 센터 입문

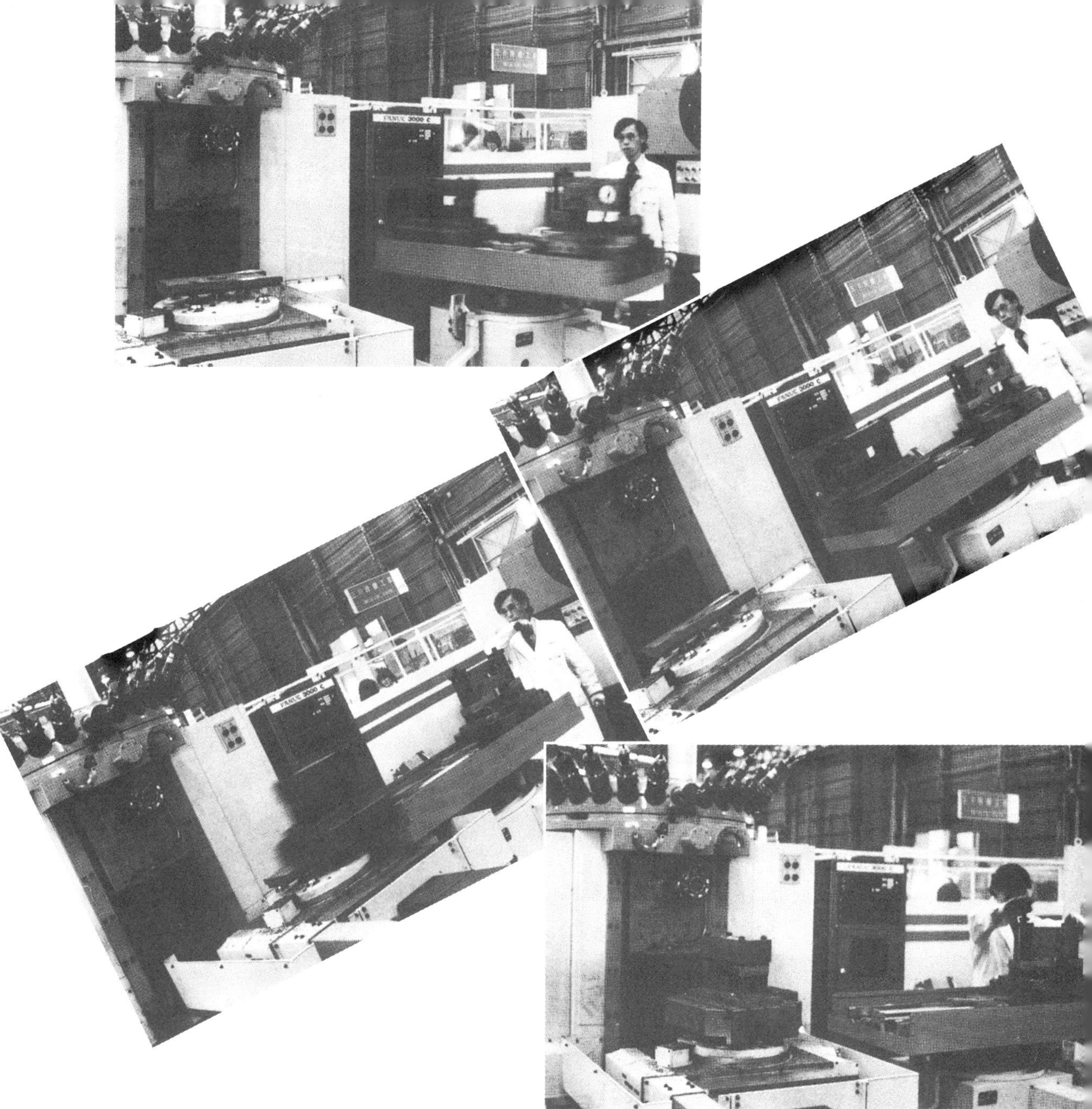

APC의 운동

여기에서 소개하는 사진은 가공물을 테이블 위에 놓는 순서를 따라 촬영한 것이다. 기계 본체의 오른쪽에 보이는 것이 팰릿 체인저, 두 개의 가공물을 올려 놓았는데 오른쪽 가공물이 가공 완료, 왼쪽 것이 이제 막 기계에 고정하려고 하는 참이다.

테이블에 놓여 있는 가공물은 반전시켜 세팅하려 하는 한편, 가공을 마친 가공물은 그 사이에 풀어내고 새로운 가공물이 고정되고 있다. 이 기계는 牧野 밀링 제작소 MC100 시리즈이다.

시방서 읽는 법

MC를 구입할 때 제일 좋은 방법은 자기 공장에서 주로 가공하는 가공물과 도면을 보여주고 메이커와 상담하는 일이다. 메이커에서는 가공물의 테스트 가공도 해주므로 툴링, 절삭 조건, 지그 등 여러 가지의 조언을 받을 수가 있다. 그러나 모든 것을 메이커에 맡기면 빠뜨리게 되는 곤란한 일도 있으므로 최소한 확인해 두고 싶은 점과 옵션의 선택 기준에 대해서 서술하고자 한다.

제 **1**장 머시닝 센터 입문

기계 본체의 시방

◖ 스플래시 가드

　최근의 MC는 기계의 절삭 구역에 자동 커버가 설치되어 있어서 절삭 중에 풍부한 절삭액을 뿜어 칩을 불어 날리면서 가공한다. 가공이 끝나 스위치를 누르면 커버의 문이 열리고 팰릿의 공작물이 나온다.

　이 커버를 "스플래시 가드"라 한다. 스플래시(splash)란 「비산(飛散)」이란 뜻으로 마치 안개 모양으로 윤활유가 비산하는 것을 막아 준다.

　수평형 MC는 FMS 등의 시스템 머신이 있을 정도로 거의 완비되어 있으나 수직형 MC는 구조상 스플래시 가드를 완비하는 것이 어려운 것 같다. **사진 1**은 스플래시 가드를 설치한 수직형 MC의 예이다.

사진 1　스플래시 가드 부가 수직형 MC의 예

　기계 메이커의 카탈로그 중에 기계 시방표가 나와 있는데 그중에는 표준 시방과 특별 시방(옵션)이 있다. 지금 현재 수평형 MC에서는 자동문식의 스플래시 가드가 표준 시방에 들어가고는 있지만 수직형 MC의 스플래시 가드는 아주 불충분한 구조의 것이 많은 것 같다. 또 그 자동문식은 거의 옵션 시방이다.

◖ 칩 자동 처리 장치

　절삭된 칩은 베드 안에 장착된 칩 컨베이어에 의하여 자동으로 기계 밖으로 배출된다.

이 칩처리 기능은 이전에는 일본 공작 기계의 애로 사항이었지만, 또 미국 공작 기계에 있어서는 매우 우수한 부분이었다. 현재에도 일본산 MC가 전부 만족스럽다고는 할 수 없다.

MC는 값비싼 기계다. 그런 까닭에 점심을 먹는 중이거나 야간에도 무인 가동시키려고 한다. 한 사람의 오퍼레이터에게 여러 대를 맡기지 않으면 실제 돈버는 기계로는 되지 않을 것이다.

이런 의미에서도 칩의 자동 처리 장치는 절대 불가결이다. 칩의 열은 기계의 열 변위의 큰 적이다. 가공물의 품위를 유지하기 위해서도 중요한 요소인 것이다.

◑ 주축 회전수와 이송 속도

기계의 생산성 향상 때문에 주축의 최고 회전수는 한층 높아져 평균적으로는 3,500~5,000 rpm 정도지만 그중에는 10,000~20,000 rpm의 기계도 나왔다. 경박단소(輕薄短小)의 오늘날 알루미늄 합금 소재를 경절삭하는 경우가 많아진 것에도 관련이 있는 것 같다.

이송 속도도 고속 이송이 유행이다. 예전에는 퀵 피드가 3~4 m였으나 지금은 10 m가 평균이다. 에어 컷 시간을 한껏 줄이기 위해서다. 단 고속 이송에도 단점은 있다. 이송 나사(볼나사)의 리드각을 크게 하면 이송 속도는 올라가지만 위치 결정 정밀도는 낮아지고 말기 때문이다.

◑ 주축단 테이퍼

가공물이 큰가 작은가, 또 중절삭할 것인지 경절삭이 주체인지에 따라 기계의 크기와 주축의 구조 등이 변한다. 일반적으로 주축단 테이퍼가 NT 50 이상은 대형 기계 중절삭에도 견딘다. NT40은 소형 기계로 경절삭용, NT 45는 그 중간 정도가 된다.

이미 MC를 1~2대 갖고 있으면서 새로 1~2대 추가 구입하려고 할 때는 우선 주의하지 않으면 안되는 것은 이 주축단 테이퍼와 ATC(자동공구 교환장치)용의 풀 스터드 볼트이다. 만일 이미 있는 MC의 주축단 시방과 다를 때는 지금 쓰고 있는 툴링 시스템은 사용할 수가 없다.

예상 외로 깜박하는 것이 풀 볼트 규격이다. 같은 NT 45라도 공작 기계 메이커에 따라 다른 풀 볼트를 채용하는 곳이 있는데, 풀 볼트에는 MAS I형과 II형이 있고(자료편 참조) 외국 기계는 또 다른 것이 붙어 있다.

여기서 여담이지만 보통 1대의 MC에서는 예비를 포함하여 40개 정도로 시작하는 툴링 시스템이 많은 것 같다. 그러나 그것이 2~3년 후에는 60개가 되고 잠시 방심하면 80개나 되고 만다. 공구 관리면에서 생각하면 많다고 좋은 것은 아니다.

◑ 테이블과 APC

테이블은 크기, 분할 각도, 최대 적재 중량이 우선 문제가 된다. 이 최대 적재 중량은 가공물 자체의 중량만 아니라 지그, 고정구 등 테이블에 실리는 모든 중량에 대한 보증 값이 아니면 안된다.

앞의 스플래시 가드, 칩 컨베이어와 함께 중요한 것이 자동 팰릿 교환 장치(APC)를 구입할 것인가 아니면 우선 사용하면서 나중에 들일까 어떻게 할 것인가이다. 이것도 수 년 전에는 APC 부착 MC를 구입하는 유저는 5% 정도였던 것 같다. 그러나 최근에는 APC가 표준 시방화되었다.

공장의 스페이스, 기초 공사비 등으로 소규모 공장에서는 매우 고민되는 일이지만 기 계의 공전 시간을 단축하는 결정적인 방법은 공작물이나 고정구 등의 사전 준비를 어떻 게 요령있게 진행하느냐에 달려 있다.

APC용 팰릿은 JIS에도 규정되어 있다. 단 JIS에 규정되어 있는 팰릿에는 공작물 설치 용 탭 구멍은 마련되어 있으나 T홈은 없다.

탭 구멍은 팰릿의 강성에는 유리하나 이 구멍에 들어간 칩의 청소가 큰 고역이다. 공 기총만으로는 충분하다고 할 수 없다. 이점에서 T홈 팰릿은 청소가 쉽고 또 조립식 고정 구를 쉽게 쓸 수도 있다. 단, 팰릿의 강성이 낮아진다는 것을 알아두지 않으면 안된다.

최초에 4매의 팰릿을 구입하면 후에 부족해져 몇 매 추가 발주하는 일이 있다. 이 추 가 구입 팰릿이 최초 구입한 팰릿과 사용 사정이 다르거나 정밀도상 차이가 나게 된다.

사내용으로서 제작한 것이므로 나중에 만든 것과 얼마간 치수가 다르다고 들었다. 팰 릿의 치수가 다르면 그 차이만큼 공작물의 위치 결정 정밀도가 틀어짐으로 MDI로 보정 하지 않으면 안된다.

◗ 기계의 이동량

기계의 이동량에서 주의해야 할 것은 X, Y, Z축의 이동량이 가공 스트로크와 반드시 같지 않다는 점이다. 즉 ATC용의 스트로크가 더해져 있기 때문이다.

다시 가공물의 크기, 공구의 크기도 관계되고, 특히 주축 중심과 테이블 상면의 거리, 주축 단면과 테이블 중심의 거리는 가공 능력을 판단하기 위한 중요한 수치가 된다.

◗ ATC

ATC에서는 공구의 최대 지름과 최대 중량도 주의할 점으로 예컨대 최대 지름 3인치 (75 mm)인 시방일 때 최근에는 3인치 공구의 절삭날 직경이 80 mm로 크게 되어 있고 다시 그 외경 치수는 90 mm 정도로 되어 75 mm에는 들어가지 못한다.

단, 설정값은 안전을 감안한 표준값으로 되어 있으므로 95 mm 정도까지는 수용할 수 있게 되어 있는 기계도 있으나 반드시 확인해야 한다.

공구 최대 중량도 설정값보다 1 kg 정도 중량이 오버되어도 견딜 수 있도록 설계되어 있는 것도 있지만 특수 공구를 쓰게 될 경우에는 주의하지 않으면 안된다.

예전에는 옵션이던 것이 유저의 이용이 높아지게 되면 표준 시방에 포함되어 간다. 이제부터 기술하는 옵션 중에서 표준 시방에 들어가는 것도 나오리라 생각한다.

① **워크 클램프용 유압 소스**……테이블에 유압원을 설치하여 가공물의 클램프 등을 유압으로 하기 위한 것으로 필요하다면 선택해도 좋을 것이다.

② **워크 로딩용 밸런서**……크레인을 쓸만한 중량물은 아니나 손으로 다루기는 다소 무거운 20~30 kg 정도의 가공물을 다루는 곳에서는 편리하다. 100 kg 정도까지의 중량에 견딘다.

③ **프리세트 타이머**……작업 시작 전에 공·운전시키기 위하여 주축과 유압 유닛을 자동적으로 작동시키는 타이머이다. 아침 일찍 일어나기 어려운 사람에게는 편리하다.

④ **주축 회전계, 메인 모터 전류계**……주축 회전은 CRT(NC 장치의 화면)에 나타나게 하는 방식의 것이 아니라도 좋을 것이다. 전류계는 보조적 수동 장치를 이용하여 절삭 속도나 이송을 향상시킬 때에 그 표준이 된다.

⑤ **에어컴프레서**……최근의 공장에는 에어원(源)이 어디나 있다고 생각되지만 만일 없는 공장에서는 꼭 갖춰 놓는 것이 바람직하다.

앞에 기술한 팰릿 상면의 탭 구멍, 주축단 구멍의 청소 등에 반드시 필요하다.

NC 장치의 시방

최근의 NC장치는 CNC(컴퓨터 NC)이고 표시도 유니버설, 디스플레이(DPL)에서 CRT 디스플레이가 일반화됐고, 조작성, 기능성이 매우 향상되었다. 거기에 매년마다 각사가 경쟁적으로 신형을 발표하고 있다.

다른 견지에서 보면 기계 본체쪽은 충분히 가동되고 정밀도도 나름대로 괜찮으나 NC 장치의 기능이 따라주지 못해 결국에는 경제적으로 진부화되고 있는 MC가 적잖은 모양이다.

같은 NC 메이커의 것이라도 7~8년 전에 개발된 CNC와 5~6년 전에 시판된 CNC의 기능에서는 연산 능력이 마치 유치원생과 대학생만한 차이가 있는 모양이다. 요점은 프로그램 판독 능력의 차이다.

기계에서 특별 시방의 표준 시방화가 진행되고 있지만 NC 장치의 그것에 비교가 안된다. 따라서 이 책에서 표준과 옵션을 나누어 본 결과가 1년 지나면 이미 변해버린 것이 있을지도 모른다.

우선 최근에 지금의 CNC의 표준 시방에서 대단히 크게 변모한 기능을 몇 가지 들어본다.

제 1은 최소 설정 단위가 0.001 mm로 제어할 수 있게 되었다는 것이다.

제 2는 자기 진단 기능을 들어보려고 한다. 솔직히 NC에 이 기능이 더해지기까지는 기계가 고장났을 때 기계 본체가 낡아서 나빠진 것인지 NC 장치가 낡아서 나빠진 것인지 조차 몰랐다. 심할 경우는 반달씩이나 기계가 정지한 채였다는 경험은 어느 공장에서나 있었다.

그것이 지금에는 동작 상태가 이상해지면 얼람 램프가 켜지고 기계를 정지시키고 고장 장소를 100 종류 이상의 세목으로 표시해 준다. 간단한 고장이면 사내에서 수리된다. 이 기능의 부가에 의하여 일본 전체에서 NC기의 가동률이 얼마만큼 높아졌는지는 상상할 수 없는 정도일 것이다.

제 3은 테이프 기억 편집 기능의 부가이다. 유저 매크로와 함께 고능률의 프로그램이 짝을 이루어 생산성은 상당히 향상되었다.

단, 표준 기능에 짜 넣어져 있는 용량이 30~80 m로는 너무 작다. 결국에는 옵션 시방에서 추가할 항목으로 되는 것은 억울하다. 이것은 공구 보정 기능 전반에 대하여 말할 수 있다.

옵션의 선택

NC의 옵션 기능으로는 다음과 같은 것을 들 수 있다.

유저 매크로, 3차원 공구 보정, 1축 제어 부가, 제 2~제 4 리퍼런스점 복귀, 공구 길이 측정, 대화형 프로그래밍 기능, 좌표 회전, 극좌표 지령 등이다.

공장에 따라서는 꼭 부가하고 싶은 기능이 상당히 있을 것이다.

이러한 옵션 기능은 후에 추가하면 대단히 손해보게 되므로 몇 사람의 담당자의 협의로는 불충분한 경우가 많이 있다.

최근에는 테이프에 의한 가공보다는 테이프는 보존용으로 두고 메모리에서 불러내, 가공하는 방법이 늘어나고 있다. 이런 사정 때문에 메모리의 증설이 많아지고 있는 형편이다. 일반적으로는 80 m 증설이 알맞다.

다만, 옵션 중에서도 메모리 증설은 가격 문제가 있으므로 테이프 릴 150 m와 메모리 20 m, 합계 170 m분으로 충분하다고 하는 곳에서는 무리하면서 증설할 필요는 없을 것이다.

단, 테이프 지령에서는 메모리와 달리 프로그램의 편집이 되지 않으므로 완전한 프로그래밍이 필요하고 MDI에서 고쳐도 고친 프로그래밍을 그 자리에서 빼내어 보관할 수는 없다.

MC 도입시의 체크 포인트

최근의 MC는 자동 절삭 공구의 절손 검출 장치, 고장 자기 진단 장치, 절삭 공구의 수명 진단 장치 등을 내장하여 이중 삼중으로 트러블을 체크하는 기구로 되어 있으므로 안심하고 기계에 작업을 맡길 수 있게 되었다.

그러나 MC는 누구나 쉽게 써서 생산성이 점점 증가하느냐 하면 그렇게 간단하게 말할 수는 없다. MC를 잘 활용하기 위해서는 많은 사전 준비가 필요하다.

NC 테이프의 프로그래밍을 비롯하여 커터의 풀세트에서 커터를 설치하여 될 수 있는 대로 많은 가공을 할 수 있는 고정구 등 MC의 능력을 충분히 살린 작업 준비를 하지 않으면 안된다.

고급 MC일수록 프로그래밍이 어렵다. 컨트롤러는 유치원 아이에서 대학생 이상의 실력 차가 있다. 카메라를 예로 들면 누구나 찍을 수 있는 일회용 카메라에서 프로용 카메라맨이 쓰는 고급 카메라까지, 좋은 작품을 만들려고 하면 할수록 여러 가지 조건을 세분하여 분석하여 설정하고 지시하지 않으면 안된다.

최근 MC는 머리가 대단히 좋아졌다. 그것에 해당하는 프로그램을 충분히 구사할 수 있는 능력이 없으면 "돼지 앞의 다이아몬드"가 되고 만다. 그 대신에 오퍼레이터(작업자)는 아무 것도 생각하지 않아도, 아무 것도 하지 않아도 잘 되게 되었다. 그러므로 로봇이 도입되어 무인화가 발달되어 가고 있다.

그만큼 훌륭한 능력을 가진 MC를 구입하려면 여러 가지 점을 유의하여 선정하지 않으면 안된다.

때문에 가공물의 형상, 크기, 재질, 치수 정밀도, 가공수 등 여러 각도에서 보아 가장 알맞는 기계를 선택하려면 어떻게 하면 좋을까하는 관점에서 체크해 나가는 것이 중요하다.

/// 반드시 해두고 싶은 절삭 테스트

기계의 정밀도 검사에는 정적 검사와 동적 검사가 있다.

정적 검사란 기계에 부하를 걸지 않고 설치 상태에서 측정한 값이고, 동적 검사는 주축을 회전시키고 기계에 가공물을 물리고 가공하는 상태의 측정값을 보는 것이다.

즉, 절삭 테스트를 하여 가공된 가공물의 데이터의 측정값이 기계의 정밀도로 되게 된다.

유저로서는 솔직히 말해 정적 검사는 아무래도 좋으나 동적 검사, 즉 절삭 테스트의

사진 1 공작 정밀도 테스트 피스①

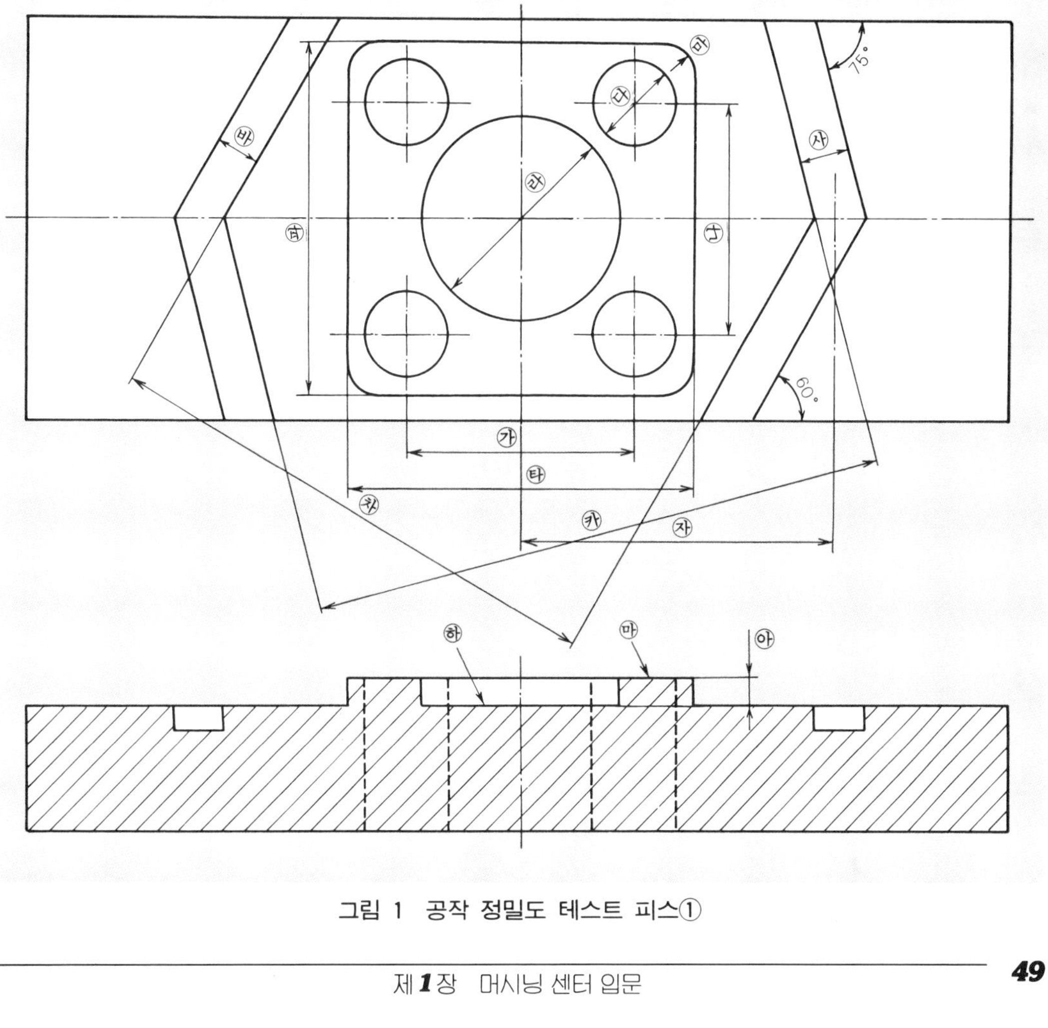

그림 1 공작 정밀도 테스트 피스①

검 사 사 항		측정 장소·방법	허 용 값		측 정 값
1	1축 직선 정밀도	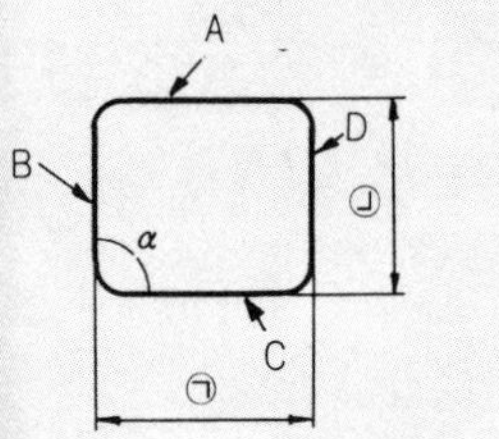 진직도 A, B, C, D면 / 평행도 ㉠, ㉡ / 직각도 α(4우)	진 직 도	0.01/60	
			평 행 도	0.01/60	
			직 각 도	0.01/60	
2	동시 2축 정밀도	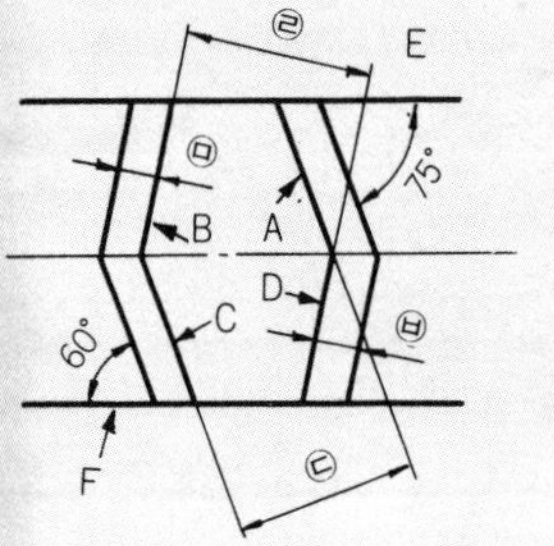 진직도 A, B, C, D면 / 평행도 ㉢, ㉣ / 각도 E기준 75° F기준 60°	진 직 도	0.015/40	
			평 행 도	0.015/40	
			각 도 75°	0.015/40	
			60°	0.015/40	
3	험폭 정밀도	빠지는 가장자리의 상태	진 각 도	0.02/40	
4	동시 2축 원형 정밀도	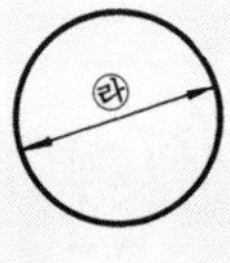 ㉤	진 원 도	0.01/ φ 40	
5	위치 결정 정밀도 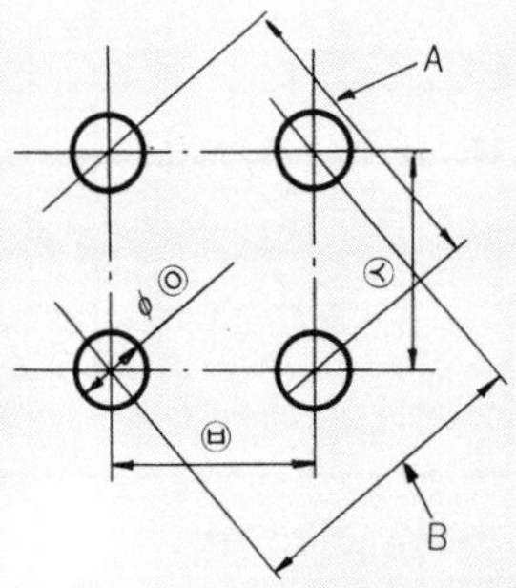		각축방향 ◎ ㉥	0.01/46	
			대 각 방 향	0.02/	
6	보링 정밀도		진 원 도	0.005/ φ 16	
			원 통 도	0.005/30	
7	평면 절삭 정밀도 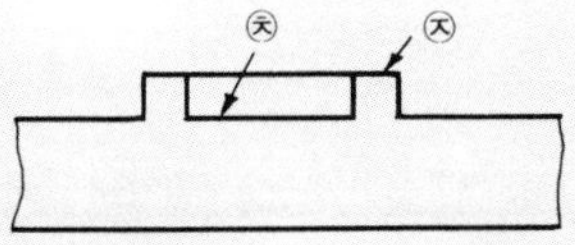	㉧은 폭 80을 커트 φ 50으로 절삭 / ㉨은 φ 40을 커트 φ 16으로 절삭	진 직 도 ㉧ / ㉨	0.01 / 0.01	
			단 차 ㉧ / ㉨	0.01 / 0.01	
8	연결 정도 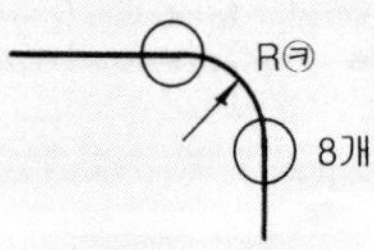	R㉪　8개소	단 차		

측정값을 알아두는 일이 가장 중요하다. 물론 정적 검사는 그 기계 고유의 카르테이므로 JIS 규격에 규정된 검사법을 기초로 검사표를 작성한다.

그러나 동적 검사, 즉 절삭 테스트는 JIS 규격대로 되어 있다고 하여서 안심이라고 생각해서는 안된다.

그 MC로 가공할 주가공물을 그대로 절삭 테스트의 테스트 피스로 쓰는 것이 가장 좋겠으나 MC란 전용기로만 쓸 수는 없고 다종 소량의 범용적으로 쓰는 것에 의하여 보다 효과가 발휘되므로 현물 그대로만을 고집할 필요는 없다.

그러면 어떻게 하는 것이 좋으냐 하면 그 기계로 가공할 대표적인 공작물을 몇 개든 합성하여 그 직장에 맞는 가공 종류를 집약한 테스트 피스를 가공시키면 가장 좋다고 할 수 있다.

테스트 피스는 여러 가지 가공을 하고 싶다고 해서 많은 가공물을 물렸다 풀었다 하면서 테스트한다면 아무리 시간이 있어도 부족하므로 한 개의 테스트 피스로 될 수 있는 대로 많은 가공을 하고 싶은, 정밀도를 시험해 보려고 한 것이 들어 있는 것을 모델로 만들어 두는 것이 좋다고 생각된다.

실례로 수직형 MC의 테스트 피스를 소개한다.

사진 1, **그림** 1은 그 테스트 피스를 테이블에 직접 물리고 가공한 것이다.

/// 테스트 피스의 요점

표 1은 테스트 피스의 공작 정밀 도표인데 이것에 의하여 체크해 나간다.

[검사 사항 2]의 동시 2축 직선 정밀도는 JIS 규격에서는 **그림** 2와 같이 공작물을 X축에 대하여 30° 기울여 정방형의 다듬질 절삭을 시키는데 이 사례는 X축에 대해 60° 및 75°로 각도를 달리한 마름모 모양으로 절삭시켜 각각의 직선 정밀도(진직도, 평행도, 변형 각도)를 조사한다. 이렇게 하면 XY축 함께 다른 동작이 다시 요구되므로 조건이 엄해지게 된다.

[검사 사항 3]에서는 홈의 진직도는 물론이고 4개 부분의 엔드 밀 커터가 빠져나갈 때

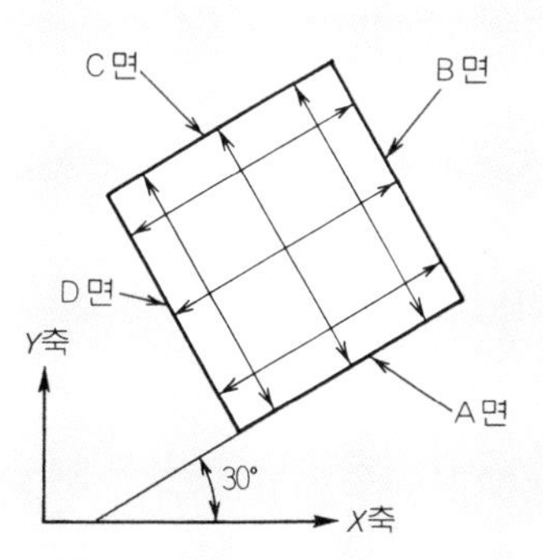

그림 2 JIS의 동시 2축 직선 정밀도 체크

에 주목해야 한다. 양측면이 동시에 절삭되고 있을 때와 빠져나갈 때 빠지는 각이 다르기 때문에 한쪽의 측면만 절삭하지 않는 곳의 커터의 쏠림, 즉 주축의 강성 등을 검사할 수 있다. 홈이 빠질 때의 상태는 동적 검사에서는 대단히 중요한 것이라 할 수 있다.

[검사 사항 4]는 동시 2축 원형 정밀도의 검사인데 JIS 규격에서는 왠지 외경의 원가공만으로 되어 있다. 이것은 내경의 원가공을 지정하고 있다. 내경 절삭을 지정한 이유는 동시 2축 원형 가공의 9할은 내경 가공이라는 것과 내경의 진원도쪽이 데이터값이 나쁘게 나오기 때문이다(그림 3).

이유는 확실치 않으나 경험상 생각할 수 있는 것은 X, Y축 변극점 4개소가 외경에서는 바깥쪽으로 커터가 도망가는데 반하여 내경은 안쪽으로 도망가며 먹어들어가는 **현상**이 생기는 것이 원인이 아닌가 생각된다.

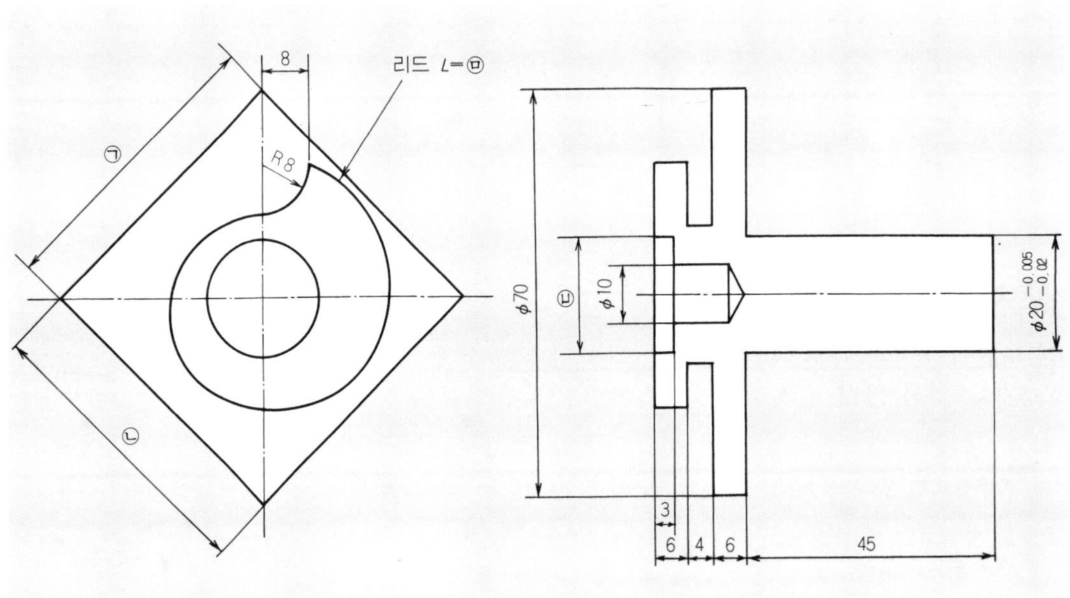

그림 3 공작 정밀도 테스트 피스②

[검사 사항 5, 6]에서는 위치 결정의 정밀도 ⑦, ⓛ의 X, Y축의 직선 치수는 물론이고 대각선 A, B의 치수 정밀도도 반드시 체크해야 한다.

[검사 사항 7]의 평면 절삭은 가공 찬스가 제일 많음에도 불구하고 무시하기 쉽다. 특히 가공물의 폭 보다도 커터 지름이 작은 경우의 단차의 정밀도를 반드시 체크해야 한다. 여기서는 상면은 플레인 커터의 경우, 동시 2축 원형 가공 내의 저면은 2매 엔드 밀의 단차 정밀도를 체크하고 있다.

이상이 요점이지만 소형 MC일 때는 테이블의 중앙에서 1개 가공하는 것만으로 충분하다고 생각되지만 중형, 대형 MC이면 테이블을 한도껏 이동시켜서 어떤 정밀도를 유지하는가를 보기 위하여 테이블의 양끝 및 중앙에서 같은 가공물을 3개 가공시켜서 각각의 항목을 비교하면 일목 요연하게 알 수 있다.

　다음은 1축 가공하고 로터리 테이블을 설치한 경우의 절삭 테스트 피스의 실례를 소개한다.

　사진 2와 **그림 3**은 로터리 테이블을 테이블면에 평행하게 놓았을 때의 원형 정밀도, 분할 정밀도, 리드 가공 정밀도를 체크하는 테스트 피스이다. 검사표는 **표 2**와 같이 되어 있다.

사진 2　공작 정밀도 테스트 피스②

표 2　공작 정밀도②

검 사 사 항		측정 장소 · 방법	허 용 값		측 정 값
9	원형 정밀도	ϕ ㄷ	진 원 도	0.005/ ϕ 20	
10	분할 정밀도		직 각 도	10초	
			평 행 도	0.005/40	
11	리드 정밀도	리드ㅁ, 10°마다 측정	리 드 오 차	0.01/300°	
			윤 곽 도	0.01/300°	

　[검사 사항 10]의 분할 정밀도는 정적 검사의 값을 그대로 참고하여도 좋지만 더 자세히 보려면 절삭시의 저항에 의한 뒤틀림도 있고 이와 같이 직선 가공하면 값이 확대되어 검사 데이터의 신뢰성이 보다 많아진다.

　[검사 사항 11]은 나의 직장에서는 리드나 캠의 가공이 많으므로 로터리 테이블과 X축의 동시 2축에 의한 연동된 정도(회전각과 직선의 관계)를 반드시 체크하고 있다. 리드나 캠의 가공은 로터리 테이블을 쓰지 않아도 X, Y축의 동시 2축에 의한 가공은 되지만 정밀도상으로는 2배 이상 나빠진다.

표 3 절삭 조건표

검사 항목	사용 인구	직경 mm	날 수	재 질	주축 회전수	이송 속도 mm/min	절삭 방법
1	2 매날 엔드 밀	16	2				
2	2 매날 엔드 밀	10	2				
3	2 매날 엔드 밀	10	2				
4	2 매날 엔드 밀	16	2				
5	보링 바	16	1				
6	보링 바	16	1				
7	플레인 커터 2 매날 엔드 밀	50 16	4 2				
8	2 매날 엔드 밀	16	2				
9	2 매날 엔드 밀	16	2				
10	2 매날 엔드 밀	16	2				
11	2 매날 엔드 밀	16	2				

이상과 같이 절삭 테스트를 해보고 싶은 종류와 방법을 가공 도면, 검사표 및 **표 3**과 같은 절삭 조건표를 메이커에 제출·의뢰한다.

성의있는 메이커라면 이 기계는 이와 같은 조건에 합격했다고 하는 보증서 역할을 하고 좋은 선전 재료가 됨으로써 기뻐서 해 줄 것이다.

제 2 장
프로그래밍과
가공 실례

MC의 작동은 지령 테이프로

MC 가공에서는 실제 가공 전의 준비가 중요하다. 기계에는 수동으로 조작하는 핸들 종류가 원칙적으로 없다. 조작반 중의 스위치나 보턴을 순서에 맞게 적절히 넣으면 ATC는 공구를 운반하여 주축에 장착하고 주축이 회전하면서 공작물에 접근하여 절삭을 시작한다.

이런 일련의 움직임은 이미 프로그램된 대로 진행된다. 이 프로그램을 해독하고 기계에 전하는 것이 NC(수치 제어) 장치이다. 최근의 NC 장치는 마이크로 컴퓨터에 조립되어 있다. 이것을 CNC라 하며, 컴퓨터 NC란 뜻이다.

사전 준비란 이 프로그램을 짜는 일이다. 프로그래밍이란 사용 공구의 선택, 절삭 조건은 물론 가공 공정대로 공구를 순서 바르게 움직이는 모든 명령문을 만드는 일이다. 이 명령문은 여기에 나타낸 검은 종이 테이프에 펀치로 구멍을 뚫은 것이다.

이 천공 테이프의 세로 방향의 1행에는 1, 2, 3 … 9란 숫자가 있거나 A, B, C … 란 로마자나 부호를 나타내고 그들을 조합하여 명령문이 이루어진다.

MC는 프로그램대로 움직인다라고 하는 것은 프로그램 그대로 외에는 움직이지 못한다(조작반의 스위치나 보턴 조작으로 부분적으로 보정하는 방법은 있지만)는 것을 뜻한다.

예컨대, **그림 1**은 드릴 가공의 예이다. 드릴은 기계 원점 0에서 공작물의 3 mm 상(X-X'상)의 P점까지 급이송으로 내려 온다. 그리고 P점에 오면 절삭 이송 속도(급이송 속도보다 느린 이송 속도)로 억제되어 B점에서 드릴 끝이 공작물에 닿아 가공 구멍 깊이 h 사이를 드릴링한다.

공작물을 관통하여 그 끝이 Q점에 이르면 다시 상승(급귀환)하여 기계의 원점 위치까지 되돌아온다.

여기서, Z 축 방향의 급이송량 Z_0 는

$$Z_0 = B - (L+3) = 600 - (260+3) = 337 (\text{mm})$$

또 절삭 이송 길이 Z_1(절삭 길이 프로그램 치수)은

$$Z_1 = \text{가공 구멍 길이} \ h + (3+3) + C$$

로 된다. 이 C 는 좌상의 드릴 끝단 원추부의 길이로 드릴 직경 D의 0.3을 잡는다.

MC의 이동 거리는 이같은 작은 치수까지 산출하여 프로그램 중에 넣지 않으면 만족한 가공이 되지 않는다.

이런 계산은 당연한 일이면서 드릴뿐만 아니라 플레인 커터나 엔드 밀, 리머, 탭 등의 사용 공구 전부에 대하여 적용한다.

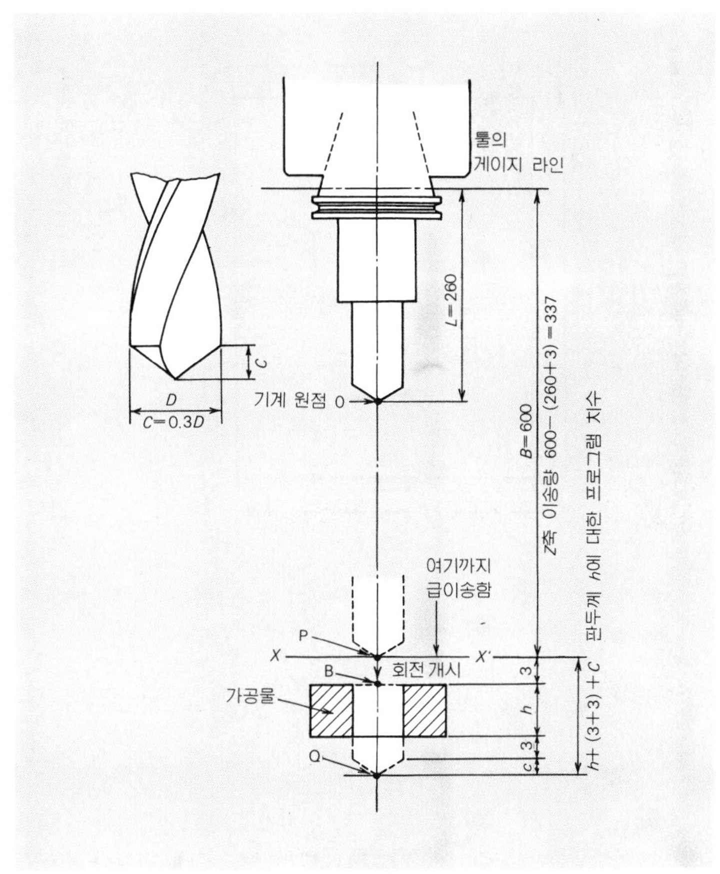

그림 1 드릴 가공의 프로그램

그런데 여기에 문제가 하나 있다. 툴 홀더의 게이지 라인에서 툴의 선단까지의 길이 L 이 사용 공구마다 제각각이란 것이다.

그러므로 MC의 툴 매거진에 삽입하여 준비된 수십 개의 툴링의 L 치수는 사전에 조정, 측정, 기록하여 프로그램 중에 넣게 된다. 이 조정, 측정하는 작업을 프리세트라 하며, 이 툴의 프리세트 없이는 프로그램은 짤 수 없는 중요한 가공 전의 준비 작업이 된다.

단, 앞에 프로그램대로가 아니고 일부 수정할 수 있다고 했는데 그것은 드릴 길이가 2.7 mm 짧은 경우, $L=260-2.7=257.3$ mm로 되는데 이 2.7 mm 분량을 NC 장치 내의 공구 보정 기능으로 수정할 수 있다.

여기까지의 기술은 공구의 길이 방법(Z축 방향)만의 프로그램이었는데 **그림 2**와 같은 평면 형상의 공작물을 엔드 밀로 깎아낼 때는 X방향, Y방향의 절삭 길이를 프로그램하게 된다. 이런 경우 도면 치수는 기계 원점~②까지의 150, 공작물의 치수 250×200 밖에 주지 않고, 사용하는 공구 반지름은 지정되어 있지 않다.

즉, 그림을 보면 알 수 있듯이 공구의 반지름 분량만큼 치우친 통로를 통하도록 프로그래밍한다. 이 치우침을 커터 오프셋이라 한다.

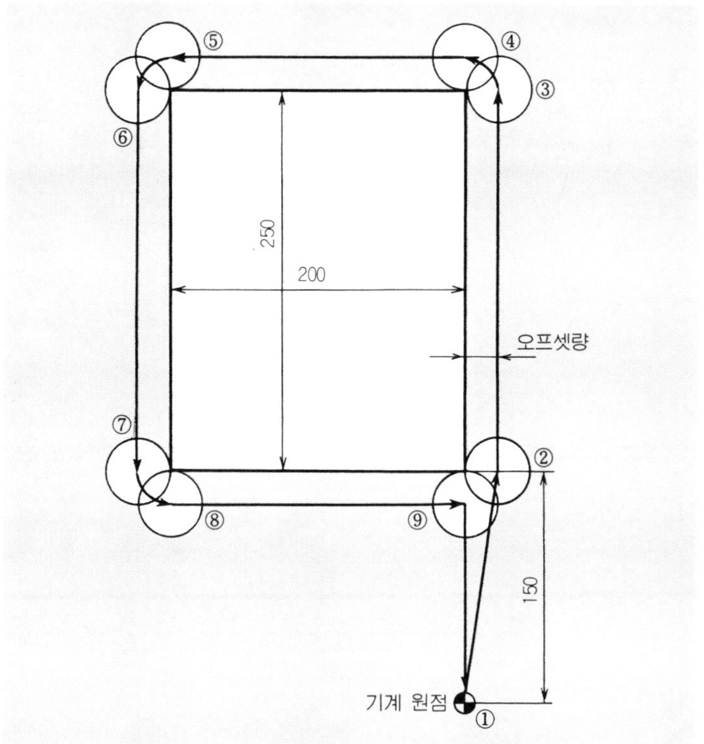

그림 2 커터 오프셋

처음에 ϕ25의 엔드 밀로 막깎기하고 이어서 ϕ20의 엔드 밀로 다듬을 때는 오프셋량이 달라지게 된다.

◑ 공구의 간섭을 잊지 말 것

툴링의 순서를 생각하거나 어떤 툴링을 선택할 것인가 하는 작업을 할 때 공작물이 기계의 테이블 위에 놓여 있는 모양은 눈앞의 도면으로 이해할 수 있다. 그러나 이 공작물의 지그는 제작 중에 있거나 눈앞에 당장 없는 일이 많다. 거기에 오류 프로그램이 발생하는 원인이 숨어 있게 된다.

실제 절삭 중 이와 같은 지그의 일부, 조임판 스토퍼 볼트의 헤드부에 공구가 부딪쳐 버리거나 가공물과 함께 깎여 버리거나 하는 트러블을 일으켰다. 아마 일으키지 않는 프로그래머는 한사람도 없을 것이다.

그럭저럭 인간의 두뇌 구조가 평면상(X, Y방향)의 모양인 것은 이해되더라도 높이 방향(Z방향)에 대한 이해, 기억에는 약한 것 같다.

프로그램은 툴의 선단까지의 길이로 한다. 툴상의 굵은 콜릿부가 공작물에 부딪치는 일도 흔히 있다. 이런 것들을 기술자는 "공구의 간섭"이라 한다.

무언가 어려운 말로 도망치려고 하는 것 같지만 요는 아무렇지도 않은 곳에 공구나 툴 홀더를 부딪치고 마는 일이다.

준비 기능 "G"

어드레스 캐릭터 "G"와 두 자리 수치로 지령한다. 이 기능은 기계에 특정한 제어 동작을 시키는 것으로 G 00, G 01, G 02 … G 99 등으로 표시하며 급이송, 직선 보간, 원호 보간, 드웰, 공구 위치 오프셋 등 여러 가지 운동을 지령할 수 있다.

표는 중요한 G기능과 그 설명을 소개한다. 자세한 것은 JIS B 6314를 참고하기 바란다.

주요한 G 기능의 설명

G 기능	기 능	내 용 설 명
G 00	위치 결정(급이송)	지령된 위치에 급이송으로 이동함
G 01	직선 보간	절삭 피드에서 직선 보간
G 02	원호 보간	시계 방향의 원호 보간
G 03	원호 보간	반시계 방향의 원호 보간
G 04	드웰	G 40 신호 후에 오는 수치의 시간만큼 스톱시키고 시간이 경과한 후 다음 블록으로 진행
G 17	X, Y 평면 지정	평면 지정은 원호 보간 지령 및 공구경의 보정에서 어느 평면에서 이동할 것인가를 지정하는 것
G 18	Z, X 평면 지정	
G 19	Y, Z 평면 지정	
G 28	자동 원점 복귀	기계 원점에 급이송 복귀함
G 40	공구 보정 취소	공구 반지름의 보정을 취소하는 신호
G 41	공구경 보정 좌	이동점에서 I, J로 표시되는 방향과 직각으로 벡터를 만들어 반지름 보정의 분량만큼 좌측으로 오프셋한다.
G 42	공구경 보정 우	G 41과 같은데 오프셋은 우
G 44	공구 길이 보정 −	공구 길이를 마이너스로 보정
G 45~G 48	공구 위치 오프셋	NC 테이프의 지령값에서 오프셋량만큼 신장, 또는 축소할 수 있다. 직선 절삭일 때 쓴다
G 73	깊은 구멍 사이클	깊은 구멍을 뚫을 때 칩의 배출을 쉽게 하기 위해 스텝 이송한다.

중요한 G 기능의 설명

G 기능	기 능	내 용 설 명
G 76	파인 보링 사이클	다듬질 보링의 내경에 바이트의 리턴 마크가 생기지 않도록 오프셋하여 빼낸다
G 80	고정 사이클 취소	G 73~G 89까지의 고정 사이클을 취소한다
G 81	드릴링 사이클	구멍뚫기, 리머 등이 보통 쓰임
G 82	카운터 보링 사이클	구멍 바닥에서 P로 지정한 초수만큼 드웰이 걸린다. 자리 가공, 면따기 가공 등에 쓰인다
G 83	깊은 구멍 사이클	깊은 구멍 사이클로 칩의 배출을 쉽게 한다
G 84	탭핑 사이클	탭핑에 쓰임. 오버라이드는 무시함
G 85~G 89	보링 사이클 1	여러 가지 모양의 보링 가공에 쓰임
G 90	절대 지령	절대 지령
G 91	인크리멘털 지령	인크리멘털 지령
G 92	좌표계 설정	절대 좌표계를 설정함
G 98	고정 사이클의 이니셜 레벨 복귀	이니셜 점으로 복귀
G 99	고정 사이클의 R점 복귀	R점 복귀

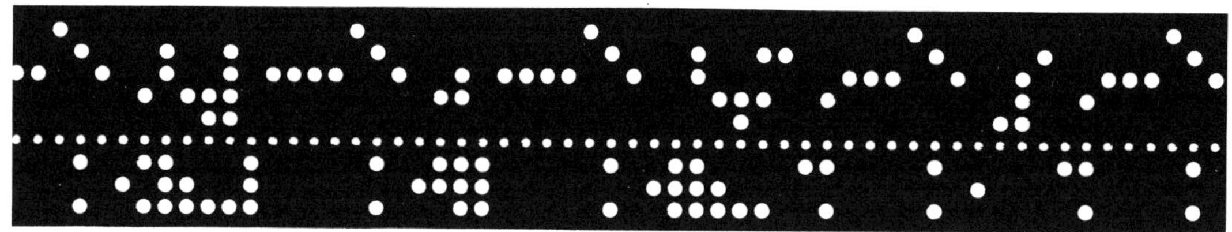

제 **2**장 프로그래밍과 가공 실례

보조 기능 "M"

어드레스 캐릭터 "M"과 두 자리 숫자로 지령한다. 이 기능은 기계의 움직임 그 자체를 제어하는 것은 아니고 주축 회전, 절삭유의 분출, 공구 교환 등의 보조적인 동작을 지령하는 것으로 보조 기능이라고 한다.

표는 중요한 M 기능과 그 설명을 소개한다. 자세한 것은 JIS B 6314를 참고하기 바란다.

주요한 M 기능과 그 역할

M 기능	기 능	내 용 설 명
M 00	프로그램 스톱	프로그램의 운행을 중지시킴. 이 지령에 의하여 블록 내에 지령된 동작이 완료된 후 주축 및 쿨런트는 정지함(작업 종료, 공구 교환 등에 사용됨)
M 01	옵셔널 스톱	작업자는 이 기능을 유효하게 하는 스위치를 넣어 두면 프로그램 스톱과 같은 효과를 낸다. 스위치를 넣지 않을 때는 무시된다(계측, 바이트의 치수 세트에 쓰임).
M 02	엔드 오프 프로그램	공작물의 가공 종료를 나타내는 지령으로 그 블록의 동작 완료 후 주축 및 쿨런트가 정지함. 제어 장치나 기계의 리셋에 쓰임. 프로그램 스타트까지 되감아도 좋다.
M 03	주축 시계 방향 회전	주축 정회전 지령
M 04	주축 반시계 방향 회전	주축 반시계 방향 회전 지령
M 05	주축 정지	주축을 정지시키는 명령
M 06	공구 교환	공구 교환 지령 T 신호와 함께 사용하며 ATC(공구 교환 장치)의 공구 선택함
M 07	쿨런트 2	미스트 쿨런트 ON
M 08	쿨런트 1	플래드 쿨런트 ON
M 09	쿨런 정지	쿨런트 OFF (M 07, 08 기능을 모두 정지)
M 10	클램프 1	기계의 슬라이드, 공작물, 주축 등의 클램프, 언클램프를 행함
M 11	언클램프 1	
M 19	주축 정위치 정지	주축을 일정 방향에 위치 결정하여 정지시킴
M 30	엔드 오프 테이프	NC 테이프의 끝을 나타내는 지령으로 NC 테이프를 스타트까지 되감는다. 제 2 테이프 리더의 스타트에 쓰일 수 있다.
M 48	오버라이드 취소 OFF	M 49 신호의 취소
M 49	오버라이드 취소 ON	다이얼(오버라이드 볼륨)에 세트된 이송 속도의 오버 라이드를 무시하고 프로그램되어 있는 속도의 100%로 동작시키는 기능

공구 위치 오프셋의 신장과 축소

"공구 위치 오프셋" 기능은 NC 테이프로 지령되는 종점부터 오프셋량을 보정시키는 기능으로 공구 길이 보정, 공구경 보정에도 이용된다.

이 기능에는 아래와 같은 4가지 지령 방법이 있다.

- G 45 : 설정한 오프셋량의 1배 신장
- G 46 : 설정한 오프셋량의 1배 축소
- G 47 : 설정한 오프셋량의 2배 신장
- G 48 : 설정한 오프셋량의 2배 축소

왜 4개의 기능이 있는가는 확실치 않으나 이제부터 설명하는 공구경 보정을 할 때 편리하다. 여기서 1배 신장, 축소, 2배 신장, 축소의 움직임을 잘 이해하여 주기 바란다.

오프셋량의 부호가 −이면 각각의 기능이 반대로 된다. 덧셈 부호를 생각하는 방법과 같다. 주의해 주기 바란다.

또 이동 지령은 시키지 않은 채 공구 보정만을 할 때에도

$$G\,91 \quad G\,45 \quad X\,0 \quad H\,01$$
$$G\,91 \quad G\,46 \quad X\,0 \quad H\,01$$

과 같이 X에 0의 지령을 한다. 여기서 H 01=10이면 G 45에서는 X=10, G 46에서는 X=−10으로 된다. 또 X−0이라고 넣으면 G 45에서는 X=−10, G 46에서는 X=10으로 된다.

이제 다음 그림과 같은 움직임을 G 45, 46, 47, 48을 이용하여 프로그램을 짜보자. 여기서 엔드 밀 지름은 ϕ20, 오프셋량은 H 10(+10)이다.

$$G\,91 \quad G\,00 \quad G\,46 \quad Y\,0 \quad H\,10$$

    (오프셋량이 +이므로 G 46에서는 1배 축소, 즉 −방향에 공구 반지름 분량(H 10)만큼 보정된다)

$$G\,46 \quad X\,30$$
$$G\,47 \quad Y\,40$$
$$G\,47 \quad Y\,20$$

    (G 47은 2배 신장이므로 +방향으로 공구 반지름 2배 분량만큼 보정된다)

$$Y\,-15$$
$$G\,48 \quad X\,40$$

    (−방향으로 공구 반지름 2배 분량만큼 보정된다)

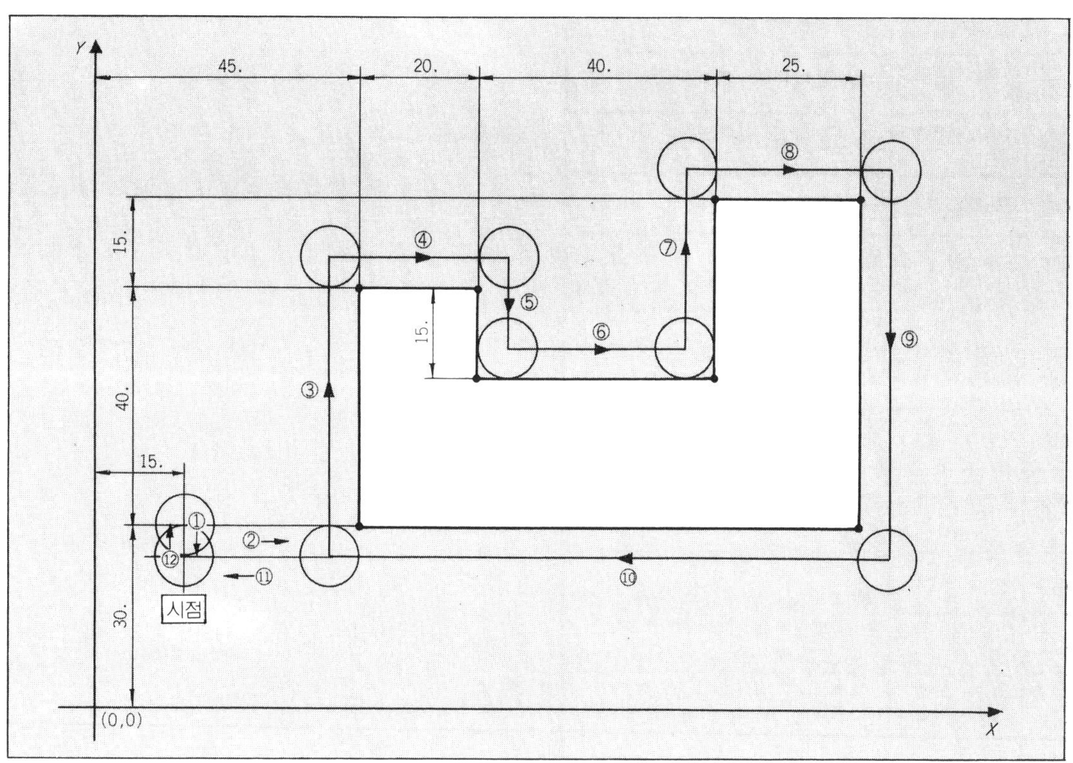

        Y 30
        G 47   X 25
        G 47   Y −55
        G 47   X −85
        G 46   X −30
        G 45   Y 0
            (공구 반지름분 ＋방향으로 보정)
으로 된다.
    이상과 같이 공구 위치 오프셋을 이용하면 도면 치수 그대로의 값으로 프로그램을 짤
수가 있다.

고정구 오프셋

가공물을 회전 테이블 위에 설치하고 분할하여서 다면을 동시에 가공할 경우 정확히 회전 중심에 대하여 위치 결정이 되어 있으면 좋겠지만 현실적으로는 어려운 문제이다.

그래서 "공구 위치의 오프셋 기능"을 이용하여서 분할되는 각 면마다 보정을 넣도록 프로그램을 넣어두면 좋을 것이다.

어떻게 보정을 넣으면 좋은가를 그림에서 잘 이해해야 한다.

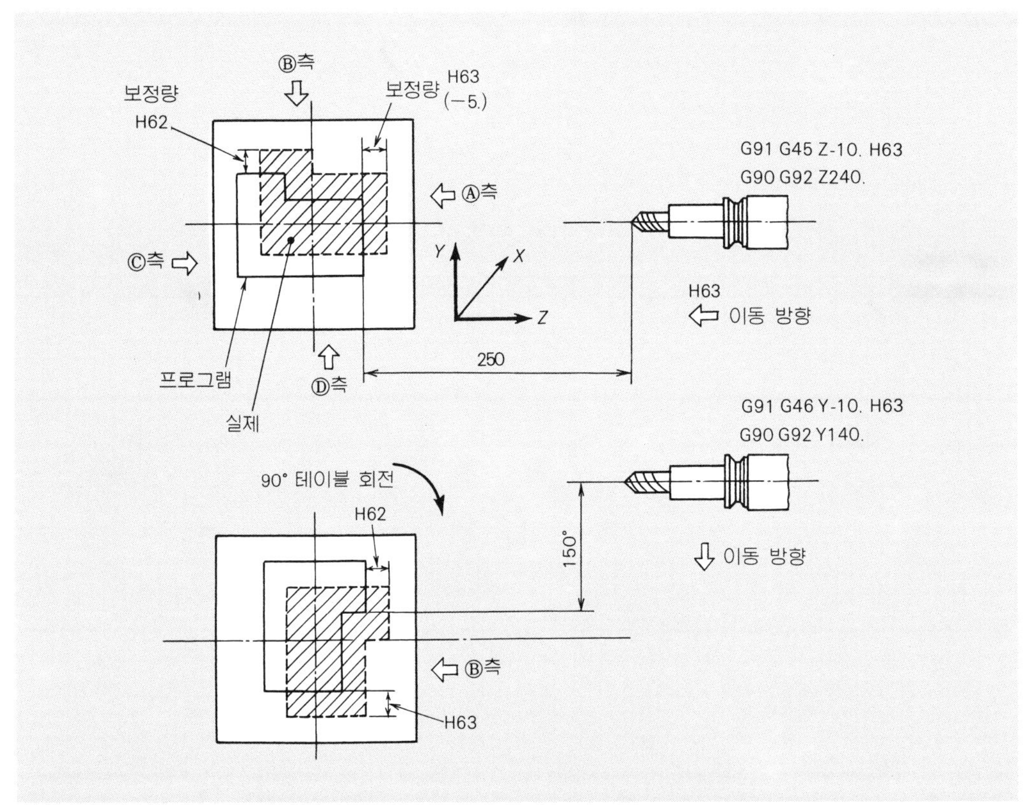

그림에서 Ⓐ측 가공의 Z축 방향의 보정이 H 63이면 90° 회전하여 Ⓑ측을 가공할 때의 Y축 방향의 보정도 H 63과 같게 된다. 그러나 Ⓐ측의 Z축은 H 63이 −5이므로 G 45(1배 신장)로 진행 방향에 대하여 −5의 보정이 이루어지나 Ⓑ측의 Y축은 G 46(1배 축소)으로 진행 방향의 역에 대하여 −5의 보정 즉 진행 방향에 5의 보정이 필요하다.

같은 생각에서 B측에 대한 Z축의 보정량(H 62)은 Ⓒ측의 Y축의 보정량과 같은 방향으

   제 **2**장   프로그래밍과 가공 실례

고정구의 보정량

가 공 면	X 축	Y 축	Z 축
Ⓐ 측	G 45 X 10. H 61	G 45 Y -10. H 62	G 45 Z -10. H 63
Ⓑ 측	G 45 X 10. H 61	G 45 Y -10. H 63	G 45 Z -10. H 62
Ⓒ 측	G 45 X 10. H 61	G 45 Y -10. H 62	G 45 Z -10. H 63
Ⓓ 측	G 45 X 10. H 61	G 45 Y -10. H 63	G 45 Z -10. H 62

H 61 : X 방향 치수가 작을 때의 오프셋 ⊕
H 62 : Y 방향 치수가 작을 때의 오프셋 ⊖
H 63 : Z 방향 치수가 작을 때의 오프셋 ⊖

로 역이 되어 Ⓒ측에 대한 Z축의 보정량은 Ⓓ측의 Y축의 보정량과 같아서 방향은 역, Ⓓ측에 대한 Z축의 보정량은 Ⓐ측의 Y축의 보정량과 같고 방향은 역으로 된다.

X축 방향은 회전하여도 보정량(H 61)도 방향(G 45)도 변하지 않으므로 어느 면에서나 같은 보정으로 하면 된다.

이 보정 방법은 X축 중심으로 테이블이 회전하는 기계에서 하는 것인데 Y축 중심으로 회전하는 기종에서는 위 표의 보정 방식의 X와 Y를 바꾸어 넣으면 된다.

●MC용 대화 시스템●

「토마토(대화식)」

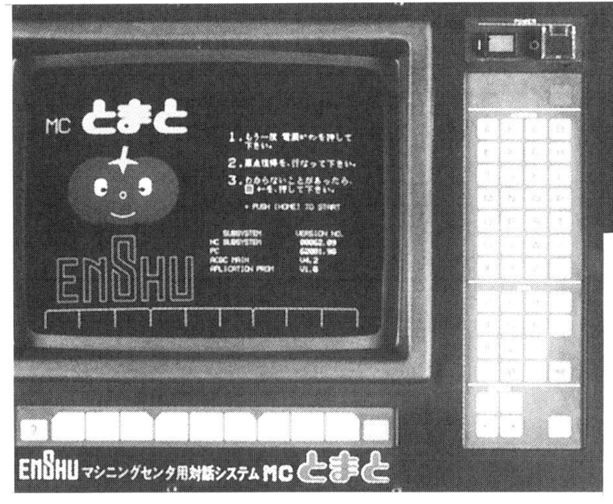

⇧대화식 MC 머시닝 센터·VMC650Ⅱ

　　머시닝 센터의 효율적인 활용을 도모하려면 공작물에 맞는 기계를 선택하는 것은 당연하지만 그 기계가 쓰기 쉬운지 아닌지도 큰 논점이다. 쓰기 쉽다는 점에서 결정적으로 유리한 것이 대화형이다.

　　「MC 토마토」(※주 : 일본의 공작 기계 제작 회사인 「遠州」가 개발한 머시닝 센터의 상품 「MCとまと」의 표기임)는 MC의 조작 전반 즉 프로그램의 작성에서 준비, 운전, 보수까지를 대화형으로 짜넣은 획기적인 시스템이다. 초심자도 단시간에, 베테랑은 한층 효율적으로 조작할 수 있도록 개발의 포인트를 아래의 3 가지로 한다.

　① 조작이 간단하고 쓰기 쉬울 것

　② 작업을 단시간에 할 것

　③ 체크를 충실히 하여 미스를 방지할 것

(1) 조작이 간단하고 사용하기 쉽다.

① NC 조작 전반을 대화로 플로한다.

② 프로그램, 준비, 운전, 보수와 작업별의 분류에서 순서가 간단하다.

대화형 시스템의 조작에서 가장 문제가 되는 것은 다음에 어떻게 하면 목적한 화면을 표시할 수 있을까 하는 일이다. 이것을 해결하기 위하여 「조작 선택」 화면(**그림 1**)에 작업 내용을 한번에 표시하고 작업을 선택한 후에는 그 화면의 조작이 완료되고 「종료」키를 눌러 나가면 작업이 완료되는 구성이 된다.

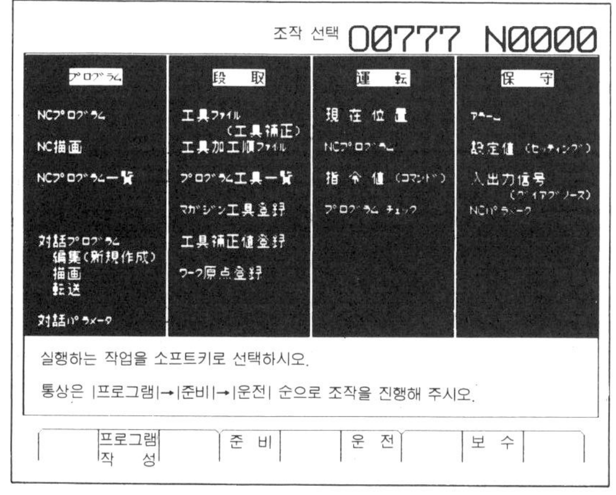

그림 1 조작 선택 화면

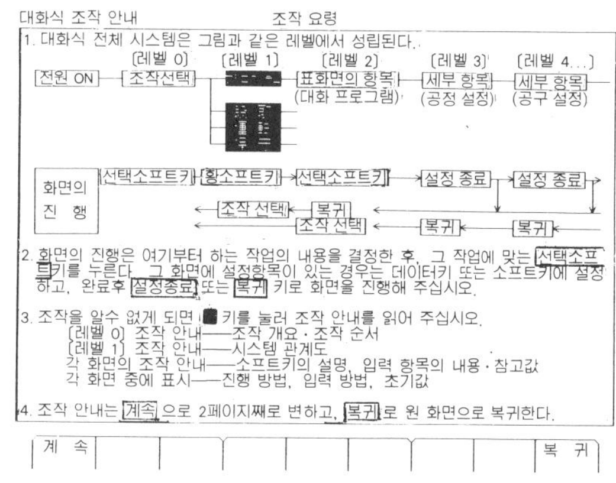

그림 2 대화식 조작 안내

③ 헤매는 곳에서 [?]키를 누르면 「토마토 조작 안내」를 표시한다.

각 화면의 이면에 **그림 2**와 같은 「토마토 조작 안내」가 있어서 조작하다 헤맬 때는 [?]키를 누르면 소프트웨어 키의 설명, 입력 항목의 내용, 시스템 관계도 등을 보여줌으로써 취급 설명서를 보지 않아도 작업이 진행된다.

(2) 작업을 단시간에

단시간의 작업이란 프로그램의 작성, 준비, 시운전, 운전이란 일련의 작업을 모두 단시간에 하려고 하는 것이다.

① 프로그램 작성을 쉽게, 단시간에 한다. 자동 프로그램 기능으로서 종래에는 이해하기 어렵고 장시간 걸리던 NC 프로그램을 특수 언어의 사용없이 수치를 설정하는 것만으로 각종 자동 계산, 자동 결정하여 단시간에 확실하게 한다.

② 대화형에 의하여 신속하고, 확실한 준비 작업이 이루어진다.

준비 단계의 자동화 기능으로서 종래에는 NC 프로그램 중에 사용하는 공구의 매거진 등록, 보정값 등록, 워크 원점 등록에 대해서는 자기가 번호를 택하고, 계측하고, 계산해서 등록하고 있었다. 이것을 자동 탐색, 자동 표시, 자동 측정, 자동 계산, 자동 등록하게 하여 신속하게 확실한 준비 작업이 이루어지게 되었다.

③ 많은 정보를 한 화면에 표시하여 프로그램 체크시에 화면을 바꾸지 않게 했다.

또, 대화 프로그램은 자동적으로 보통 포맷의 NC 프로그램으로 변환되어 보통 NC기와 같은 운전을 하므로써 대화문에 의한 직접 운전과 같이 해석 시간에 의한 블록 간의 정지가 없다.

(3) 체크의 충실로 미스 방지

대화형에서는 입력 미스, 조작 미스, 프로그램 미스 등이 빨리 발견되지 않으면 어디서 그 미스가 발생하고 어떻게 처리해야 좋을 지를 알 수 없게 된다. 「MC 토마토」는 이점을 중시하여 다음과 같은 미스 방지 대책을 세우고 있다.

① 입력 데이터 미스는 그 자리에서 일본어에 의한 에러 메시지를 표시한다.

② 프로그램은 가공 형상, 공구 궤적의 그림에 의하여 공정 단위, 대화 프로그램, NC 프로그램으로 단계적으로 필요에 따라 언제나 확인이 가능하다.

「MC 토마토」의 효과

이와 같은 특징을 갖춘 「MC 토마토」는 종래의 대화형과 같은 프로그램의 자동 작성뿐만 아니라 준비를 포함한 시스템 전체를 관장하므로써 준비 시간을 대폭 단축시킬 수 있다.

그 실례로 **표** 1에 표시한 것과 같이 준비 시간이 종래의 CNC가 설치된 MC에 비하여 4분의 1에서 6분의 1로 단축되었다.

표 1 장비 시간의 비교

공 작 물	기어 케이스		커버		트랜스미션 케이스	
	종래 CNC	MC 대화식	종래 CNC	MC 대화식	종래 CNC	MC 대화식
프 로 그 램 시 간(min)	300	70	150	15	200	30
프로그램 체크 시간(min)	50	20	15	8	20	10
공 구 세 트 시 간(min)	40(19개)	30(19개)	10(5개)	7	20	12
공구 보정 계측 시간(min)	100	10	25	3	40	4
워크 중심내기 시간(min)	15	2	15	2	20	2
합 계 (min)	505	132	215	35	300	58

MC 준비에서는 7도구라 부르는 도면, MC 취급 설명서, NC 취급 설명서, 절삭 조건표, 공구 관리표, 메모, 전자 계산기를 준비해 두고 지식, 경험을 가진 숙련 기능자가 이것을 사용하지 않으면 안된다. 이 일은 초심자에게 MC가 다루기 어렵다는 문제와 작업이 번잡하고 시간이 걸려서 오류가 생기기 쉽다는 문제를 안고 있다.

이런 문제를 해결하기 위하여 「MC 토마토」는 대화 준비 기능에 의하여 준비의 플로화, 간소화, 확실화, 규격 통일화를 기하여 초심자도 단시간에 MC의 준비를 간단히 확실하게 할 수 있게 했다. 다음에 준비 작업의 순서에 따라 설명한다.

(1) 프로그램 공구 일람

NC 프로그램 번호를 입력하는 것만으로 그 프로그램에 사용하는 공구 번호, 공구명, 공구 보정값의 설정 상태, 매거진 장착 상태를 일람표를 만들어 표시한다. 이 화면정보에 의하여 작업자는 공구를 알게 되고 준비되어 있지 않은 경우는 준비할 수 있다. 이 때문에 공구 관리표, 메모 등이 필요없게 된다.

(2) 매거진 공구 등록

매거진에 등록되어 있는 공구 번호, 프로그램에서 사용하는 공구 번호, 공구명, 호칭 직경(nominal-diameter)을 표시한다. 사용 공구가 매거진에 등록필(청), 미등록(적)인가를 등록 모니터에 표시하므로써 미등록 공구 번호를 매거진에 등록한다.

전부 등록필(청)일 때에 한하여 [등록 완료]로 됨으로써 사용 공구를 오차없이 매거진에 세트할 수 있어서 확실히 오류가 방지된다.

(3) 공구 보정값 등록

공구 보정값 등록은 프로그램에서 사용하는 공구 번호, 공구명, 공구 보정값이 표시된다. 보정값 등록이 필요한 부분은 수치로, 필요없는 부분은 ****로 표시된다.

공구 길이, 공구경이 툴 프리세터 등으로 측정되고, 임의값을 알고 있을 때는 그 값을 입력한다.

보정값이 불분명하여 기계상에서 측정할 때는 [공구경 측정] 키 또는 [공구 길이 측정] 키를 누르면 측정 화면으로 전환된다.

공구 길이 측정 화면(**그림** 3)에서는 우선 기준 공구를 주축에 장착하고 날끝 검지기에 접촉시켜 그 위치를 읽어 입력한다. 다음에 측정할 공구에 커서를 맞추고 [커서 공구 호출] 키에 이어 사이클 스타트 보턴을 누르면 측정할 공구가 자동적으로 주축에 장착된다.

이 공구를 화면의 지시에 따라 날끝 검지기에 접촉시켜 [공구 길이의 보정 판독] 키를 누르면 보정값이 자동 계산되어 NC에 등록된다.

이것을 되풀이하면 사용 공구 모두가 등록된다. 이와 같이 소프트웨어 키에 의하여 조

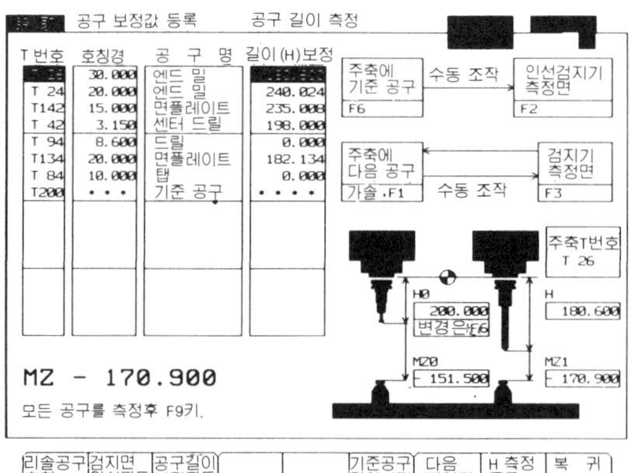

그림 3 공구 길이 측정 화면

작이 모두 완료되는데 조작이 빠를 뿐만 아니라 계산기 없이도 계산 미스나 등록 미스가 방지된다.

공구경 보정도 같은 방법으로 측정 가능하며 특히 홀수날 공구의 측정에 유효하다.

(4) 워크의 원점 등록

프로그램의 가공 기준이 되는 X, Y, Z의 각 점을 워크 원점이라 부르고 이 시스템에서는 최대 30개까지 설정할 수 있다. 워크 원점 등록 화면(**그림 4**)에서는 프로그램에서 사용하는 워크 원점 번호를 화면에 표시한 것으로 기준 공구를 써서 Z축 중심내기, XY 중심내기를 한다.

XY 중심내기는 4각 외·내측, 원 외·내측, 코너 외·내측 등 15종류의 형상을 준비하여 공작물에 따라 중심내기가 가능하다.

또 공작물을 경사지게 테이블에 설치했을 때에는 좌표 회전 형상을 선택하여 중심내기를 하면 X·Y축에 나란하게 프로그램한 공구 경로에서도 측정한 각도만큼 기울여 가공된다. 이것에 의하여 공작물의 설치 시간이 크게 단축된다.

이 좌표 회전 기능은 여러 개의 공작물이 각각 다른 경사각을 갖고 있어도 유효하다.

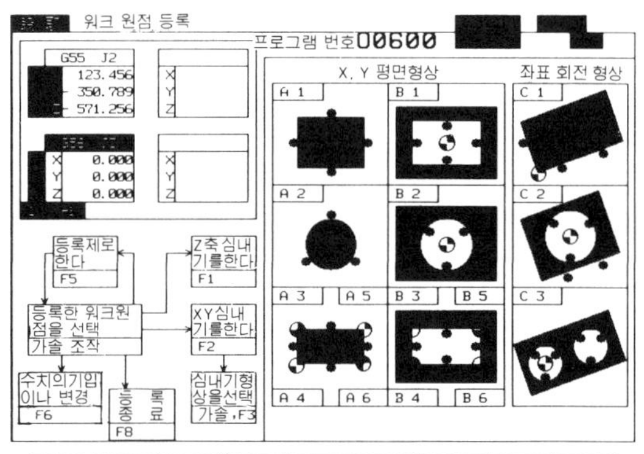

그림 4 워크 원점 등록 화면

제**2**장 프로그래밍과 가공 실례

이들 준비 작업은 화면별로 완료될 적마다 [등록 종료] 키를 누르면 화면 오른쪽 상의 준비 모니터가 적색에서 녹색으로 변화돼 그 완료를 알려, 작업을 진행시키는 구성이 되므로 확실하게 준비작업이 된다.

프로그램의 작성

오퍼레이터의 부담을 경감하기 위하여 [MC 토마토] 자동 프로그래밍 기능에는 다음과 같은 특징이 있다.

① 중복 입력의 회피, 자동 결정, 자동 계산이 여러 곳에 입력되어 있다.

② 프로그램 작성 중에 공구 파일, 공구 가공 순서 파일의 편집이 가능하다.

③ 내용이 풍부한 메뉴가 준비되어 있어서 항목에 따라 수치 설정하는 것만으로 가공이 된다.

④ 4각·트랙 형상은 도형 회전이 가능하다.

⑤ 임의 형상 입력에서 좌표를 계산할 필요가 없다.

⑥ ATC 회전수를 줄이기 위한 ATC 순서 최적화, ATC 순서 변경 기능이 있다.

다음에는 프로그램 작성을 순서에 따라 설명한다.

(1) 프로그램 등록

「조작 선택」 화면(**그림 1**)에서 [프로그램 작성] 키를 누르면 「프로그램 등록」 화면(**그림 5**)으로 된다. 여기서는 대화 프로그램 번호의 선택, 프로그램명을 등록한다.

프로그램의 신규 작성, 변경을 할 때는 [편집] 키, 드로잉 체크를 할 때는 [프로그램 드로잉]키, 대화 프로그램을 NC 프로그램으로 변환할 때는 [프로그램 전송] 키를 눌러 주면 조작이 진행된다.

대화 프로그램은 전부 10개까지 등록되고, 입출력도 가능하다. No. 0~No. 7은 약 30공정, No. 8, No. 9는 약 150공정분의 기억 용량을 갖춰 긴 프로그램에도 충분히 대응된다.

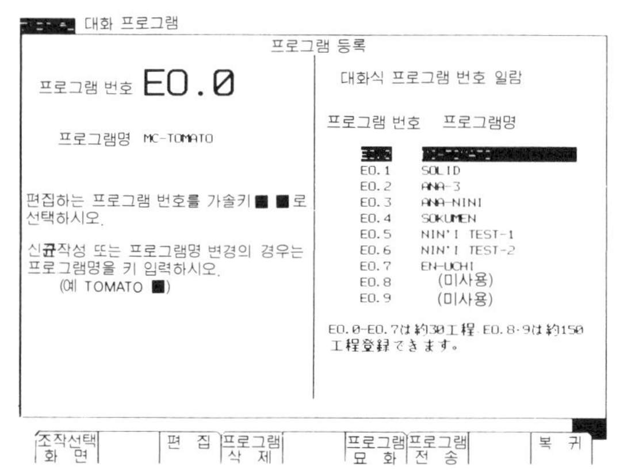

그림 5 프로그램 등록 화면

등록필 프로그램마다 편집 기능이 있다. 유사 프로그램을 재빠르게 작성하는 것, 2개 이상의 프로그램을 연결하는 것은 $\boxed{\text{NEXT}}$에 의하여 이면에 표시되는 [프로그램 카피] 키에 의하여 간단히 할 수 있다. 또 불필요한 프로그램은 [프로그램 삭제] 키에 의하여 소거된다.

(2) 초기 설정, 공정 설정

프로그램은 신규로 작성할 때 [편집] 키를 누르면 프로그램에 공통된 사항을 등록하는 「초기 설정」 화면이 표시되고 거기에 공작물 재질, 공작물 원점, 공구 안전도 등을 설정한다.

[설정 종료]하면 「공정 설정」 화면(**그림 6**)이 표시되는데 그 후부터 프로그램할 공정을 선택한다. 즉 [평면 가공], [측면 가공], [임의 형상], [형가공], [구멍 가공], [NC문 입력] 키 중에서 하나를 선택한다.

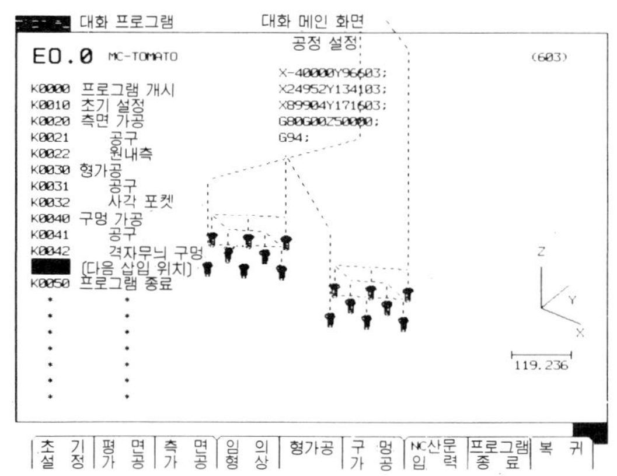

그림 6　공정 설정 화면

(3) 공구 설정

공구 설정에 대해서는 구멍 가공을 예로 들어 설명한다.

[구멍 가공] 키를 누르면 [공구 설정] 화면(**그림 7**)으로 된다. 여기서는 최종 공구를 설정하면 그전에 가공한 공구 모두가 자동 설정된다.

[공구 가공 순 파일] 키를 누르면 「공구 가공 순 파일」(**그림 8**)이 표시되어 사용 공구(예 : M 10탭 → T 84)를 선택한다. 사용 공구가 등록되어 있지 않을 때는 그 자리에서 등록된다.

「공구 설정」에 돌아와 $\boxed{8}\boxed{4}$를 설정하면 공구명, 호칭 직경이 표시되는데 다음에 [절삭 조건 자동] 키를 누르면 절삭 조건이 자동 계산되어 표시된다.

깊은 구멍은 가공 도면에 의하여 수치를 구하여 설정하면 날끝 깊이는 [날끝 심 자동] 키에 의하여 자동 계산된다. 드웰, 절삭유를 설정한 후 [전공구 자동] 키를 누르면 전공구 즉 센터 드릴, 드릴, 모따기 드릴이 자동적으로 설정된다.

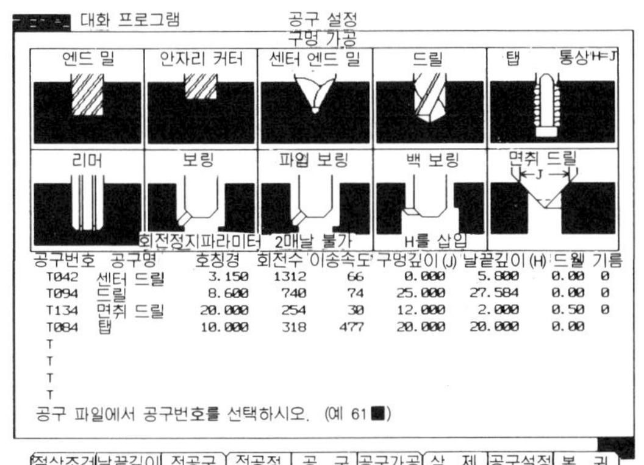

공구번호	공구명	호칭경	회전수	이송속도	구멍깊이 (J)	날끝깊이 (H)	드웰	기름
T042	센터 드릴	3.150	1312	66	0.000	5.800	0.00	0
T094	드릴	8.600	740	74	25.000	27.584	0.00	0
T134	면취 드릴	20.000	254	30	12.000	2.000	0.50	0
T084	탭	10.000	318	477	20.000	20.000	0.00	
T								
T								
T								
T								

그림 7 공구 설정 화면

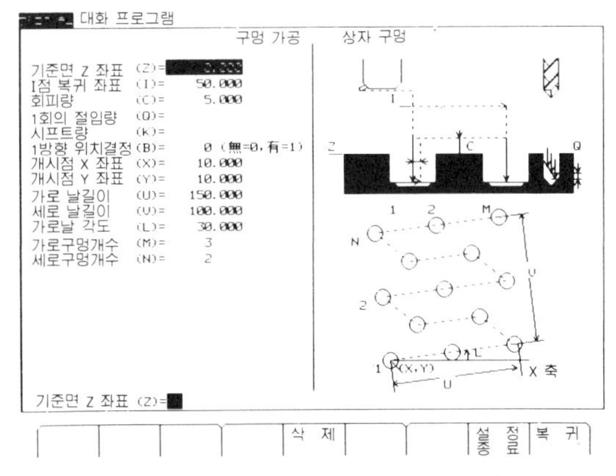

최종 가공 공구 (8)			전 가 공 공 구 번 호					
공구번호	공구명	호칭경	7	6	5	4	3	2	1
T081	탭	5.000	T133	T091	T041				
T082	탭	6.000	T133	T092	T041				
T083	탭	8.000	T133	T093	T042				
T084	탭	10.000	T134	T094	T042				
T085	탭	12.000	T134	T095	T043				
T086	탭	14.000	T134	T096	T043				
T087	탭	16.000	T134	T097	T043				
T111	파인 보링	25.000	T135	T101	T072	T065	T042		
T112	파인 보링	30.000	T136	T102	T073	T065	T042		
T113	파인 보링	35.000	T136	T103	T074	T068	T042		
T114	파인 보링	40.000	T137	T104	T103	T074	T068	T042	
T115	파인 보링	45.000	T137	T105	T104	T074	T068	T042	

그림 8 공구 가공순 파일 화면

상기의 자동 결정된 수치, 공구 선택 등은 필요에 따라 변경이 가능하다. 밀링 가공에서는 거친 가공 공구, 다듬질 가공 공구, 모따기 공구가 동시에 설정된다.

(4) 가공 메뉴 선택

구멍 가공에는 메뉴가 7화면 있다. 즉 임의 구멍 위치, 원주상의 구멍, 원호상의 구멍, 선상의 구멍, 4각상의 구멍, 격자상의 구멍, 갈짓자 격자상의 구멍으로 7가지다.

임의의 구멍 위치는 6메뉴에 해당되지 않을 때 구멍 위치만을 설정하면 프로그램이 완성되는 편리한 것으로 단차가 있는 구멍 가공에도 적용된다.

(5) 가공 데이터 입력

갈직자 격자상의 구멍은 선택하면 **그림 9**와 같은 「가공 데이터 입력」화면으로 된다.

여기서는 가공 도면에 의거하여 화면 좌측의 항목에 따라 수치를 설정하는 것 뿐이다. 또 커서를 맞춘 부분의 기호가 오른쪽 그림에서 점멸하므로 대단히 알기 쉽게 되어 있다.

그림 9 가공 데이터 입력 화면

이와 같은 4각형의 도형에서는 다른 밀링 가공도 마찬가지로 회전각을 설정하는 것만으로 경사 가공이 되는 도형 회전 기능이 있다.

수치 설정이 완료되어 「설정 종료」 키를 누르면 작성한 공정의 가공 형상, 공구 궤적이 자동으로 그려져 정오(正誤)가 바로 확인된다.

드로잉 체크 후 「공정 설정」 화면(**그림** 6)으로 돌아온다.

프로그램을 계속할 경우에는 전술한 공정 설정부터 되풀이한다. 가공이 이것으로 완료될 때는 [프로그램 종료] 키를 누르면 「프로그램 등록」 화면(**그림** 3)으로 돌아온다.

(6) 프로그램 드로잉

작성한 프로그램 전체를 드로잉 체크할 때는 [프로그램 드로잉] 키를 누른다. 가공형상, 공구 궤적 드로잉이 7색의 공구별 색으로 XY, YZ, ZX, XYZ, ZXY, XY/XZ로 6평면에 자유로이 그릴 수 있다. 또 범위의 자동 설정 및 확대, 축소도 가능하고 목적에 따른 표시 방법을 선택할 수 있다.

(7) 프로그램 전송

대화형으로 작성된 프로그램은 NC 프로그램형으로 바꾸기 위하여 「프로그램 전송」을 한다. 이 목적은 다음과 같다.

① NC 프로그램에서 운전하면 대화문의 직접 운전에서 생기는 해석 시간에 의한 블록 간 정지가 없다

② 자기가 작성한 NC 프로그램도 드로잉, 준비 기능에서 대화형의 이점을 살린다.

③ 대화형으로 만든 프로그램을 자기가 일부 수정하여 특수 가공에 대응할 수가 있다.

(8) ATC순 변경

대화로 설정한 공구의 가공순을 변경하여 ATC 시간의 최단화, 다듬질 공구를 후가공으로 하여 가공 정밀도 향상을 기하는 것이 「ATC순 변경」 화면(**그림** 10)이다.

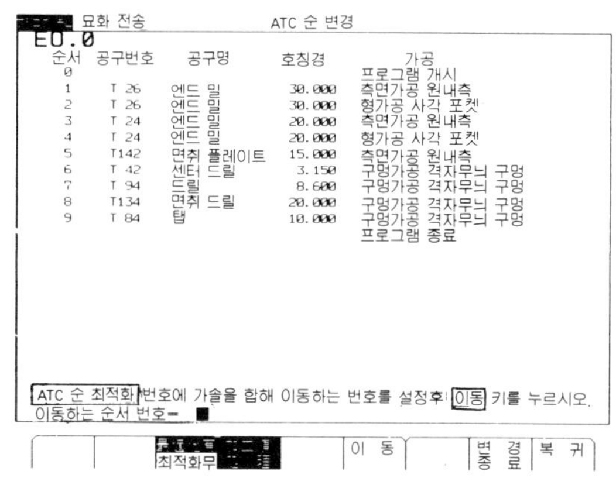

그림 10 ATC 순 변경 화면

이 기능은 「프로그램 전송」, 「드로잉」에서 유효하게 되며 NC 프로그램은 최적화된 공구순으로 작성된다.

프로그램은 이것으로 완성된다. 「MC 토마토」에서는 프로그램의 응용성을 중시하여 측면 가공, 임의 형상, 평면 가공 임의 경로도 메뉴에 포함되어 있다.

운전과 보수

운전 및 보수에서는 14인치 칼라 CRT를 살려서 많은 정보를 한 화면에 모으는 것과 동시에 일본어로 표시된 알기 쉬운 화면으로 되어 있다.

운전할 때 현재 위치, NC 프로그램, 지령값을 동시에 보고 싶은 요구를 만족시키기 위하여 「프로그램 체크」 화면(**그림 11**)을 설치했다.

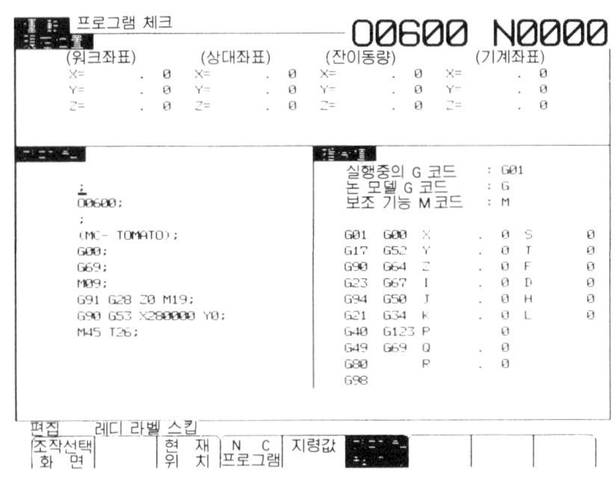

그림 11 프로그램 체크 화면

「현재 위치」 화면에서는 4좌표를 항상 표시함과 동시에 주축 회전의 이송 속도, 주축 공구, 다음 공구 번호, 가동 시간을 표시한다.

얼람, 세팅, 파라미터의 내용은 전에는 기호로 표시되었으나 일본어로 표시하여 취급설명서의 참조를 필요없게 했다.

*　　　*　　　*

MC의 효율적인 활용을 기한다는 점에서 프로그램과 NC 기계 조작의 양면에 걸쳐서 종래와 같은 지식을 필요로 하지 않고 간단히 취급할 수 있으며 동시에 높은 기능을 갖는 「MC 토마토」와 같은 대화 시스템은 앞으로 생산 현장에 밀착된 기계 가공을 위한 전문화된 시스템으로 보다 중요한 역할을 하게 될 것이다.

원호 보간에 의한 구멍 가공

• 千保木 精工 •

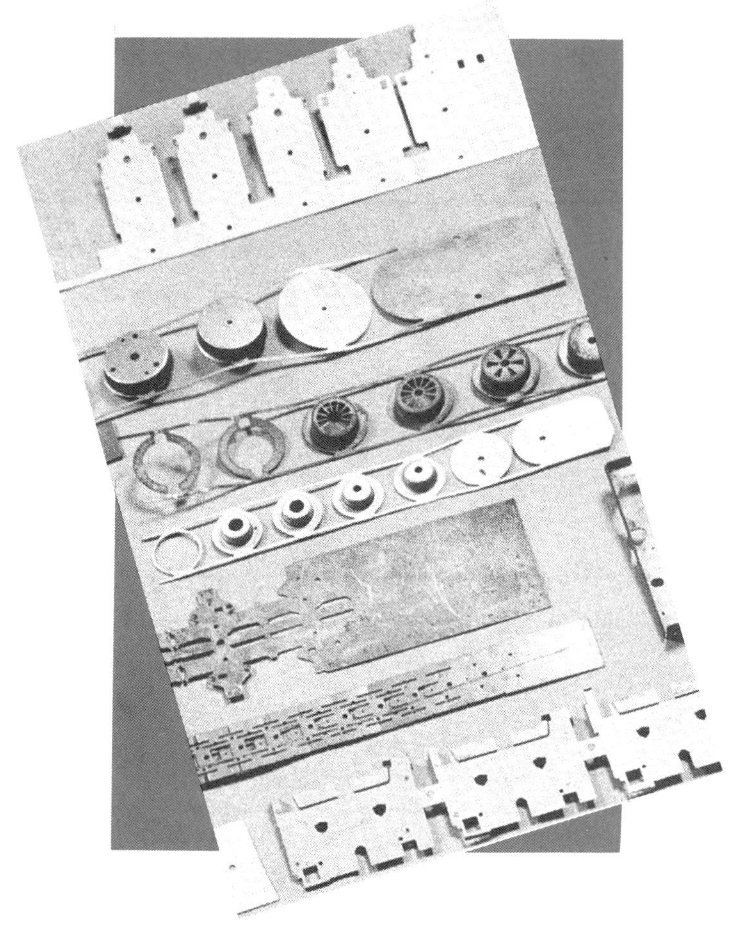

　일반 부품 가공에 MC의 도입이 증진함에 따라 일품 요리격인 금형 가공에도 MC의 도입이 한창이다. 원래 MC는 다종 소량 생산에 적합한 기계라 할 수 있는데 소량의 최저값인 1개를 가공하는데 과연 수지 타산이 맞을지? 프로그램 문제도 포함하여 충분히 검토할 문제라 할 수 있다. 그러나 최근 MC 전용의 자동 프로그래밍 시스템의 개발, CAD·CAM 시스템과의 결합 등 MC를 보다 효과적으로 쓸 수 있는 주변 기기가 개발되어 금형 가공에 MC의 보급이 이어지리라 생각된다.

♠ 금형 가공에 MC를 도입하려면

지금까지 써왔던 범용 밀링 머신의 정밀도가 떨어지고 또 테이블도 좀더 큰 것을… 하는 점에서 새로운 기계를 도입하려고 생각하고 있는 공장이 많으리라 생각된다. 여기서 범용 밀링 머신을 들여 놓는 것은 비록 정밀도가 좋아졌다해도 시대의 흐름에서 보아도 적당치 못한 반면 NC 밀링 머신이나 MC가 후보로 떠오른다. 그래서 금형하면 어느 정도 정밀도가 요구되므로 구멍 가공의 피치 정밀도에서 $5\,\mu m$ 정도까지 억제할 것을 요구하는 것도 있다.

일본의 群馬縣 伊勢崎市에 있는 千保木精工에서는 전자 부품의 프레스 가공과 프레스 금형을 제작하고 있었는데 이런 경로를 밟아 정밀도도 명확해야 한다는 점에서 MC를 도입하기로 생각하고 있었다. 도입 기종은 공구 수용 개수 18개인 소형 MC이지만 선택 기준은 여러 가지 기종으로 샘플 가공하여 정밀도를 비교한 후에 기종 선정을 하고 있다.

도입 당초는 프로그래밍이란 공정이 있기 때문에 가공 시간은 범용 밀링 머신에서 가공하는 것과 별 차이없는 상태였으므로 프로그래밍 시간을 어떻게 단축하느냐가 큰 문제로 되었다. 그래서 자동 프로그램을 도입해 보았으나 당초는 아직 MC 전용(또는 금형 가공용)인 시스템은 없었고 범용성이 있는 자동 프로그램이었으므로 그대로는 도저히 유효하게 쓸 수 없었다. 여하튼 질문 사항이 지나치게 많아 의외로 시간이 걸리었던 것 같았다.

그 후 바로 금형 가공용에 알맞는 소프트웨어를 개량하고 그것을 다뤄 MC 취급에 익숙해지면 역시 범용기보다 가공 시간이 짧아지게 된다. MC에 관해서는 그 사용법을 조정해 주지 않으면 아무리 해도 효과가 나오기 어려우므로 도입 효과에 대하여 조급한 판단은 금물이다.

그리고 현재는 CAD · CAM의 도입을 기하고 설계, 가공, 공구의 표준화도 시도하고 있다.

♠ 공구 개수는 될 수 있는 대로 적게

여기서 가공하고 있는 프레스 금형은 구멍 가공이 압도적으로 많아 70~80%는 구멍 가공으로 그 구멍 지름도 천차만별이다. 이것을 드릴과 리머로 다듬질하려면 공구 개수는 100개라도 모자라게 되고 만다.

그래서 어떻게 공구 개수를 줄여 가공할 것인가란 공구를 어느 만큼 공통화할 수 있는가로 된다. 그렇지만 제품 형상에 관계되는 구멍 지름은 천차만별이므로 이것을 공통화할 수는 없다.

그러나 그 이외의 구멍-나사를 세우는 구멍이나 녹핀용의 구멍, 다이 세트의 포스트 등-인데 몇 종류의 구멍 지름을 정하여 설계 단계에서 표준화해 두면 공구의 표준화도 가능하게 된다. 여기서 우선 나사 애벌 구멍용, 리머 애벌 구멍용 드릴로 $\phi 36\,mm$까지 30개의 드릴을 표준화하고, 리머도 $\phi 32\,mm$까지 15개를 표준화하였다.

이것만으로도 공구 개수는 많이 감소되지만 중량이 큰 것은 역시 제품 형상과 관련된 구멍쪽이다. 이것의 해결 방안은 엔드 밀을 이용하여 NC기의 특징인 원호 보간을 사용하여 가공하는 방법을 생각할 수 있다.

예컨대 $\phi 25\,mm$인 구멍을 엔드 밀로 가공하려 한다면 그 공정은 우선 센터를 $\phi 8.6\,mm$의 드릴 가공, $\phi 20\,mm$의 드릴 가공, 그후 $\phi 20\,mm$의 엔드 밀로 막깎기, 마찬가지로 $\phi 20\,mm$의 다듬질용 엔드 밀로 마무리하면 모두 5개의 공구가 필요하다.

이에 대하여 보링으로 가공하면 센터를 $\phi 9.7\,mm$ 드릴 가공, $\phi 19.7\,mm$ 드릴 가공, $\phi 24.7\,mm$ 러프 보링 가공하고, 그 후에 $\phi 25\,mm$ 보링으로 다듬어 역시 모두 5개의 공구가 필요하게 된다.

그러나 엔드 밀 가공의 경우는 $\phi 20\,mm$의 엔드 밀로 $\phi 20\,mm$ 이상의 구멍 가공을 거의 할 수 있지만 보링 툴이나 리머는 그와 달리 가공 구멍 지름에 맞는 것을 반드시 준비하지 않으면 안된다. 이 것이 큰 차이점으로 공구 개수의 삭감, 공구 공통화의 포인트가 된다.

그러나 가공 시간은 보링이나 리머 가공에 비하여 길어지므로 부품 가공과 같이 어느 정도 로트수가 있는 것은 그다지 적당하지 않은 가공 방법이라 할 수 있다. 얼마간의 시간적인 이점보다 정확하게 다듬어내는 편이 중시되는 것이 금형이므로 많이 쓸 수 있는 방법이라 할 수 있을지도 모르겠다.

♠ 엔드 밀에 의한 구멍 가공의 주의점

여기서는 앞에서 설명한 표준화된 구멍 이외는 대부분 이 엔드 밀을 써서 원호 보간에 의하여 다듬고 있는데 표준화되어 있는 엔드 밀은 $\phi 1.5 \sim 20\,mm$까지 30개로 모든 지름에 대하여 긴날과 짧은날, 막깎기용과 다듬질용의 4종이 있다.

그래서 엔드 밀의 최대 지름이 $20\,mm$로 되어 있는데 이것은 MC 파워의 문제와 계산을 쉽게 하기 위하여 정해진 것이다.

공구 개수의 대폭 감소라는 이점을 초래하는 엔드 밀에 의한 구멍 가공도 만능은 아니고, 잘 안되는 부분도 있다.

우선 피삭재에 대해서는 S55C, S41, SK, SKS 등에는 충분히 사용 가능하나 SKD에서는 엔드 밀의 마모가 심하여 깨끗이 다듬기는 어려워진다. 따라서 피삭재가 SKD일 때는 이 방법은 쓸 수 없다. 초경 엔드 밀의 사용도 생각하지만 절삭 조건의 선정이 스폿적으로 되는 일이나 기계의 파워, 다듬질면을 생각하면 무리인 것 같다.

엔드 밀 쪽의 문제점에는 가공 구멍의 깊이에 따라서 엔드 밀에 변형이 생기는 것을 들 수 있다.

제**2**장 프로그래밍과 가공 실례

이 경우의 변형량은 엔드 밀의 선단부로 갈수록 크고, 비틀림날, 곧은날에 따라서 약간의 차이는 있으나 일반적으로 구멍의 바닥으로 향하여 구멍 지름이 작아지는 모양으로 깎여 나간다.

이것을 방지하기 위하여 될 수 있는 대로 엔드 밀의 근원쪽에서 가공하고 가공 구멍의 깊이도 엔드 밀 지름의 2배 이내로 한다. 그렇다면 원통도는 나빠도 $10\,\mu\mathrm{m}$ 이내로 억제할 수 있다.

♠ 원호 보간에 의한 가공

그러면 실제 가공하고 있는 것을 차례로 따라가 보기로 한다. 피삭재는 SS 41(일반 구조용 압연재)로 판 두께 50 mm인 다이 플레이트로 구멍 지름 130 mm의 가공을 하고 있다.

우선 센터 드릴링하고 ϕ8.6 mm의 드릴로 제1 기초 구멍을 뚫는다. 그 후 ϕ18.5 mm의 드릴로 두번째 기초 구멍을 뚫는다. 이 ϕ18.5 mm란 물론 공통화되어 있는 공구로 M 20 나사의 기초 구멍 가공용에 쓰인다.

판 두께가 더 얇은 경우(40 mm 이하)에서는 두번째 애벌 구멍에 ϕ22 mm의 드릴로 뚫고 엔드 밀 가공에 들어가는데 여기서는 판 두께 50 mm임을 고려하여 세번째 기초 구멍 가공에 ϕ22 mm의 드릴을 사용하였다(**사진 1**).

이 때의 절삭 조건은 피드 75 mm/min, 회전수 400 rpm, 스텝 피드 가공에 의하여 칩의 절단을 기했다.

그 후 ϕ20 mm의 엔드 밀을 써서 원호 보간 절삭에 들어갔다.

사진 1 ϕ22mm에 의한 3번째 애벌 구멍 가공

● 막깎기

사용 공구는 ϕ20 mm, 날 길이 80 mm의 러핑 엔드 밀, 절삭 조건은 피드 35 mm/

min, 회전수 300 rpm이고 가공 깊이는 25 mm이다. 판 두께가 50 mm이므로 두 번으로 나누어 가공하고 있다. 또 러핑 엔드 밀은 칩의 배출이 좋으므로 막깎기에는 효과적이다.

엔드 밀은 우선 드릴 가공된 구멍의 중심에서 원주부로 향하여 나아가고(**사진 2**) 그 후 원호 보간에 의하여 원을 깎아 나간다(**사진 3**).

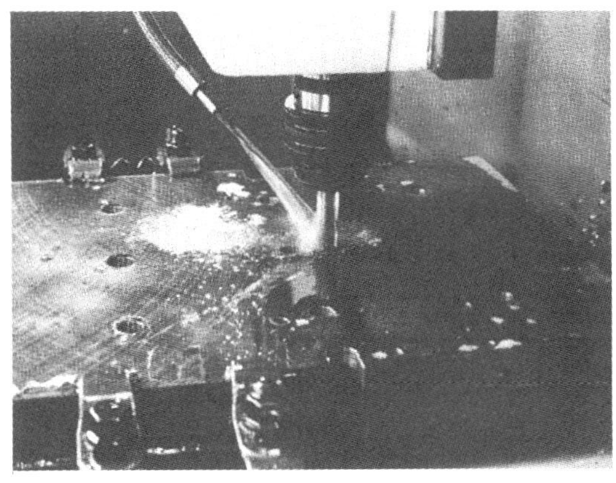

사진 2 중심에서 원통부로 향한 막깎기

사진 3 원호보간에 의한 막깎기

이렇게 하여 한 바퀴 돈 후 엔드 밀은 또 원의 중심으로 돌아와 남은 가공 깊이 25 mm에 대하여 같은 절삭을 하게 된다. **사진 4**는 두번째의 막깎기 도중으로 판 두께의 꼭 반절을 2회 나누어 깎았기 때문에 생긴 자국이 남은 것이 보인다.

사진 5는 막깎기 종료시, 원의 내부가 아래로 떨어져 내려가는 중이다.

사진 4 2번째의 막깎기

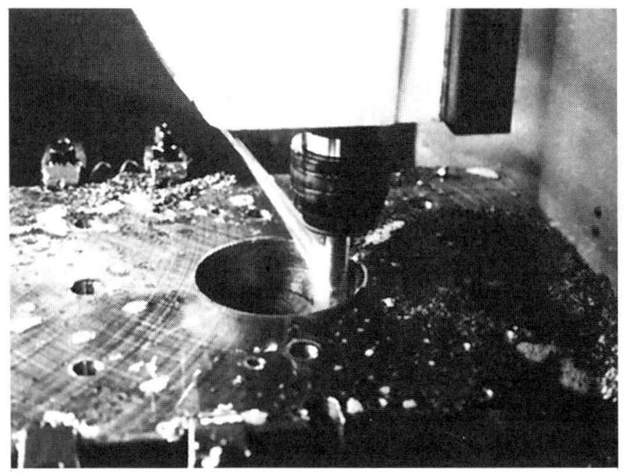

사진 5 막깎기 종료시

다듬질 여유를 0.5 mm 남긴 막깎기 가공인데 구멍 지름이 비교적 크기 때문에 두 바퀴 돌면 얼마간 시간이 걸린다. 절삭 속도를 올리는 것이 제일 간단한 시간 단축법이지만 이 이상의 절삭 조건이면 공구 수명이 저하되고 떨림이 생기기 쉽게 된다. 또 다듬질

  제**2**장 프로그래밍과 가공 실례

여유는 0.3~0.5 mm 남기는 것이 좋고 그 이상 1 mm 정도로 되면 다듬질 가공에서 엔드 밀이 한 바퀴 돈 후 그 시점과 종점에서 단차가 나오고 만다.

● **다듬질 가공**

다듬질 가공은 막깎기 가공과 같이 2회로 나누지 않고 깊이 50 mm에서 한 바퀴 돌아 마친다. 사용 공구는 ϕ 20 mm 강비틀림 고속도강(high-speed steel)엔드 밀(SK H 57)로 절삭 조건은 절입 0.5 mm, 피드 35 mm/min, 회전수 435 rpm이다(**사진** 6).

이 후 구멍 지름을 측정하여 만일 마이너스 값이면 보정값을 넣어 다시 한번 일주시켜 가공 종료한다.

사진 6 다듬질 가공

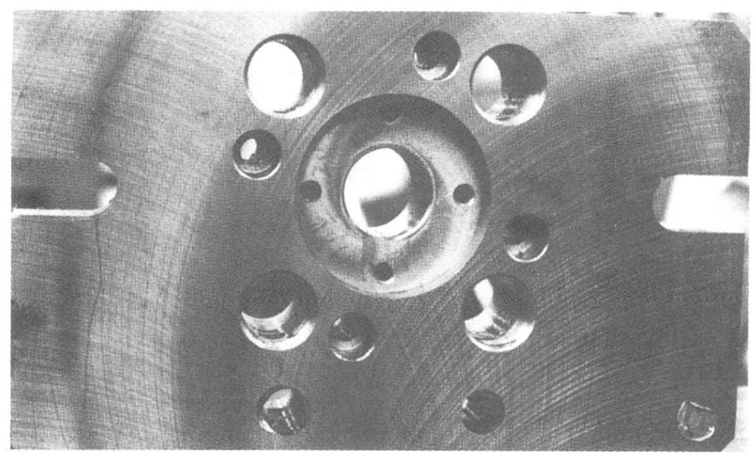

사진 7 원호보간으로 구멍 가공된 다이플레이트

사진 7은 이 방법으로 구멍을 가공한 다이 플레이트로, 전술한 표준화되어 있는 구멍 이외는 자리파기부를 포함하여 모두 원호 보간으로 가공되어 있다.

자사가 개발한 특수 고정구

●北村 밸브●

급수전 등 급배수 설비 기계의 北村 밸브에서는 수직형 머시닝 센터 2 대, 수평형 머시닝 센터 5 대를 도입하여 부가 가치가 높은 고급 제품을 최대한으로 생산하고 있다.

이 현장에서 가공되는 소재는 일반적으로 BC-1, BC-6으로 1개의 가공 시간은 5분, 그러나 설치 방법을 연구하여 여러 개를 설치할 수 있으므로 가공물 교환의 간격은 20분 정도이다.

▲로터리식 유압 척, 테이블이 동일 방향으로 회전하기 때문에 유압 척을 쓰는 것이 어렵다고 했지만, 상부 중앙에 기름 구멍을 만들어 로터리식으로 하여 가능하게 했다

▲가공하지 않은 흑피물을 머시닝 센터에 걸기 위하여 설치 방법을 생각해 냈다

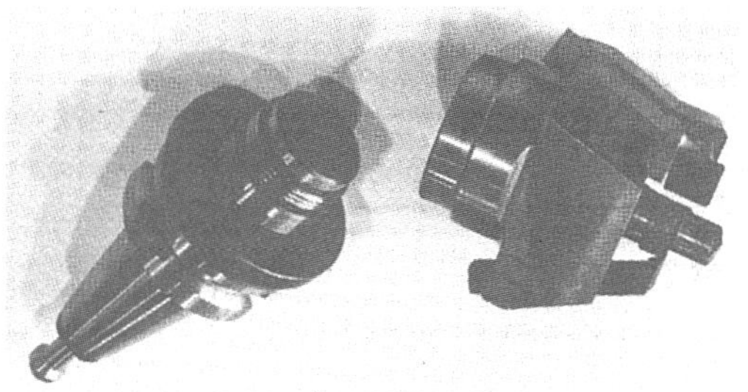

▲ 홀더는 나사식으로 베드만을 재빨리 교환할 수 있도록 특별 주문하고 있다.

MC 이용에 있어서 특징은 전용기의 응용에서 실적을 올린 자사 개발의 유압 척의 이용과 복합 가공이나 특수 형상 가공용의 자작 다인 공구의 이용이다. 특히 이 점에 대한 사례를 소개한다.

▲두 개의 가공 프로그래밍을 연속시켜 우측에서 가공하고 바로 좌측 가공에 들어간다. 이 제품은 좌우에서 전가공을 마치므로 우측에서 가공하고 있는 사이에 가공을 끝낸 것을 좌측에 설치, 좌측에서 가공 중이면 우측에서 가공을 마친 것을 풀어서 소재를 설치한다.

▲우측과 좌측에서 안팎 가공을 한다. 설치 팰릿은 표준화되어 있다.

▲여러 가지를 조합한 바이트. 전용기에 사용하여 실적이 있고 머시닝 센터 가공에도 이용하고 있다.

▲수직형 머시닝 센터 가공. 유압 척으로 4개 물고 있다. 가공물에 따라 죠를 교환하고, 죠에 의하여 정확을 기한다

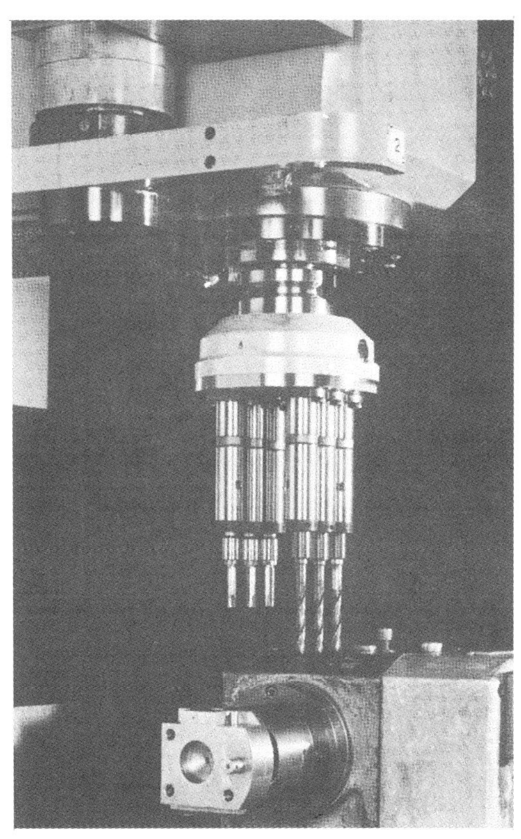

♥ 다축 헤드의 기능

현재 MC를 생산 설비로 이용하는 영역이 다품종 소량 생산에서 중품종 중량 생산에 도입되고 전용기에서 MC로 교체하는 공장이 늘어나고 있다.

그리고 MC에 의한 부품 가공의 공수(工數) 중에서 드릴 구멍, 탭 구멍이 차지하는 비율이 제법 많다. MC로 가공할 때 1공정에서 한 곳의 드릴 구멍 및 탭 구멍을 가공함으로써 지금까지의 다축 전용기 등에 의한 가공 공수보다도 많이 걸려 생산 기술상 문제가 되는 일이 종종 있다. MC에서의 공수 저감 방법으로는 ATC 동작 시간의 단축, 테이블, 주축 헤드의 이송 속도의 증가, 절삭 회전수, 절입량의 증가 등이 있으나 전용기의 가공

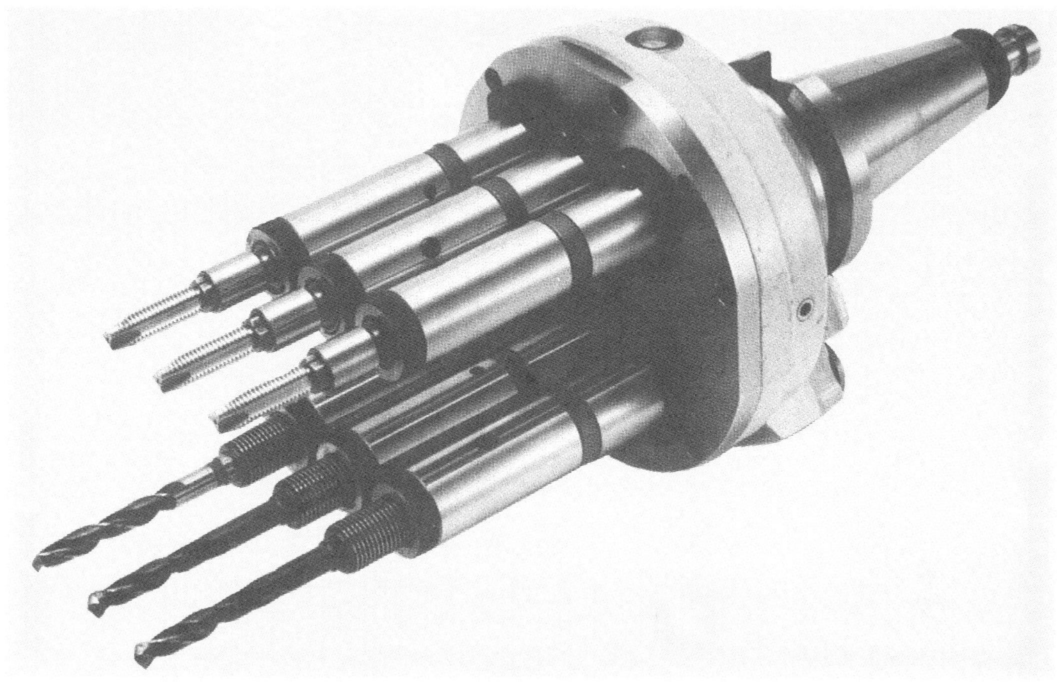

스윙 플레이트 방식 MC용 다축 헤드

능률과 비교하여 그 효과에는 제한이 있고 또 여러 가지 폐해도 생긴다. 그래서 MC의 생산성 향상에는 1공정에서 여러 곳의 드릴 구멍, 탭 구멍을 가공할 수 있는 ATC 가능한 다축 헤드의 사용을 생각하게 된다.

MC용 다축 헤드로는 무게가 가볍고(15 kg 이내) 전 길이가 짧으며, 강성이 충분히 있고, 가공 능력이 크고, 여러 가지 피치 배열이 가능하고, 설계 공수가 낮고 표준화되어 있는 등의 여러 가지 조건을 만족시키는 것이 필요하게 된다. 종래형의 MC 다축 헤드가 기어 구동 방식인데 대하여 여기서는 스윙 플레이트의 크랭크 운동에 의한 구동 방식을 채용한 다축 헤드를 소개한다.

♥ 구동 원리와 특징

다축 헤드는 입력축(섕크부)에서 다수의 스핀들 회전 전달 기구에 편심 주축과 크랭크 운동을 하는 스윙 플레이트로 이루어지는 단순한 크랭크 전동 기구를 채용한 것으로 종래의 기어 기구에 비하여 경량이고 콤팩트하게 구성되어 MC에 쓰이는 다축 헤드로 알맞다.

특히 스윙 플레이트 내의 임의의 점에서 같은 편심 운동을 얻을 수 있으므로 스핀들 배열이 부등 피치일 때 축수가 많을 때도 아이들 축이 필요없기 때문에 쉽게 배열되어 종래의 기어 기구와 같이 신경 쓸 필요가 없다

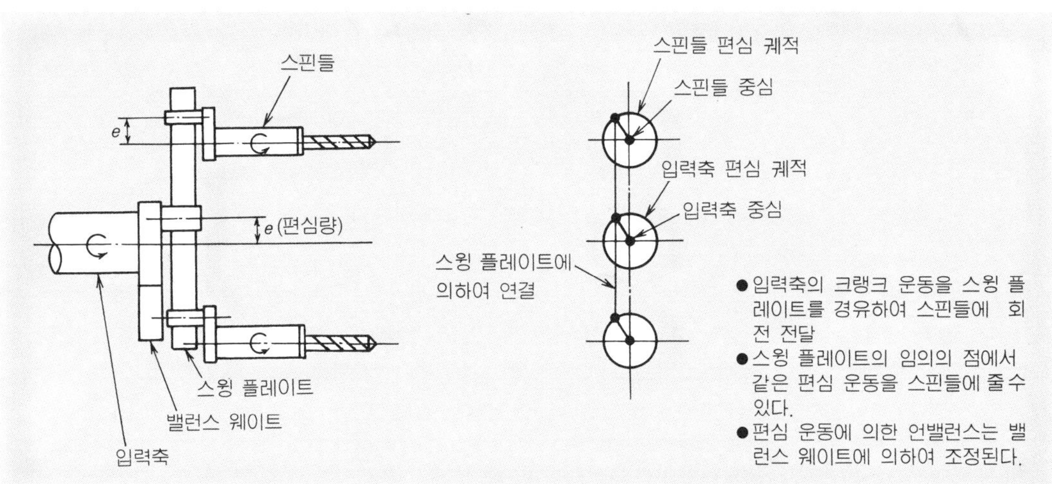

스윙 플레이트 방식의 구동 원리

머시닝 센터에 설치한 다축 헤드

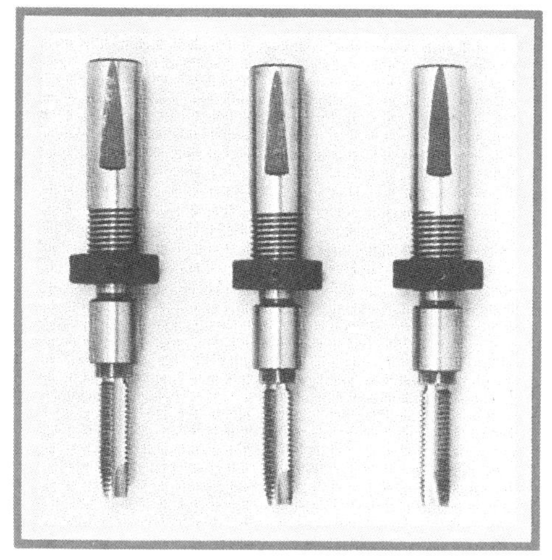

어져스터블 소켓

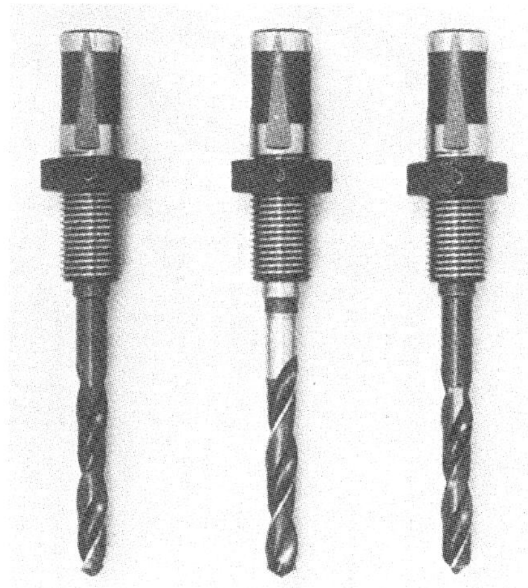

어져스터블 태퍼

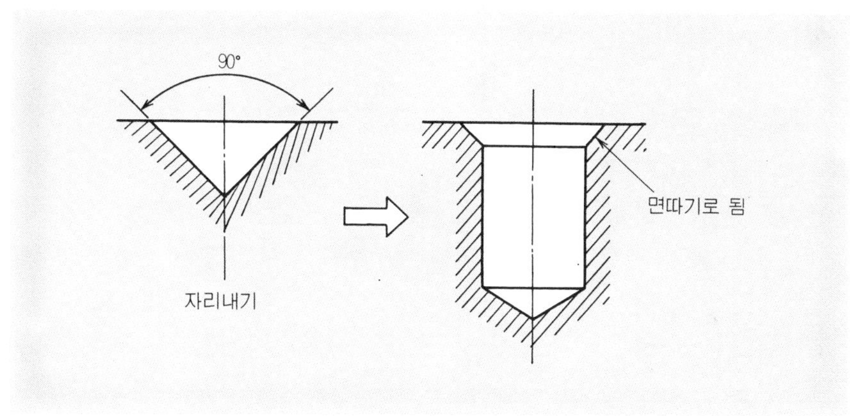

센터 가공

　따라서 다축 헤드를 표준화할 수 있으므로 다축 헤드의 설계 공수, 제조 공정도 현저히 저감된다. 다시 스핀들 배열의 변경은 프론트 커버와 스윙 플레이트와 밸런스 스웨이트와의 부품을 교환하는 것만으로 다축 본체와 스핀들은 그대로 사용하여서 새로운 스핀들 배열의 다축 헤드로 구성할 수가 있다. 또 프론트 커버에 예비 스핀들 설치 구멍을 가공해 두면 스핀들을 교체하는 것만으로 여러 종류의 다축 헤드의 구성이 되므로 중품종 중량 생산에는 매우 알맞는 다축이 된다.

♥ 다축 헤드의 사용법

　스핀들에 조립 소켓 등을 붙여서 드릴 구멍 가공을 한다. 다시 철저한 기능을 추구한 설계의 조립 태퍼를 사용하면 다축 헤드의 기능을 최대한 살릴 수 있다.

　　고속 고이송에 의하여 드릴의 수명을 단축시키고, 드릴의 재연마 시간, 드릴 교환시간, 드릴 교환에 의한 기계 정지에 의하여 기계의 가동률을 저하시키기 보다는 중속 중이송으로 드릴을 오래 써서 기계가 노는 시간을 줄이는 편이 오히려 낫다.

♥ 이런 가공에 효과적

1. 가공하는 구멍 수가 많다.
2. 가공 구멍이 깊고 가공 시간이 길다.
3. 절삭 회전수가 낮고 이송 속도가 낮아 가공 시간이 길다.
4. 생산수가 많다.

다축 헤드의 가공 실례

피 삭 재	6-13 드릴 깊이 18	8-9 드릴 깊이 28	3-M12 깊이 35
부 품 명	쿨러 부품	경전기 부품	NC 선반 부품
재 질	FC 20	덕타일 주철	덕타일 주축
절삭 회전수 rpm	563 rpm	637 rpm	300 rpm
이송 속도 mm/min	112 mm/min	96 mm/min	525 mm/min

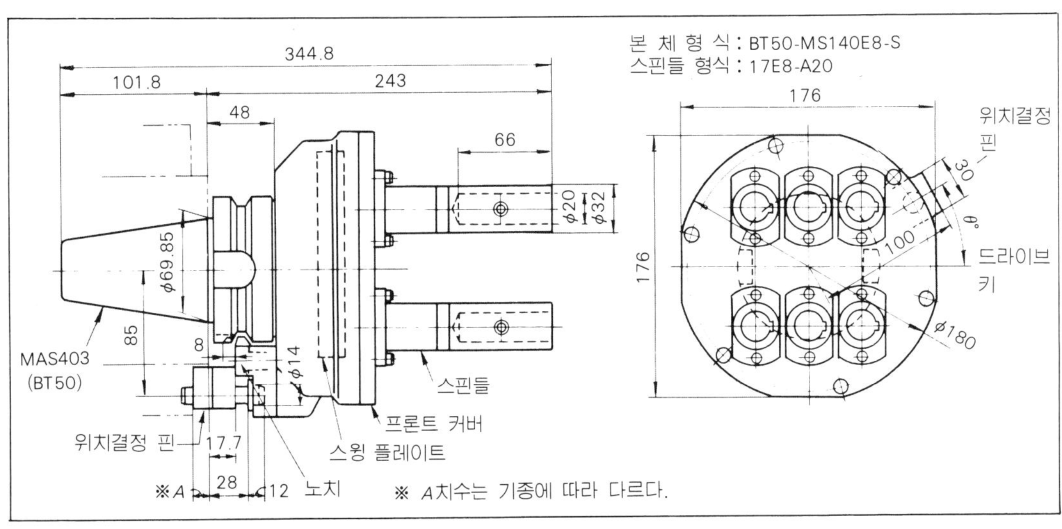

표준형 다축 헤드 치수도

다축 헤드의 주요 시방

다 축 헤 드 중 량	11.5 kg (스핀들이 6축일 때)
스 핀 들 배 열	최대 P CD 120 mm 최소 P CD 62 mm
스핀들 최소 축심 거리	33 mm
최 고 회 전 수	1200 rpm
최 대 드 릴 지 름	ϕ 14 mm
최 대 탭 지 름	M 12

드릴의 가공 능력

드릴 지름 mm	가공되는 재질과 가능한 축수			
	주철 FC 20	덕타일 주철	강	합금강
ϕ 4	8 축	8 축	8 축	8 축
5	8	8	8	7
6	8	8	8	6
8	8	8	6	4
10	8	8	5	4
12	8	6	4	
14	8	5	4	

(이송 속도 0.15 mm/rev의 경우)

탭의 가공 능력

병목 탭 지름 mm	가공되는 재질과 가능한 축수			
	주철 FC 20	덕타일 주철	강	합금강
M 4	8 축	8 축	8 축	8 축
5	8	8	8	8
6	8	8	8	7
8	8	8	7	5
10	8	8	6	4
12	8	6	—	—

제 3 장
툴 홀더와 시스템 제작

툴 홀더 선택 전에 알아둘 일

● 기계의 능력보다 우선 툴링 시스템을 생각하자

MC를 설치할 때에는 여러 가지 케이스가 있는 것 같다. 1호기를 도입할 때 어느 메이커의 어느 기종으로 할 것인가를 매우 망설이는 것 같다.

일본의 MC 메이커는 80사나 있어서 거의 같은 시방값의 기계를 찾으면 10기종은 찾게 될 것이다. 거기에 같은 메이커에도 수직형 MC기와 수평형 MC기가 있으며 대형기, 소형기가 있다.

2호기, 3호기째의 증설에는 얼마간의 경험도 있고 요령도 알고 있기 때문에 기종 결정에 그리 헤매지는 않겠지만 여기서 크게 실패한 예가 있다.

보통 어떤 기종을 선택할 것인가 하는 기준은 자기 회사의 가공할 공작물을 어떻게 능률 좋고 고품위로 가공할 수 있을까 어떨까로 기종의 형식, 예컨대 수직형인가 수평형인가 또 테이블의 치수, 품의 넓이로 기종을 결정하게 될 것이다. 즉 기계의 능력이나 메이커의 애프터 서비스가 우선되고 툴링 시스템은 두번째 다음으로 생각하기 쉽다.

그 결과, 3대의 MC가 모두 다른 툴링 시스템 예컨대, BT 50, 45, 40(각각 툴링 홀더의 테이퍼가 내셔널 50번, 동 45번, 40번)으로 되어 툴링의 공통화가 없어 공구 관리에 대혼란을 일으키고 막대한 경비 증가로 고민하고 있는 예가 많다.

MC의 활용에서는 스승격인 공작 기계 메이커는 자사 제품의 기종이 많기 때문에, 또 사용 대수도 10대 이상 있고, 툴링 시스템도 3~4종류 있다. 그러니까 자신의 공장에서는 아무거나 걸 수 있다고 대수롭지 않게 생각하는 것은 금물이다.

툴링 시스템 표준화의 중요성은 공구 관리상 트러블을 일으키고 있는 공장이 너무나 많으므로 강조하고 있는 것이다.

● 자기 공장에 최적의 툴링 시스템은 무엇인가

어떤 툴링 시스템이 자기 공장에 제일 알맞는 것인가는 매우 어려운 문제이다.

툴링 구입시 공작 기계 메이커 또 툴링 메이커에 따라서도 각각 특기가 다르고 사고 방식도 차이가 있는 것 같다.

예컨대 뒤에도 설명이 있지만 사이드 록 홀더를 우선으로 추천하는 곳이 있는가 하면 콜릿 척 홀더를 추천하는 곳도 있다.

그 결과 둘 다 구입하게 되는데 요는 메이커의 추천을 참고로 하여 자기 자신이 특징을 잘 이해하고 알아서 쓰는 지혜가 있어야 한다.

툴링 시스템을 짜맞출 때 한 회사의 툴링 메이커 제품을 모두 갖추는 일은 거의 없다. 보통 2~3사의 제품으로 혼성되는데 특히 보링 관계와 태퍼가 그렇다.

BT 50, 40과 같은 규격은 있어도 정해져 있는 것은 **그림** 1과 같은 V형 플랜지에서 테이퍼 부분에 걸친 치수뿐이다. 툴을 물리는 쪽은 툴링 메이커에 따라 제각각이다. 또 그런 까닭에 메이커간의 기술과 특징을 살리게 되어 있다.

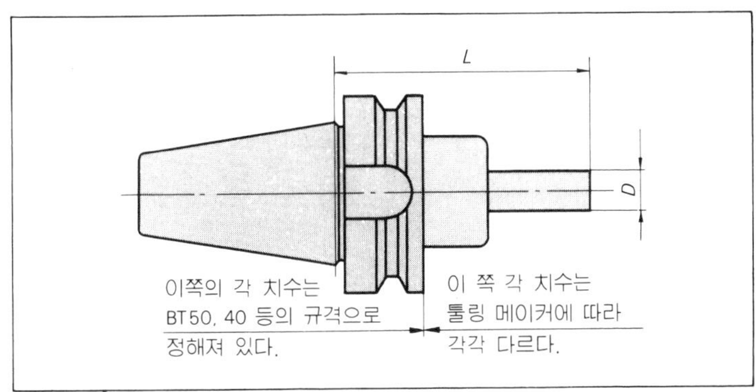

그림 1 규격 부분과 메이커 치수 부분

그 결과 **그림** 1 중의 $L \times D$, 특히 $L(Z$ 방향$)$이 제각기 달라지기 쉬우므로 사내에서 충분히 주의하지 않으면 미스 프로그램의 원인이 되므로 주의해야 한다.

● MC에서는 구멍 가공이 많고 트러블 발생률도 구멍 가공이 많다

이 책 처음 부분의 MC의 사용 상황에서도 소개한 것과 같이 MC에 의한 가공 내용은 밀링 커터, 드릴, 탭 보링 가공이 태반이다. 반드시 자사의 상황과 대비해 보기를 바란다.

이들 상황에서도 알 수 있는 바와 같이 MC 가공에는 얼마나 구멍 가공이 많은가이다. 드릴 가공만으로도 40% 이상 차지하고 더욱이 1공작물당 구멍 가공 개수가 평균 20개에 이르고 있다.

따라서 툴링 시스템을 짤 때에도 드릴용 홀더는 예비용을 포함해 우선적으로 준비해 두지 않으면 안된다는 것을 알 것이다.

이점 콜릿 척 홀더는 드릴, 리머, 엔드 밀에도 쓰이므로 매우 귀한 보배다.

드릴 가공은 사용 빈도가 높다는 것뿐만 아니라 가공 중의 트러블 발생률도 첫째이다. 특히 깊은 구멍의 가공에서는 심하게 한다. 다음이 태핑과 보링으로 이들은 트러블 메이커의 최하위 3번째이다.

강재나 알루미늄 합금에서는 칩이 끊기지 않은채 드릴에 휘감겨 공작물에 상처를 낼 뿐만 아니라 가공 구멍을 막아 그것이 원인이 되어 드릴, 탭이 부러지고 마는 일이 흔히 있다.

　수평형 MC는 괜찮으나 수직형 MC에서 태핑할 때에는 칩이 공작물 중에 잘 쌓여 탭을 파손시키는 일이 있다.

　작은 지름의 드릴링에는 콜릿 척을 쓸 것인가, 드릴 척을 쓸 것인가 또 칩을 자르는 방법－NC 기능의 활용, 칩브레이커 붙이는 법은 대단히 중요한 문제이다.

　MC라고 해도 특수한 가공을 하는 것은 아니다. 동시 2축 제어 가공을 하면 **사진 1**과 같은 복잡한 곡면을 깎아 낼 수도 있다. 대체로 NC 공작 기계가 발견된 동기는 이와 같은 특수 형상물을 쉽게 가공하려고 하는 것이다. 하지만 공구측에서 보면 엔드 밀 가공과 구멍 가공이다.

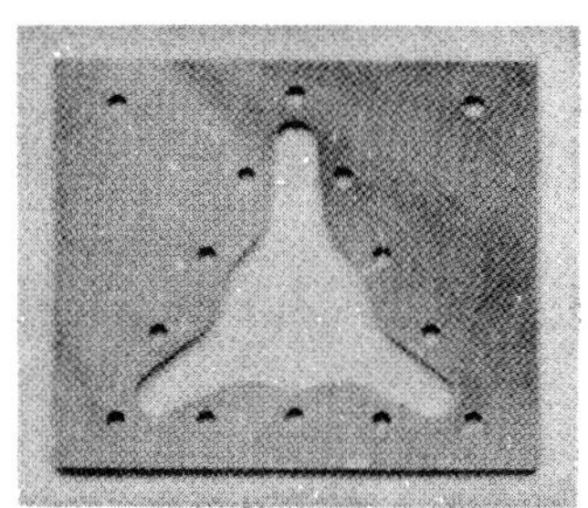

사진 1　윤곽 절삭의 일례

　요즘 수년 간의 경향으로는 엔드 밀의 사용 빈도가 대단히 높아지고 있다. 그것도 **사진 1**과 같은 복잡한 형상 절삭은 얼마 안되고 거의가 틀 둘레가 큰 R이나 블록원, 얕은 구멍의 보링이다. 기계가 이전에 1펄스 0.01이 아니라 0.001로 제어되어 가공 정밀도가 향상되었기 때문이다.

　엔드 밀의 종류도 많아졌다. 그 홀더는 사이드 록이거나 콜릿 척 홀더이다. 아무리 좋은 커터를 사용하려고 해도 전자로는 정밀 가공은 무리이다. 다음의 선택 안내를 참고하기 바란다.

툴 홀더의
특징과
효과적인 사용법

■ 툴링의 조건

　툴 홀더에 콜릿이나 어댑터를 끼우고 그것에 툴(절삭 공구)을 세트한 것을 좁은 뜻의 툴링 시스템, 때로는 툴링이라고도 한다. MC는 밀링 가공을 비롯하여 드릴, 리머, 탭 등 구멍 가공도 되는 만능형의 공작 기계이다.

　그러나 MC에는 주축이 하나밖에 없다. 밀링 가공과 드릴 가공을 동시에는 할 수 없다. 또 범용 밀링 머신이나 드릴링 머신과는 비교할 수도 없이 비싸다. 그러므로 기계의 가동성, 바꿔 말해 환언하면 생산성을 높일 수 없다면 이익을 낼 수가 없다. 이 대책으로는 툴링에 대한 조건을 한 단계 올리려고 누구나 생각할 것이다.

그렇지만 절삭 조건의 향상에는 한도가 있다. 우선 MC 기계 본체의 최고 회전수, 최대 토크가 있다. 더욱 큰 문제는 기계의 강성인데, MC 가공에서도 언제나 잘되어 가느냐하면 그렇게 말할 수는 없다. 가공 정밀도나 가공면의 표면 거칠기에 있어서, 심할 경우는 범용기 가공과 마찬가지로 채터 마크가 있기도 하다. 범용기라면 숙련공의 수동 조정으로 멈출 수 있지만 MC에서는 지정한 프로그램대로 절삭하므로 수동조절이 어렵다.

채터링의 원인은 MC 본체의 강성뿐만 아니라 툴링의 강성에도, 공작물의 형상이나 고정상 강성 부족과 툴의 강성 부족 등에 있다.

대개 절삭 공구는 조립한 것이 아닌 일체 구조체쪽이 강성이 높기 마련이다. MC 가공의 툴링은 홀더가 있고, 슬리브가 있고, 스몰 툴이 있고, 툴이 있는 식으로 절삭 공구의 강성에서 보면 조건은 불리하다. 이런 조건하에서 툴링 시스템을 선택하게 된다면 다음 조건이 요구되는 것은 당연하다.

① 강　성
② 구심성
③ 조작성
④ 경제성

이들 중 어느 것이 빠져도 만족한 조건을 얻을 수는 없다. 가장 중요한 항목은 역시 강성이다.

이 4조건의 어느 것이나 없어서는 만족한 조건을 얻기가 어렵다. 이제부터 기술하는 툴링을 보다 깊이 이해하기 위해서 우선 이 4 항목에 대하여 설명해 둔다.

① 강　성

절삭 가공에서 발생하는 진동이 원인으로 되는 채터링 등의 트러블에는 그 유발 요인으로 공작물 그 자체의 강성, 고정구의 강성, 기계의 강성, 툴링의 강성, 절삭 공구 자체의 강성에 대한 각각의 강성 부족이 있다.

강성 부족에 기인하는 트러블은 전체의 70% 이상을 차지하고 있다고 해도 과언은 아니다. 이중 툴링계에 관한 툴링 및 절삭 공구에 대하여 큰 부분을 차지하고 있다. 그것은 사용상, 치수적, 형상적인 제약이 많기 때문에 그 분량만큼 트러블 발생률이 높아지기 쉽다고 할 수 있다.

그것에는 툴링 설계상의 강성 부족이나, 기존의 툴링이 설정한 절삭 조건과 연결되지 않기 때문에 발생하는 트러블 등이 많다는 것이다. 그 진동을 흡수하는데 필요한 강성을 갖게 하는 것은 다른 항목을 어느 정도 희생하더라도 간구하지 않으면 안되는 문제라 할 수 있다.

② 구심성

안정된 질좋은 제품을 생산하기 위하여 중요한 문제로 툴링의 구심성을 들 수 있다. 절삭 공구의 마모에 따른 툴링의 교환시 발생하는 설치 오차는 그대로 가공 품질에 영향을 준다.

이 설치시의 오차를 수정하기 위한 트라이얼 컷(측정 수정 작업) 횟수의 증가는 결과적으로 기계를 가동하지 않는 비가동 시간을 크게 하고 만다. 이 사실은 보링 가공용 툴링에서 많이 볼 수 있는 툴링 구성 중에서 유달리 주의할 점이다.

③ 조작성

절삭 공구의 마모나 워크 체인지에 따르는 절삭 공구 및 툴링의 교환, 측정 조정 작업은 모두 기계에서 하기 때문에 부득이 정지를 하게 한다. 특히 정밀 가공을 하면 할수록 이 작업량은 증대하는 소위 필요악이 된다.

기계의 정지 시간은 그대로 비가동 시간이 되어 기계 가동률의 저하로 연결된다. 작업 효율을 높이기 위해서는 절삭 공구의 조정 방법이 쉬울 것, 툴링의 신속한 교환성이 높을 것 등이 요구되는 것은 이상과 같은 이유에서이다.

④ 경제성

이 항은 절삭 조건을 높이기 위한 것과는 반드시 직결되는 것은 아니지만 툴링에 요구되는 경제성은 입수 가격이 싼 것도 중요한 일인데 단순히 싸다 비싸다는 가격만으로 경제성을 판단하는 것은 타당치 못하다. 전술한 3 항목이 어느 정도 목적에 맞고 있는가가 문제이다.

가공 조건의 안정성은 절삭 공구의 수명을 연장시키고 가공 품질을 안정시키는 데 연결되어 있어서 가공 원가의 절감으로 이어지기 때문이다.

■ 툴 홀더의 종류와 특징

수많은 툴링 중에서도 가장 많이 보급된 툴링이 툴 홀더(Tool holder)이다. 특히 머시닝 센터에 사용되는 툴 홀더는 제일 종류가 많고, 또 양적으로도 가장 많이 사용되고 있다.

툴 홀더는 절삭 공구와 조합하여 사용하는 것으로 글자 그대로 툴을 홀드(hold : 유지)하기 위한 것이다. 또 툴 홀더에는 스몰 툴과 툴이 짝지어져 툴링으로 사용되는 것이 있다. 기타 스몰 툴을 꽂아 넣는 기본(베이스)이 된다는 뜻에서 베이식 홀더라든가 기본 홀더라고도 불리우고 있다.

● 밀링 척계

엔드 밀 가공용으로 쓰이는 홀더로서 스몰 툴 및 툴의 섕크부가 스트레이트인 것이 대상으로 섕크부를 강력하게 잡고 사용하는 것이 목적이다.

밀링 척을 크게 나누면 콜릿 척식과 롤 로크식의 두 가지로 분류할 수 있다. 그 어느 것이나 특징을 갖고 있으며 유저측에서는 각각의 장점을 살려 사용한다.

① 콜릿식 척

역사적으로 가장 오래 전부터 사용되고 있는 것으로 홀더 본체, 슬릿이 있는 콜릿 및 조임 너트의 세 가지로 구성되어 있다(**그림** 1). 콜릿의 외부 주위는 테이퍼로 되어 있어서 홀더 본체의 내경 테이퍼와 맞물린다. 다시 조임 너트는 홀더 본체에 박히면서 콜릿을 조여 툴 또는 스몰 툴을 잡는 방법이다.

잡는 힘은 다른 척에 비하여 작은 것이 결점이지만 그것을 보강하기 위한 조임 등에 작용하는 접동면(摺動面)의 마찰 계수를 적게 하는 대책을 세운 멋진 제품도 많이 나왔다.

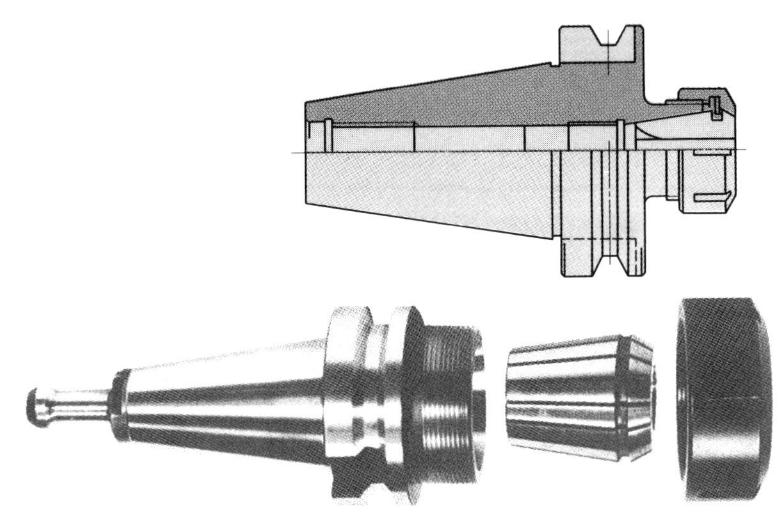

그림 1 콜릿 척

이 척의 특징은 절삭 공구에 필요한 고강성을 얻을 수 있다는 점이다. 툴 생크의 기준 지름(기계 주축 단면)에서 절삭 공구까지의 치수를 짧게 하는 등의 점은 절삭을 안정된 조건으로 하는 요소이기도 하다. 치수상 소경(小徑)에서 대경(大徑)까지 종류가 많아 선택폭이 넓고, 또 처킹 범위가 커 지름으로 1 mm 짜리도 있어서 밀리 사이즈, 인치 사이즈 어느 것에도 사용할 수 있는데 사용상 큰 이점이 된다.

사용시 주의할 것은 툴 생크의 후부 받침을 사용할 경우 조여 붙일 때 콜릿 전체가 가라 앉게 되므로 그 분량만큼 여유를 주어(0.2~0.3 정도) 약간 띄워 조여 붙이는 듯하게 하는 배려가 필요하다. 잡는 힘이 저하되거나 구심 정밀도가 저하되거나 하지 않도록 하기 위함이다.

또 소경 사이즈에 대해서는 대경 척과 조합하여 좁은 곳에서 가공할 수 있는 등의 이점이 있다.

② 롤 로크식 척

이 척은 외국 툴링 메이커가 개발한 것으로 18년 전부터 일본에서 자체 생산화되었으며, 밀링 척으로 사용되고 있는 대표적인 것 중의 하나이다(**그림 2**).

　이것은 슬릿이 들어 있는 척과는 기본 구조가 달라서 콜릿은 섕크부와 일체 조로 되어 있다. 또 원통식의 콜릿은 외경에 약간의 테이퍼가 있어서 이 테이퍼를 로크 링이나 니들(침상) 롤러를 끼워서 누른다. 즉 로크 링을 조임 방향으로 회전시키면 니들 롤러가 이동하여 콜릿의 탄성 변형에 의해 압축하여 툴 섕크를 잡아주는 방법이다.

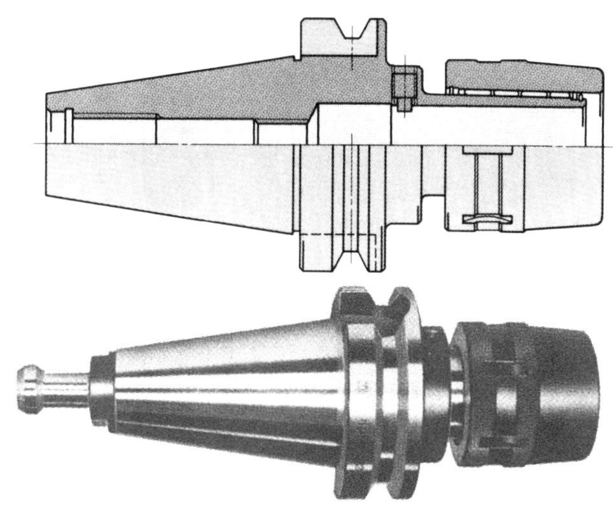

그림 2 롤 로크식 척

　이 척은 콜릿 접동부가 롤러에 의한 구름 접촉이므로 마찰이 작고 잡는 힘이 강한 것이 특징이다. 한편 탄성 변형에 의한 조임이므로 콜릿 자신에 충분한 강성을 갖게 할 수가 없고 절삭 진동을 흡수하는 데 중요한 척의 넥 부분에 문제가 있다. 따라서 높이 잡는 힘이 있어도, 중절삭에 견딜만한 것은 없지만 경절삭용에는 견딘다.

　또 큰 특징인 높이 잡는 힘을 살려서 결점이라고 할 수 있는 강성 부족을 보충하기 위한 여러 가지 대책을 세운 제품이 출현하고 있다. 그 대표적인 것에 2중 홀드식 척 홀더(**그림 3**)가 있다.

　이것은 전자의 최대 약점인 넥부의 강성을 보강하기 위하여 로크 링의 외주를 섕크측에서 연장한 구조에 의하여 링상의 지지대를 설치하여 지지하는 것이다. 이것에 의하여 넥부의 굽힘을 억제한다.

　정적인 잡는 힘은 전자와 변함이 없으나 절삭을 동반하는 동적인 잡는 힘에 비교하면 2배 이상의 절삭 저항에 견딜 수 있다.

　전자와 후자 다함께 기본적인 체결 방식은 같으므로 테이퍼 콜릿 척에 비하여 잡는 힘이 크고 조일 때 본체에 대한 콜릿부의 이동이 없으므로 툴의 침하가 없고 스토퍼에 설치하여도 정밀도가 떨어지거나 잡는 힘의 저하가 없는 등의 장점이 있다.

　한편, 구조적인 난점으로는 처킹 범위가 좁고 툴측의 섕크 반경의 편차는 0.03 mm 정도가 한계이다. 또 섕크 기준 지름부에서 척 단면까지의 치수가 길다는 점이다.

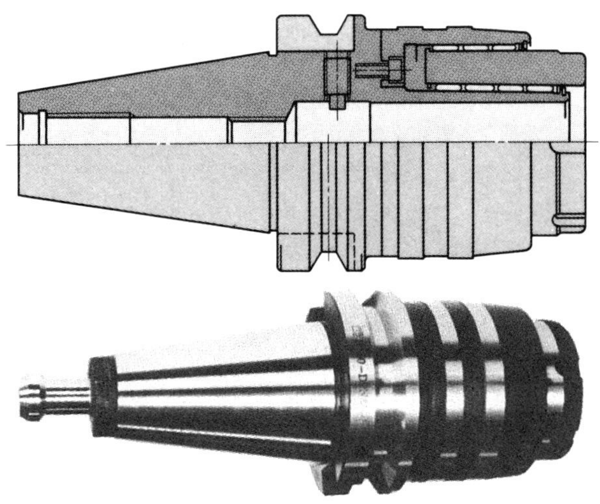

그림 3 2중 롤 로크식 척

● 사이드 로크 홀더계

홀더 중에서 가장 심플한 구조의 것이다. 로크 방식은 스몰 툴을 글자대로 사이드(측방)에서 로크하는 소위 측면 조임 방식의 홀더이다. 밀링 척에 비하여 1/2~2/3 값싼 홀더이다.

이 방식은 옛부터 쓰여 왔으며 체결에는 볼트, 너트를 쓴다. 매스 프로덕션 전용기용 툴의 주역으로 대메이커 등에서는 자사 규격을 만들어 유효하게 쓰는 곳이 있다.

일반 범용기나 머시닝 센터용에는 그들 매스 프로덕션용 홀더 및 밀링 척 관련 치수가 베이스로 되어 제품화되고 있다.

이들은 3 가지로 분류할 수 있다.

① A형 사이드 로크 홀더
② B형 사이드 로크 홀더
③ 웰든 섕크용 사이드 로크 홀더

① A형 사이드 로크 홀더

스몰 툴의 섕크부가 밀링 척에 사용되는 것과의 공통성을 갖게 하기 위하여 드라이브는 섕크부에 설치한 키홈으로 한다. 이것은 밀링 척측에 돌기를 만들 수 없기 때문에 이 방법이 취해지고 있다. 키 홈은 홀더측에 설치한 돌기에 의하여 회전 방지하는 외에 스몰 툴의 조정 너트에 의한 길이 방향의 조정 작업시에도 회전 방지로 쓰인다.

로크 방법은 툴링 메이커마다 다소 다른 방법으로 하고 있는데, 링 모양의 부품을 걸쳐서 섕크부의 외경을 조여 붙이는 타입과 키 홈의 저부를 직접 로크 나사로 조이는 방법이 있다.

 제**3**장 툴 홀더와 시스템 제작

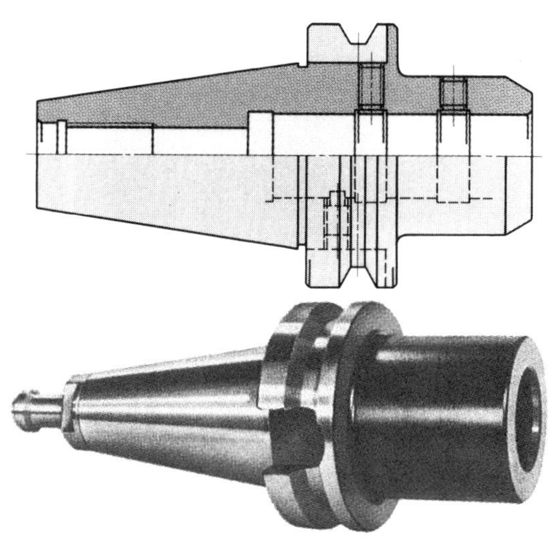

그림 4 A형 사이드 로크 홀더

② B형 사이드 로크 홀더

A형 사이드 로크 홀더와 달리 밀링 척과 공통성은 전혀 없다. 샹크의 형상은 매스 프로덕션용 전용기 등에 쓰이는 방법과 같아서 반달키(woodruff key)에 의해, 샹크측에 돌기를 설치하고, 홀더측의 키 홈에 끼워 넣어 드라이브하는 방법이다. 또 키부는 정반대 위치(180°)의 샹크측 축심에 대하여 약간의 경사를 가진 턱을 만들어 그 면을 로크 나사로 직접 조여 붙이는 방법이다(**그림 5**). 즉, A형 사이드 로크 홀더와 정반대의 방법이다.

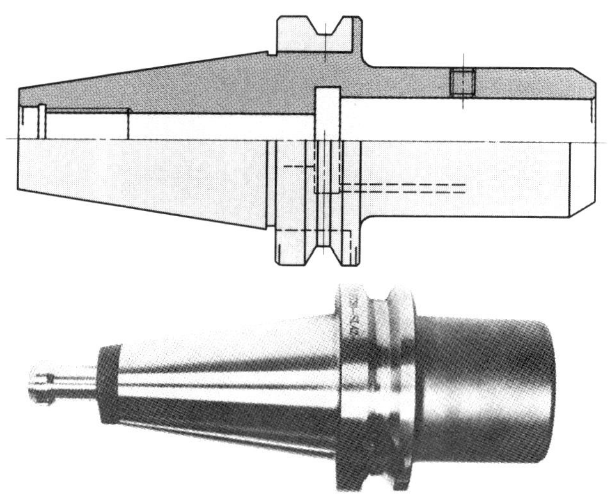

그림 5 B형 사이드 로크 홀더

③ 웰든 샹크용 사이드 로크 홀더

엔드 밀 전용 홀더로 사용된다. 샹크측에 로크하기 위한 턱 평면을 설치하여 이 면을 홀더측에서 로크 장치로 고정한다. 생크측의 형상 치수가 규격화되어 있고 홀더측에 회전 방지 로크 나사 방식, 또는 일부의 툴링 메이커에서 볼 수 있는 로크 플랫면을 가진 웨지 로크 방식의 것이 있다.

B형 사이드 로크와 다소 비슷하나 같은 엔드 밀에서도 웰든형 생크의 것이 아니면 툴 사용이 안되고 또 길이 방향의 조정도 안된다. 그러나 중절삭용으로 고안된 홀더이고 유효하게 쓰이는 곳도 있다(**그림** 6).

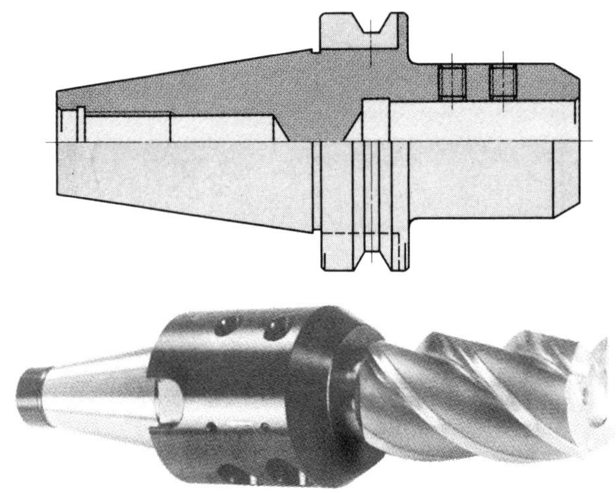

그림 6 웰든 타입 사이드 로크 홀더

● 테이퍼 생크 홀더

이 홀더는 스몰 툴측의 생크부가 모스 테이퍼(MT)를 가진 것을 잡아주는 것이다(**그림** 7). 드릴, 리머, 엔드 밀 등에서 MT 생크의 툴을 홀더측에 직접 삽입하여 사용한다. 잡는 힘은 테이퍼부의 밀착으로 유지된다.

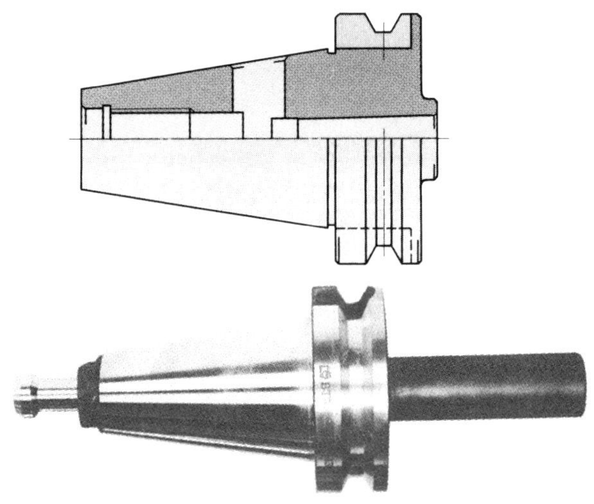

그림 7 테이퍼 생크 홀더

이것은 오래 전부터 사용되어 온 것으로 특히 드릴 지름 $\phi13$ 이상인 것은 거의가 이 방식이다. 또 테이퍼 사이즈가 다른 것을 장착할 때는 내외경에 테이퍼를 가진 슬리브(일반적으로 드릴 슬리브라 부름)를 꽂아서 홀더에 물린다.

지금까지 기술한 홀더와 다른 점은 생크부가 스트레이트가 아니기 때문에 축방향의 조정을 할 수가 없다는 것이다. 또 테이퍼 장착에는 때려박기 작업이, 또 뽑을 때에는 뽑기 연장을 넣고 때려 빼는 등의 충격이 가해진다. 구조적으로는 심플하고, 정밀도가 안정되어 있고 장착 오차가 적기 때문에 대경용 드릴 및 리머용으로 사용되는 예를 많이 볼 수 있다.

↑고정밀도 척에 드릴을 처킹한 예

*　　　*　　　*

홀더라고 불리는 것은 여러 가지 있다. 탭 홀더, 커터 홀더, 밸런스 커터 홀더, 페이스 커터 홀더 등은 기본 홀더와는 다소 이질적이므로 여기서는 생략하기로 한다.

▣ 툴 홀더의 사용법

● 기본 홀더의 선정

툴링 시스템 구성상 밀링 척이나 사이드 로크 홀더와 같은 기본 홀더는 그 장착되는 스몰 척에 의하여 여러 가지 툴링 구성이 가능한 범용성을 갖고 있으므로 그 특성을 충분히 발휘할 수 있는 조합을 원한다.

툴링을 구성할 때 척방식을 채용할 것인지, 사이드 로크 방식을 채용할 것인지는 사용 목적에 따라 다르므로 그 목적을 명확하게 해 두는 것이 중요하다.

예컨대, 스트레이트 생크부의 엔드 밀이나 리머에 대해서는 구심성이 높고 잡는 힘이 큰 밀링 척이 유효하다. 드릴 및 보링에는 값싸고 강성이 있는 사이드 로크 홀더가 사용되므로 경제적인 면에서도 유효성을 갖는다.

한편, 툴링의 범용성에만 지나치게 의존하여 생산성을 둘째로 미루면, 역으로 코스트 퍼포먼스상 역행될 수 있는 것이다. 만일 드릴로 정밀도가 높은 구멍을 가공하려고 하면 절단 날의 선단을 어떻게 고정밀도로 확보하느냐가 포인트로 된다. 커터 관계를 포함한 종합적인 강성과 정밀도의 확보가 중대한 요소로 되므로 홀더측에는 정밀도가 높은 테이퍼 콜릿 척 사용 등이 필수 조건으로 된다.

이와 같은 것은 가공 조건을 항상 유의하고 있는 사람이면 충분히 배려할 수 있겠으나 실제로는 여러 가지 이유에서 실행되지 못하는 것 같다. 여하간 가공 목적에 적합한 척 방식을 선택해야 한다.

↑기본 홀더와 스몰 툴 홀더의 조합 예(이 예에서는 테이퍼 섕크 홀더＋어져스터블 슬리브＋드릴)

● 툴링 조정과 스몰 툴

기계, 공구, 가공물 사이에는 가공 프로그램에 의하여 결정된 치수에 대하여 필요한 툴링의 치수를 「조절」에 의하여 세트하거나 또는 툴링에 맞추어 「프로그래밍」한다.

이 일은 범용성이 있는 기본 홀더와 스몰 툴과의 조합에서는 특히 중요한 문제이다. 그 하나는 길이(Z축 방향)의 조절이다.

즉 기본 홀더와 스몰 툴의 조합으로 필요 치수를 구성할 경우, 길이의 조절 및 드릴이나 엔드 밀 등의 재연삭에 의한 마모분을 보정할 때에 필요한 것이다. 이 경우 스몰 툴의 오버행(overhang)량이 너무 커져서 절삭 조건이 떨어지지 않도록 충분히 주의해야 한다.

그러면 각각의 기본 홀더와 스몰 툴과의 조합 길이에서 적절한 가공 조건 범위를 숙지하여 그 범위 내에서 툴 레이아웃하는 것이 중요하다. 그 조절은 사용되는 스몰 툴에 따라 다르다. 엔드 밀 등은 커터 후방에서 조절 나사로 백 어저스트하는 방식과 스몰 툴에 나사를 달아 조절 너트에 의하여 하는 프론트 어저스트하는 방식의 두 종류가 있다.

또 하나는 지름 방향의 조절로 그 대부분이 보링 툴이다. 세트시의 조절 및 절삭날의 재연삭량의 보정 또는 스로어웨이 팁 공구의 둔화에 의한 코너 체인지의 치수 차이의 미세 조절을 하기 위한 것이다.

그들은 카트리지식 보링 유닛, 마이크로 어저스트식 보링 유닛 및 보링 바에 직접 설치한 조절 나사로 한다. 보링 바는 될 수 있는 대로 굵은 지름과 짧은 길이를 택하는 것이 최선의 조건이다.

오일홀 홀더의 구조와 사용법

　오일홀 홀더는 정확히는 oil feed holder로 오일홀(기름 구멍)이 있는 절삭 공구를 쓰기 위한 툴 홀더를 말한다.

　오일홀이 있는 공구를 쓰려면 이외에 MC의 주축 중심에서 직접 급유하는 방법이 있으나 이 방법은 절삭유 방울이 수직형 MC에서는 문제가 없어도 수평형 MC에서는 특히 주축 테이퍼의 보호상 문제가 된다. 또 수용성 절삭유를 쓰게 되면 주축 내부의 방청상 문제가 있다. 그리고 값비싼 MC 주축을 통하게 하기 위하여 절삭유 중에 포함되어 있는 쇠가루나 먼지를 완벽하게 여과할 필요가 있다.

　이 점 오일홀 홀더는 모두 주축의 외부에서 처리하는 것이 기계 보전상 대단히 유리하다.

　그런데 실제는 공작물을 직접 가공하는 것은 오일홀 홀더의 끝에 물린 절삭 공구(오일홀이 있는 드릴)이므로 단순히 오일홀 홀더의 구조뿐만 아니라 오일홀 드릴에 대한 지식과 도입에 대한 기본적인 사고 방식을 포함한 종합적인 견해나 지식이 필요하게 되는 것을 잊어서는 안된다.

◑ 오일홀 홀더의 목적과 효과

어떤 절삭의 경우나 절삭유가 갖는 역할은 매우 커서 그것이 설령 절삭 이론상(날끝에 대하여) 좋지 않아도 가공물의 냉각이나 칩처리 때문에 필요 불가결한 경우가 많다.

오일홀 홀더는 적정한 곳에 적정한 양을 급유하여 다음과 같은 목적과 효과를 발휘한다.

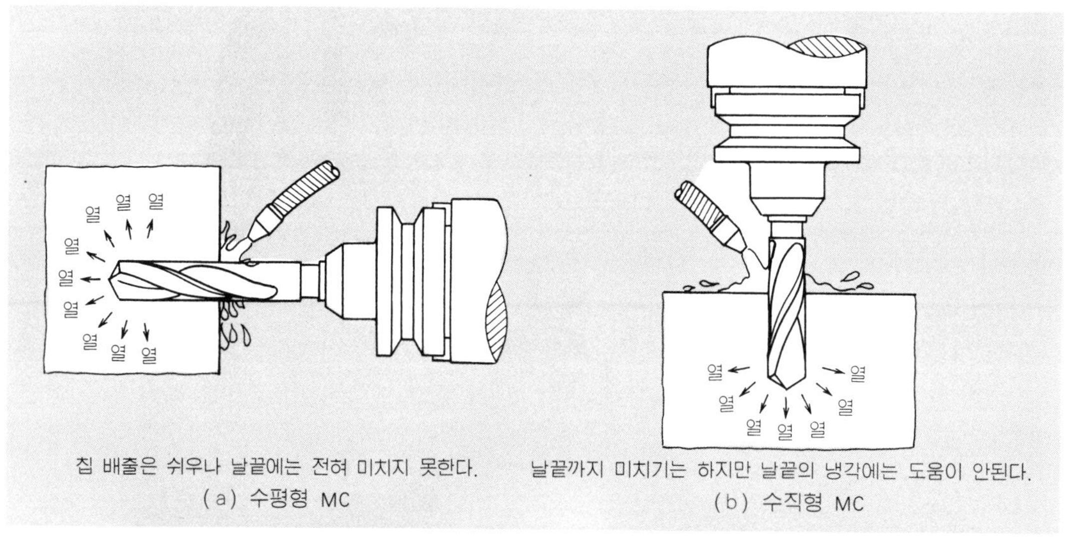

칩 배출은 쉬우나 날끝에는 전혀 미치지 못한다.
(a) 수평형 MC

날끝까지 미치기는 하지만 날끝의 냉각에는 도움이 안된다.
(b) 수직형 MC

그림 1 오일홀 홀더를 쓰지 않을 때의 가공

① 날끝을 냉각시켜 절삭 공구의 수명을 연장하는 것. 고속도강(하이스) 공구 수명을 일정하게 생각할 경우, 그 분량만큼 절삭 조건이 향상되고 가공 시간을 단축한다. 즉 고속도강(하이스) 공구의 치명적 결함, 열에 약한 점을 커버할 수 있다. 초경 납땜 공구일 경우는 절삭 회전수가 높기 때문에 날끝이 고온으로 되어 팁이나 섕크의 열 용량이 작으면 팁을 고정하고 있는 은납의 강도가 문제되지만 냉각에 의하여 납땜 공구의 가능성이 넓어진다.

② 절삭시의 열을 재빨리 제거하여 공작물을 냉각시키는 일. 특히 MC에서 가공시 공작물에 축적되는 열을 어떻게 적게 할 것인가가 고정도 가공의 포인트가 된다. 막깎기 가공, 전(前)가공에서 아무리 능률을 올려도 후공정에 나쁜 여파를 남겨서는 안된다(**그림 1** 참조).

③ 칩을 급냉시켜 칩이 잘려지기 쉽게 하는 것

④ 칩의 배출 방향으로 절삭유를 흘려 칩의 배출을 원활하게 하는 것

이상인데 특히 MC에서는 이들 목적과 효과에 더하여 당연지사로 자동 공구 교환 장치(ATC)에 사용되는 것이 전제 조건으로 된다.

오일홀 홀더의 사용에 의하여 어느 정도 가공 능률이 올라가는데, **표 1**을 참고하기 바란다.

비 교 조 건		표 준 트위스트 드 릴	오일홀 드릴			
			하 이 스		초 경	
			수명 일정	절삭 속도 일정	스로어웨이 타입	납땜 타입
절삭 조건 (φ20으로 비교)	절삭 속도 m/min	20	35	20	125	90
	회전수 r.p.m	320	560	320	2,000	1,440
	이송 mm/rev	0.2	0.2	0.2	0.1	0.3
공구 수명	배(시간비)	1	1	2	0.5	0.5
능 률 (φ20으로 비교)	이송 mm/rev	64	110	64	200	430
	배(속도비)	1	1.7	1	3.1	6.8
칩 처리	양·부	×	○	○	○	○
날끝에 절삭유 침투	수직형 MC	△	○	○	○	○
	수평형 MC	×	○	○	○	○
가공 구멍 깊이	l(깊이)/D(구멍 지름)	10	20	20	2	4
구멍 지름	φ mm	0.1~75	φ6~φ50		φ16~φ50	φ10~φ30
다듬질면 거칠기	−	▽	▽	▽	12.5 ▽▽	12.5 ▽▽
다듬질 치수 정밀도	−	×	×	×	△	○

◖ 머시닝 센터에 설치

　MC의 주축에는 공구를 구동시키기 위한 키가 있다. 공구를 수납하고 있는 매거진에도 매거진이 이동 중에 툴이 움직이지 않도록 하는 키가 있다.

　공구를 교환할 때는 이 키와 주축의 키와의 관계가 항상 일정해야 된다.

　이 때문에 MC의 주축은 공구를 교환할 때는 반드시 일정한 각도에서 멈추도록 설계되어 있다(이것을 오리엔테이션이라 하며 메이커 기종마다 다르다).

　밀링 척이나 몰스 테이퍼 홀더 등, 보통 공구에서는 전혀 문제가 없으나 오일홀 홀더나 다축 어태치먼트 등과 같이 본체가 회전하고 케이싱이 회전하지 않는 것에 대해서는 공구를 교환할 때 툴의 키 위치와 케이싱의 핀 위치 관계를 항상 일정하게 유지시키는 기구가 만들어져 설치되어 있다.

　그리고 주축 회전 중에 툴 오일을 공급하기 위하여 또는 다축 어태치먼트 등으로 소정의 각도를 유지하기 위하여 필요한 것이 위치 결정 블록이다.

　그림 2는 공구 교환시의 핀, 블록 등과의 관계를 나타낸 것이며, **그림 3**은 위치 결정 블록의 구조를 나타낸 것이다.

　이 위치 결정 블록에 대해서는 좀 번거로운 것이 있다.

　기계의 주축 주변에는 여러 가지 물건이 설치되어 있고 풀 볼트의 간섭이나 ATC 암과의 간섭 등을 고려하면서 어느 위치에 어떤 형상의 블록을 설치할 것인가를 정하기 위해서는 공작 기계 메이커에 문의하여 확인할 필요가 있다.

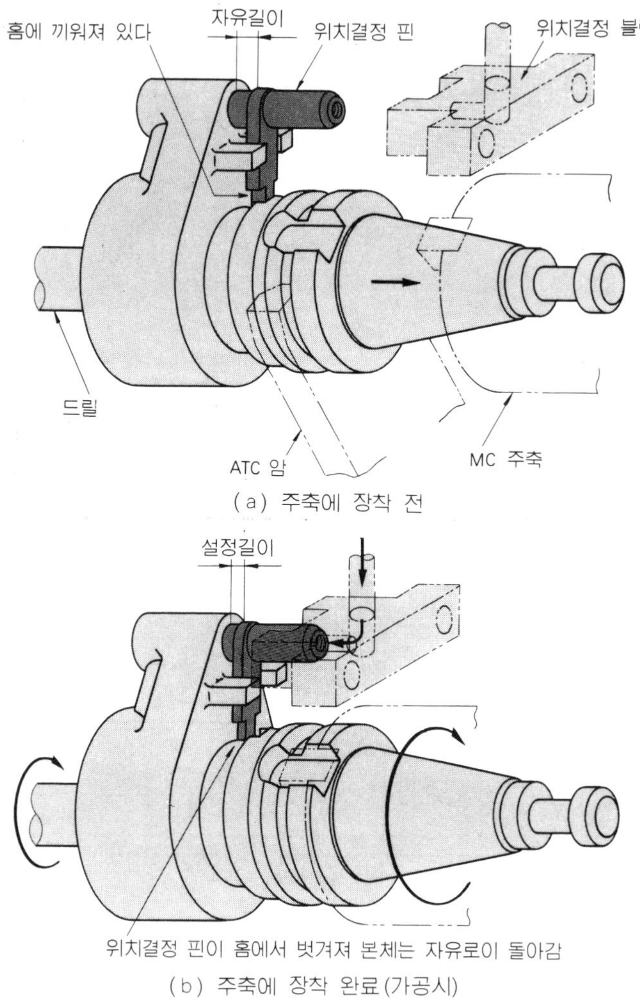

（a）주축에 장착 전

（b）주축에 장착 완료(가공시)

그림 2　공구 교환시의 위치결정 핀과 위치결정 블럭의 관계

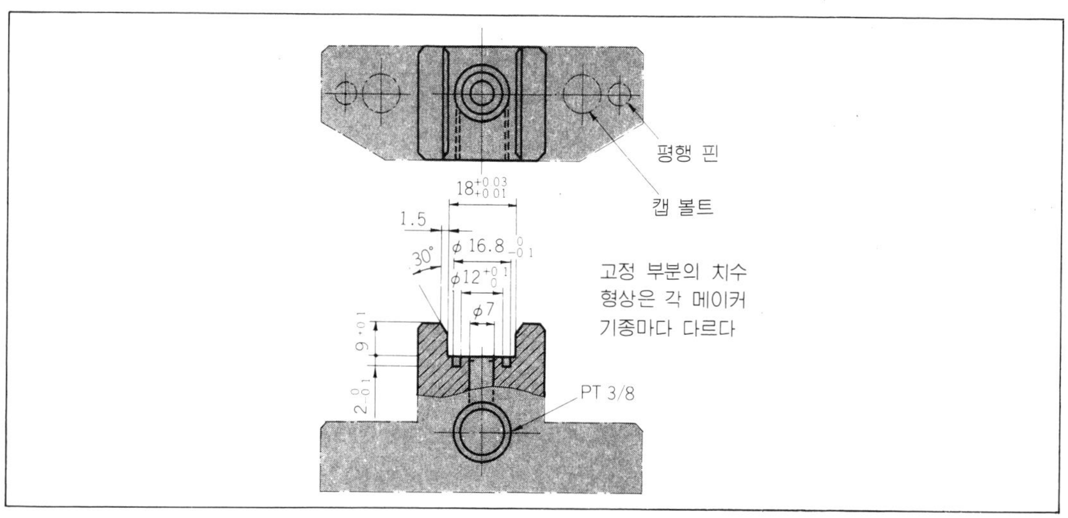

그림 3　위치결정 블럭의 구조

제**3**장　툴 홀더와 시스템 제작

가능한 한 MC 구입시 메이커에 표준 부품으로 부속시켜 받을 것을 권하며, 오일홀 홀더(PAT 昭55－15946)의 구조에 대해서는 **그림 4**를 참조하여 주기 바란다.

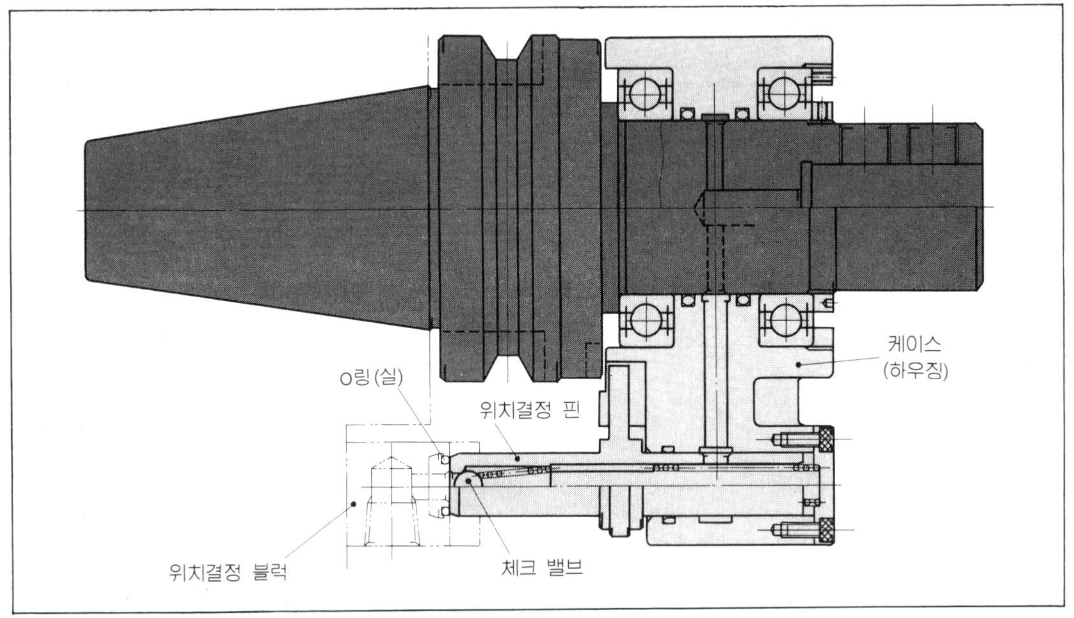

그림 4 오일홀 홀더(PAT. 昭55－15946)의 구조

◖ 오일홀 드릴의 클램프 방식

① 몰스 테이퍼 방식

주로 고속도강의 오일홀이 있는 드릴용으로 쓰인다. 몰스 테이퍼 방식이므로 본체 자체의 진동 정밀도는 좋으나 고속도강 드릴일 때는 드릴 자체의 휨이나 진동 또는 시닝의 영향이 크다고 생각해야 한다. 구멍 뚫을 때 스러스트 하중 및 토크는 몰스 테이퍼 부분에서 받는다.

② 사이드 로크 방식

국제화에 대비하여 구멍 지름, 구멍 깊이, 로크 스크루의 피치 등이 ISO 규격에 준하여 만들어지고 있다. 드릴 생크를 직접 클램프하는 일체형적인 사용 방법과 슬리브를 써서 동일한 오일 홀더로 여러 가지로 지름을 바꾸는 방식 중 어느 것이거나 선택할 수 있다. 본체, 슬리브 모두 드릴 생크의 공차에 맞추어 편심시키므로 흔들림 정밀도는 일체형과 같다.

구멍을 뚫을 때 토크는 사이드 로크 스크루에서 받아 스러스트는 **그림 5**와 같이 구멍 바닥에서 받는 것과 홀더 본체의 전단면에서 받게 되는 드릴도 있다.

또 **그림 6**과 같이 러버 콜릿을 사용하여 작은 직경의 스트레이트 생크 오일 홀더가 달린 드릴을 쓰는 일도 있다.

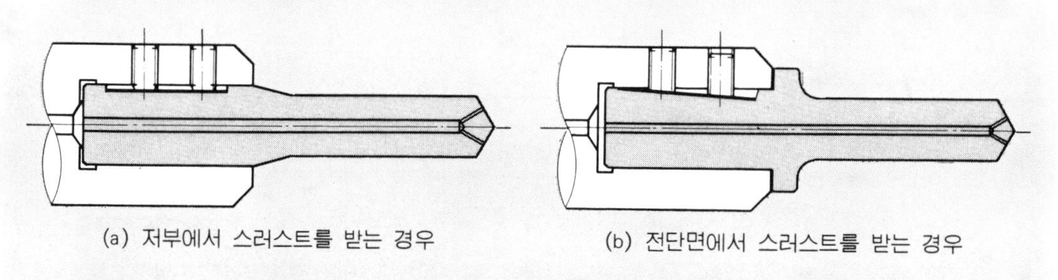

그림 5 사이드 로크식 드릴의 유지 방법

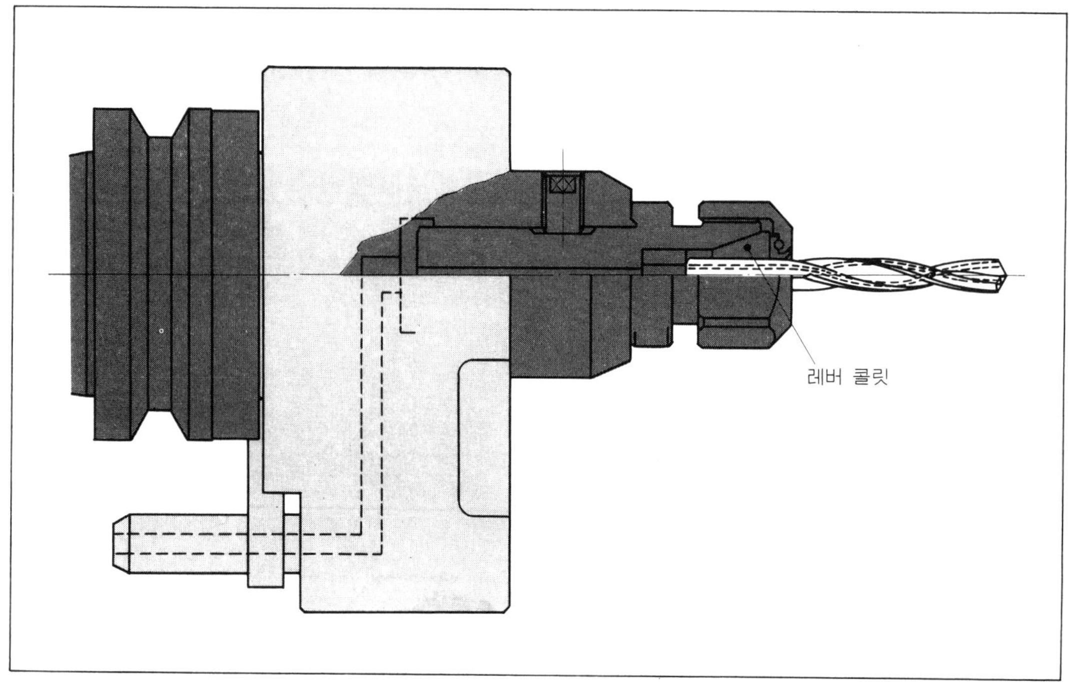

그림 6 소경 드릴용 오일 홀더

◐ 오일 홀더의 적용 범위

위에 기술한 바와 같이 오일 홀더에는 여러 가지 이점이 있지만 MC용의 툴링에는 몰스 테이퍼 홀더나 드릴 척 또는 다축 어태치먼트와 같이 드릴을 고정하기 위한 여러 가지 고정 기구가 있는데 그들을 올바르게 분별 사용해야 한다.

사용하는 MC의 타입, 가공 구멍수, 구멍 직경, 구멍 깊이, 구멍 피치, 다듬질 정밀도, 로트수, 워크 재질, FMS화가 어떤가 등의 체크 포인트에 의하여 판단하면 대부분의 경우 오일 홀더의 사용 범위에 들어오게 된다.

단, 그 앞에 붙는 공구는 개별적으로 여러 가지 것을 생각하게 된다. 드릴에 한하지 않고 오일홀이 있는 리머, 오일홀이 있는 탭, 오일홀이 있는 절삭 공구, 오일홀이 있는 보링 바 등은 물론이고 단순한 에어 블로의 공급 장치로서도 사용되고 있다.

보링 툴과 클램프

　밀링 머신, 보링 머신, 머시닝 센터 등의 보링 작업에 쓰이는 보링 툴은 가공하는 기계 부품의 수량, 종류에 따라서 전용, 범용 보링 툴로 나눈다. 이 범용 툴 중에서 일반적인 스터브 보링 툴이나 마이크로 유닛이 달린 보링 툴에 대하여 보링 가공상 필요한 강성, 가공 정밀도, 날끝의 치수내기 작업 등의 면에서 보면 각각 일장 일단이 있다. 이런 배경에서 최근 개발된 미세 조정식 보링 헤드 BHK에 있어서 시스템과 유연성에 대하여 기술한다.

◗ BHK 보링 헤드의 시스템

　BHK 보링 헤드의 특징은 **그림 1**의 스터브 보링 바 특유의 심플하고 강성이 높은 면, **그림 2**의 마이크로 유닛이 달린 보링 바 특유의 날끝 치수 조정의 용이성 등의 장점을 채용하고 거기에 단일 헤드에 의한 광범위 가공을 부가했다는 점이다.

　BHK 보링 헤드는 보디, 툴 홀더, 미조정 나사 기구, 고정 나사의 각 부품으로 구성되어 있다. 보디와 툴 홀더는 더브 테일로 결합되어 있기 때문에 강성이 높아 강력 절삭할 수 있다.

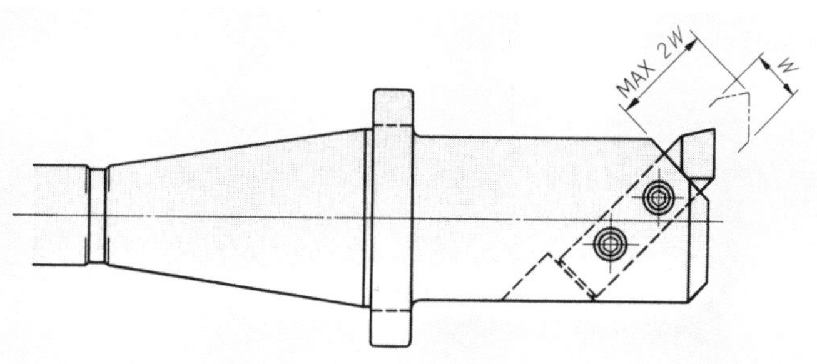

그림 1 스탭 보링 바

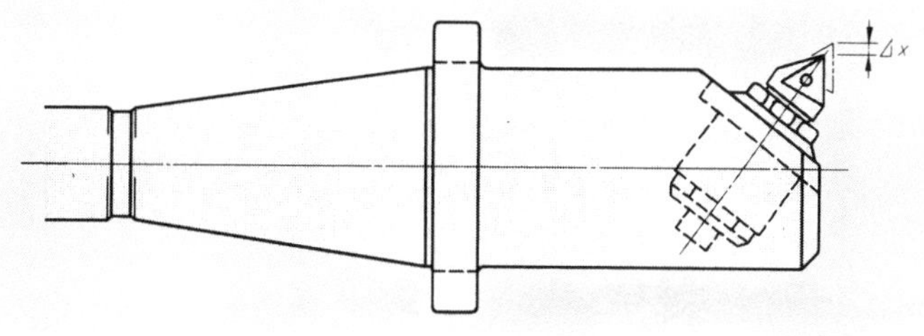

그림 2 마이크로 유닛이 달린 보링 바

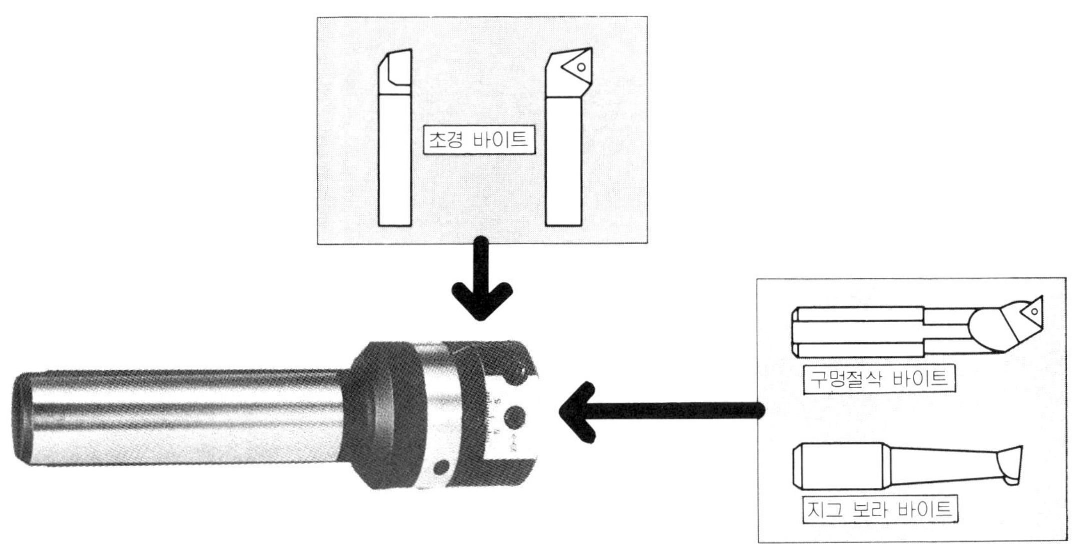

그림 3 BHK 1 시스템

툴 홀더는 연삭 나사에 의하여 지름 방향에 정확히 미세 조정할 수 있다. 또 그 길이는 보디보다 크게 설계되어 있다. 이것은 날끝을 뽑아낼 때 본체와 툴 홀더의 결합 길이를 확보하기 위한 것이다.

툴 홀더는 바이트 설치 구멍이 여러 개 있으므로 가공이 광범위하다. 바이트는 시판중인 둥근 섕크, 각 섕크를 쓴다.

이들 시스템을 **그림 3**, 4에 나타냈다.

BHK 1은 본체와 보링 바이트로 구성되고, 가공 범위는 $\phi 3 \sim \phi 100$ mm로 넓다. 본체의 섕크부는 스트레이트이며 재래의 밀링 척에 세트하여 사용한다.

지름 방향에 대해서는 다이얼에 의하여 1눈금 $\phi 0.025$, 보조자 1눈금에 $\phi 0.005$의 미조정이 된다.

BHK 2~4 시스템은 깊은 구멍 가공용 보링 바, 자리 파기 가공용 경사형 어댑터와 보링 바이트로 구성되어 있다. 보링 바, 경사형 어댑터 다같이 그 선단부에 45°의 각을 갖고 있어서 초경 바이트를 세팅할 수 있다. 보링 바는 구멍 절삭 바이트와 마찬가지로 본체 축심과 나란하게 설치한다.

본체 축심에 직각 방향으로 각이 진 구멍이 있어서 초경 바이트가 설치된다.

경사형 어댑터는 툴 홀더 단면 4곳에 설치된 볼트 구멍으로 설치한다. 이 볼트 구멍은 가공에 따라 특수한 어댑터를 고정하는 데에도 이용된다.

본체의 섕크는 7/24 테이퍼를 가지며 기계 주축단에 직접 설치한다. 또 직경 방향에 대해서는 다이얼에 의하여 1눈금 $\phi 0.02$의 미세 조정을 한다.

◗ BHK 보링 헤드의 사용 예

① BHK-1을 밀링 척에 물리고 지그 보링기(jig borer) 바이트를 써서 가공 직경의 편

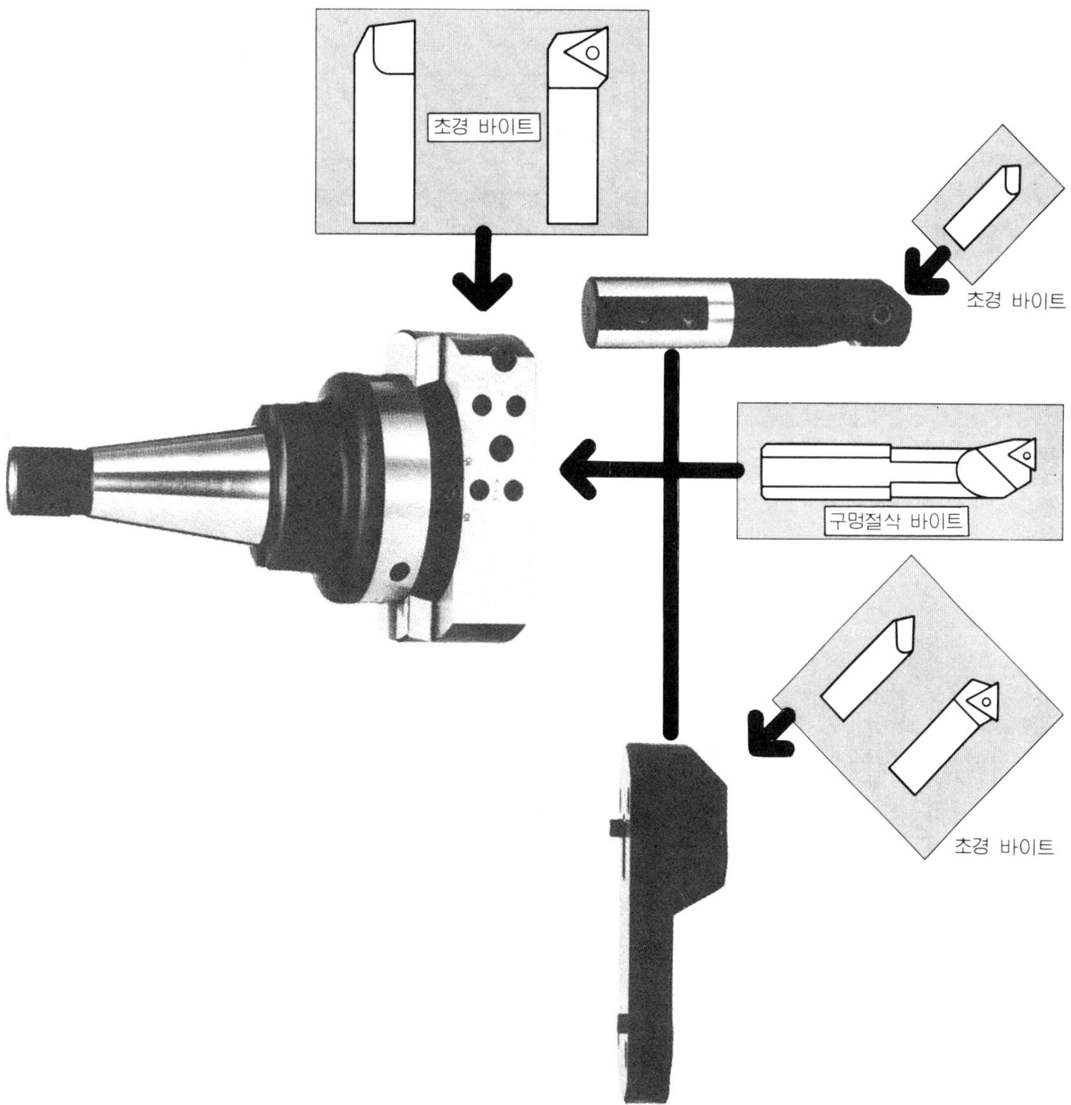

그림 4 BHK 2~4 시스템

차를 보았다.

공작물 재질 주강, 가공 지름 ϕ15.27 mm, 절삭 속도 40 m/min, 회전수 825 rpm, 피드 0.056 mm/rev, 절삭 깊이 0.5 mm의 조건에서 가공한 결과, 10회의 가공에서는 ±0.005 이내였다.

② BHK-2를 써서 가공 지름 ϕ32.27, 공작물 재질 S 10 C, 절삭 공구는 보링 바에 초경 납땜 바이트를 물려서 절삭 깊이 ϕ2, 절삭 속도 67 m/min의 조건에서 테스트한 결과 +0.005, -0.007이었다.

③ BHK 4를 써서 공작물 재질 S 10 C, 보링 바에 초경 납땜 바이트를 물리고 절삭 속도 58 m/min, 피드 0.05에서 절삭 깊이 ϕ2로 절삭한 결과, 가공 정밀도(다이얼 이송과 실제 절삭 깊이의 차)는 0.005~0.01 이내였다.

페이싱 툴의 기능

● 페이싱 툴의 기능

페이싱 헤드는 보통 면절삭에 쓰이지만, 깊은 구멍의 자리 파기, 안자리 파기, 홈절삭 등 머시닝 센터 가공에서는 공정 집약화 방향에서 다양하게 쓰인다. **그림 1, 2**에서 보는 페이싱 툴은 절삭 공구를 물고 있는 툴 홀더가 기계 주축의 회전에 따라 반경 방향으로 파내는 타입으로 툴 홀더의 이동은 메커니컬 스토퍼가 스톱 핀에 닿으면 정지한다.

사용할 때는 미리 기계 주축 수단에 위치 결정 블록을 설치하여 페이싱 헤드의 기어 박스를 고정할 필요가 있다. 주축이 정회전하면 기어계가 연동하여 툴 홀더가 전진한다. 또 주축이 역회전하면 툴 홀더는 후퇴한다.

전진 후퇴의 범위 제한은 가공 폭(대경 마이너스 소경의 반)과 스톱 핀 지름을 더한 치수 A와, 절삭 개시 전의 절삭날과 피삭재의 틈 B치수를 합친 수치에, 툴 홀더에 고정 된 두 개의 메커니컬 스토퍼의 간격을 설정하므로써 이루어진다.

페이싱 헤드는 그 기구와 능력에 의하여 여러 종류가 준비되어 있다. 예컨대, 1회전당 이송량이 0.05 mm로 일정한 것과 이송 조정 컬러의 원주상에 있는 단추 조작에 의하여 1회전당 이송량을 0.02~0.24 mm까지 0.02 mm 간격으로 12단계로 선택할 수 있는 것

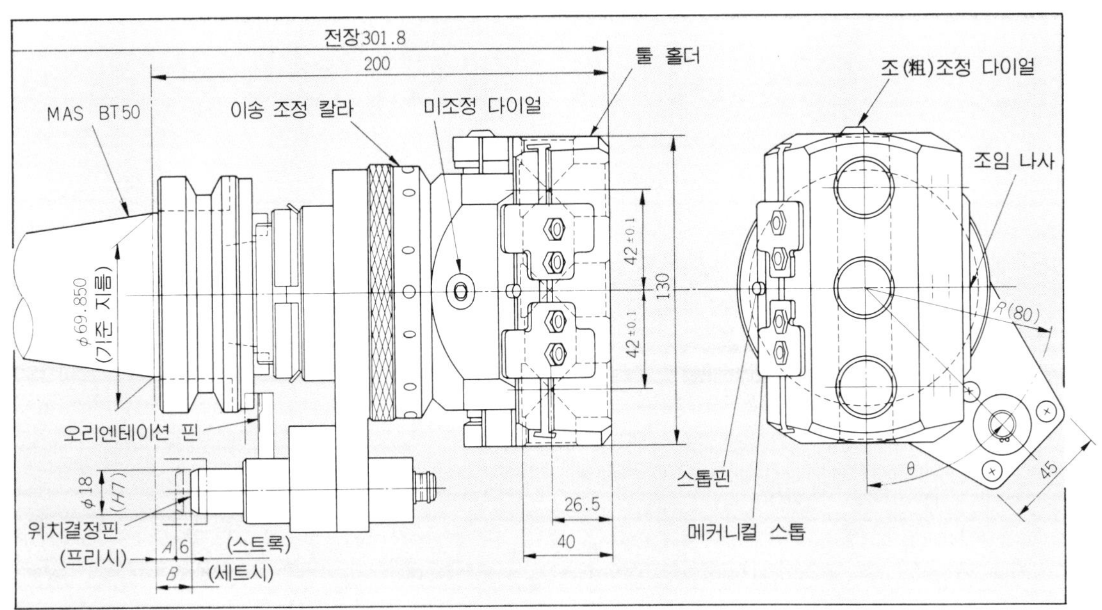

그림 1 페이싱 툴의 예①

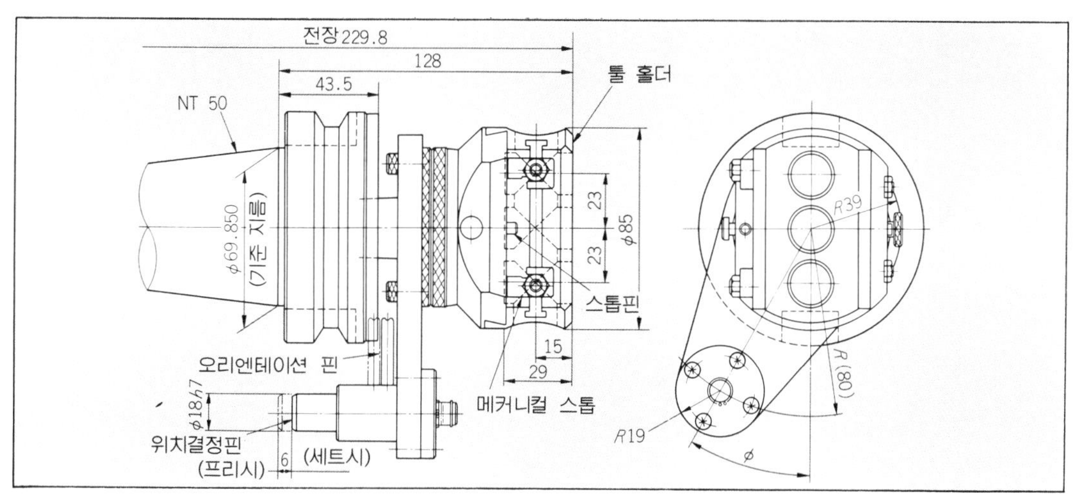

그림 2 페이싱 툴의 예②

등이 있다. 또 이송 조정 컬러의 단추를 조작하지 않으면 보링 툴로도 사용할 수 있다.

● 페이싱 헤드의 사용 예

① 페이싱 헤드에 의한 홈가공 — 피삭재 FC 20, 가공 형상은 애벌 구멍 $\phi 65$ mm, 홈 지름 $\phi 73$ mm, 홈폭 4 mm, 공구 재종 SKH 57, 이송 0.06 mm/rev, 주축 회전수 70 rpm(16 m/min), 제로 컷·드웰 5 sec의 조건에 의하여 가공했는데 홈 지름 $\phi 73$의 편차는 0.015~0.02로 했다. 편차를 작게 하기 위하여 제로 컷·드웰을 짧게 하는 것에 의하여 개선된다.

또 이와 같은 홈 가공에서는 절삭날이 전면에 닿기 때문에 채터링이 생기기 쉬운데 채터링은 바이트뿐만 아니라 바이트 홀더, 헤드, 지그, 사용 기계를 포함한 전체적인 강성에 의하여 좌우되므로 각 부의 강성을 향상시키는 일, 또 절삭 조건을 고

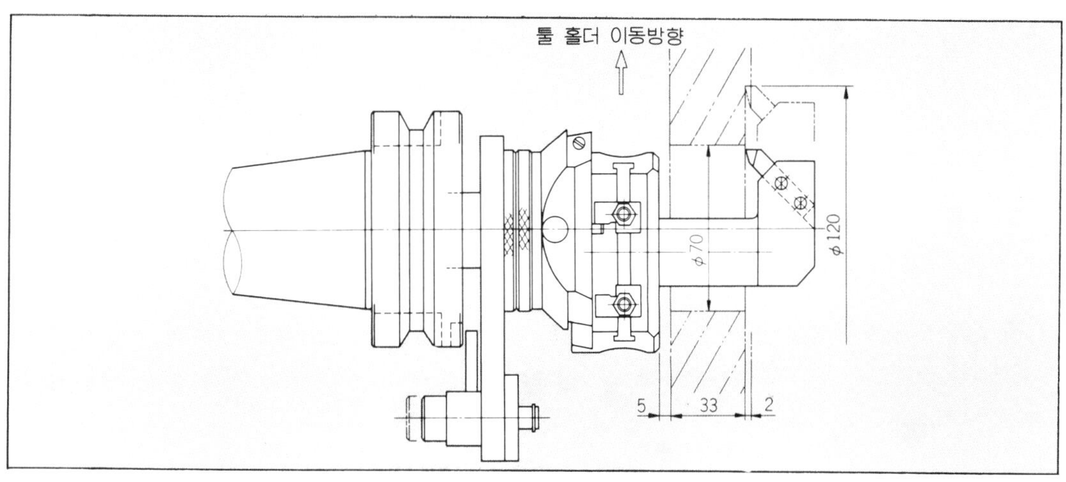

그림 3 안자리 가공 예

려하여 개선할 필요가 있다.

② 페이싱 헤드에 의한 뒷면 자리 파기 페이싱 헤드 뒷면 자리 파기 가공도 할 수 있을 뿐만 아니라, 종래와 같이 바를 구멍을 통하여 플라이 커터를 끼우거나 빼내거나 하는 매뉴얼 조작을 생략할 수 있다.

그림 3은 뒷면 자리 파기 가공의 예로 이 때 자리 파기 가공 지름의 편차는 0.03 ~0.05 mm 정도였다.

다음에 뒷면 자리 파기의 프로그램을 표시했다.

```
O 0030
M 06
G 91    G 30    G 00    Z 0
G 92    X 286.893    Y 201.1    Z 300.0
G 90    X 0    Y 0
G 43    Z 21.0    H 01
G 01    Z−33.0    F 500
S 160    M 03    G 04    X 202.0
M 05
Z−34.0
S 450    M 04    G 04    X 69.0
M 05
G 91    G 28    Z 0
G 28    G 49    X 0    Y 0    M 19
M 06
M 30
```

또, 드웰 시간은 다음과 같이 하여 산출한다.

$$T = \frac{60 \cdot L}{N \cdot S}$$

여기서, T : 주축 회전 시간(sec)

L : 바이트의 반경 방향 이동 거리(mm)

$$L = \frac{\phi\,120 - \phi\,68}{2} = \frac{52}{2} = 26 (\text{mm})$$

N : 주축 회전수(rpm)

S : 바이트 이송량(mm/rev)

① 절삭 시간 $T = \dfrac{60 \times 26}{160 \times 0.0507} = 192.3$

$$192.3 \times 1.05 = 202$$

② 리턴 시간 $T = \dfrac{60 \times 26}{450 \times 0.0507} = 68.4 \fallingdotseq 69$

사진 1 탭 콜릿의 예

　머시닝 센터 가공에서는 대부분의 경우 탭핑 작업이 최종 공정이다. 만일 탭 작업이 만족스럽게 되지 않거나 때로는 탭이 부러져 가공 구멍을 메우게 되면 큰 일이다. 말할 것도 없이 그 이전에 이룬 모든 가공은 허사가 된다. 그러므로 태핑 작업의 트러블은 절대로 허용될 수 없다.

　이와 같은 중요한 작업을 떠맡은 탭과 태퍼의 선택 방법에서 올바른 사용법을 기술한다.

　현장 작업자로부터 「머시닝 센터로 가공하게 되면서부터…」란 소리를 흔히 듣게 된다. 이 말의 뜻은 「지금까지보다는 작업이 편해졌다」란 것과 「지금까지는 이런 트러블은 없었다」란 두 가지 의미가 있다.

　전자는 어쨌건간에 후자가 뜻하는 것은 「유인 작업에서는 나오지 않던 문제가 무인 작업이면 트러블로 된다」는 뜻이다. 한마디로 말하면 기계는 속일 수가 없다는 것이다. 그 원인과 대책에 대하여 생각해 보자.

◼ 나사 깊이에 편차가 생긴다

　이 경우 두 가지 원인을 생각할 수 있다. 우선 탭 콜릿의 토크 리미터(안전 장치)가 뜻대로 작동되지 않아 가공이 항상 안정되지 못했다. 이것과 탭의 가공 시작이 나쁨, 즉 「절삭 안됨」이란 것이다. 따라서 탭 콜릿은 토크 변동이 적고 원활하게 작동하여 신뢰할 수 있는 제품을 선택할 필요가 있다.

절삭감에 대해서는 「신품이니까 잘 절삭된다」라는 관념은 잊어버리는 편이 좋을 것 같다. 또 공작물의 재질에 맞는 탭을 선택하는 것도 중요하다.

■ 막힌 구멍 가공에서 탭이 잘 부러진다

이 문제는 복잡한 요인이 있다. 그 대표적인 원인으로 앞에서도 기술한 토크 리미터의 작동 불능 외에 가공 방법의 부적절, 탭 선정의 잘못, 애벌 구멍 치수의 부적당 등을 생각할 수 있다. 가공 방법에 대해서는 나중에 하기로 하고 여기서는 탭의 선정과 애벌 구멍 치수에 대하여 생각해 보자.

우선 탭의 선정으로는 사용 용도에 따라 적절히 선정하는 것은 물론이고 탭의 절손 토크가 문제된다. 이 토크의 차이는 탭날 부분의 홈 형상에 의하여 생긴다. **그림 1**을 참조하기 바란다.

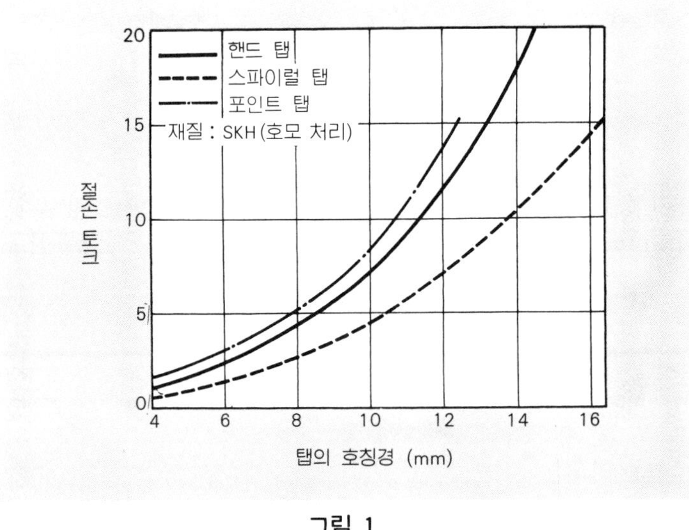

그림 1

막힌 구멍에서는 칩 처리 관계로 스파이럴 탭을 많이 쓰는데 밑 구멍 깊이에 여유를 갖게 하는 것과 가능하면 다른 탭으로 가공하는 편이 좋을 것이다.

다음은 애벌 구멍인데 지금 기술한 것과 같이 깊이가 문제가 된다. 애벌 구멍 깊이는 탭의 불완전 나사부의 산수(불완전 나사부 길이)와 관계가 있어서 불완전 나사부 산수와 칩 배출 깊이를 고려하여 최소 5산 이상의 여유가 바람직하다. 또 불완전 나사부의 산수는 최저 3~5산의 탭이 좋고 애벌 구멍은 모따기가 필요하다.

■ 나사산 갉아먹기, 찌부러짐, 야윔이 생김

이 트러블은 연질재에서 많이 볼 수 있다. 원인의 90%는 탭의 날끝에 문제가 있으나 나머지 10%는 홀더측에 원인이 있다. 플로트의 스프링의 힘, 토크 리미터의 설정 등이 공작물 재질과 맞지 않을 때 잘 일어나는 것 같다.

그러나 플로트 기구는 이송 오차를 흡수하고 탭이 절삭을 시작할 때의 충격에서 보호하며, 또 적절한 스러스트 포스를 주는 것 등 중요한 작용을 하기 때문에 쉽게 손을 대는 것은 피하는 것이 좋다. 움직임이 원활하지 않을 때는 조정이 필요하겠지만 그 이외는 프로그램으로 해결하는 편이 좋다.

▣ 메이커로부터의 당부

트러블의 원인은 여러 가지가 있지만 태퍼 자체의 문제점과 그 이외의 것이 있어서 그 비율은 3 : 7 또는 2 : 8 정도라고 생각한다. 그러나 작업자는 값비싼 태퍼를 쓰고 있으므로(쓰는 법이야 어떻든) 당연히 잘 될거라 생각하고 있는 것 같다.

태퍼도 만능 공구는 아니다. 적절한 사용법에 의해서 그 능력이 발휘되게 된다. 특히 탭의 종류, 날끝의 형상, 상태 등 가공물의 재질, 사용 조건에 가장 알맞는지의 여부가 크게 영향을 준다.

예컨대, 전조 탭은 보통 탭에 비하여 가공 토크가 1.5~2배 이상이고 애벌 구멍도 재질에 따라 적절해야 된다. 이것을 보통 탭과 같은 조건에서 사용하는 것은 불가능하다.

또 입구의 모따기도 나사의 산 모양을 고려하여 60° 쪽이 좋은 것 같다. 일반적으로 모따기 방법은 태퍼에 바비트 등의 모따기 공구를 붙여서 나사내기와 동시에 가공하는 곳도 있지만 역시 모따기는 나사내기 전에 하는 것이 바람직하다.

▣ 막힌 구멍에 「고속 나사내기」의 도전

끝으로 막힌 구멍의 적절한 방법을 알아보자.

지금까지의 막힌 구멍 가공은 콜릿 또는 홀더에 내장되어 있는 토크 리미터의 작동에 의하여 탭 선단이 구멍 바닥에 부딪치고부터 무리하게 회전력을 억제했다. 그 결과 토크 리미터의 조정 불량 등 약간의 일로 트러블이 발생하고 있었다.

그러나 토크에 관계없이 회전 전달을 차단하면 그 문제는 일어나지 않을 것이다. 그러기 위하여 깊이 제한 장치가 달린 소위 정촌기구(定寸機構)가 내장된 태퍼(**사진 2**)를 선택하는 일이다.

이 원리는 플로트의 장력(늘어남)측에서 규정량만큼 늘어나면 한방향 클러치의 회전이 끊어지게 되어 있다. 프로그램 방법은 **그림 2**를 참고하기 바란다.

이 기구를 올바르게 쓰면 막힌 구멍을 전보다 좋게, 관용 테이퍼 나사, 밸브 시트면의 나사 등 유효 나사 깊이에 엄격한 공차가 있는 경우에도 편차를 ±0.1 mm 정도로 억제할 수 있다. 또 고속 절삭을 할 때에도 주축의 회전 정지시 일어나는 관성 회전에 의한 나사 깊이의 편차도 없어져 16~20 m/min의 절삭 속도도 가능하게 된다.

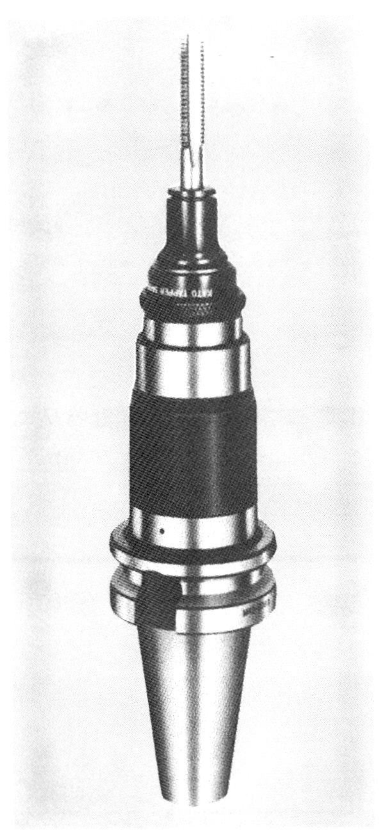

사진 2 깊이 제한 장치 내장 탭

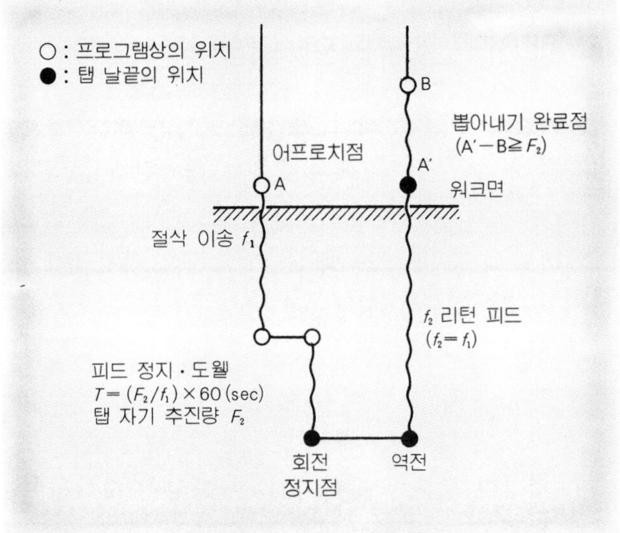

그림 2 프로그램 예

MC용 태퍼의 조건

신축 기구·절손 방지·나사 깊이 제한 장치가 필수

▶ 신축 기구와 절손 방지 장치

MC에서 태핑할 때 탭의 나사 피치대로 MC의 주축 회전과 피드를 동조시키는 것은 어렵고, 동조하지 않는 부분이 있으면 나사산이 없어지고 말기 때문에 태퍼(탭 고정 공구)에 장력(늘어남)과 컴프레션(수축)을 갖게 하는 것이 필요하게 되어 이 기구를 플로트 기구 또는 신축 기구라 부르고 있다.

또 탭이 파고 들지 않을 때에는 신축 기구를 갖지 않은 태퍼로 하면 MC의 주축은 탭을 무리하게 밀어 넣게 되어 탭이 부러지거나 태퍼 또는 주축 베어링 부분 등 어느 곳엔가 고장이 일어난다.

나사 애벌 구멍 가공 중에 만약 드릴이 끊어지거나 처킹이 느슨해져서 정규 구멍보다 얕은 구멍으로 되었을 때에는 탭이 구멍 바닥에 닿아 끊어져 박히므로 탭 절손 방지를 위하여 안전 장치가 필요하게 된다. 이 경우 주축은 정규 길이까지 밀고 들어오므로 이런 때에는 태퍼의 장력과 컴프레션 사이에서 탭의 절손을 방지하게 된다.

이상과 같은 이유에서 MC용(물론 MC로 한정될 것은 아니고 NC 공작 기계용이라고 할 수도 있다.)의 태퍼는 신축 기구와 탭 절손 방지를 위한 안정 장치가 필요하게 되었다.

▶ 나사 깊이 제한 장치

나사 가공에서 특수한 요소를 가지는 밸브 시트와 같은 가공일 때는 나사 바닥에 탭이 닿아서는 안되는데 나사바닥 전체까지 나사 구멍이 있어야 할 때나 테이퍼 가스 탭을 가공할 경우 등은 기준 외경에서 탭을 멈추지 않으면 안되는 가공 조건이 있다.

이 경우 기계에 대하여 역전 지령을 내려도 곧바로 기계의 주축을 역전시키는 것은 불가능하다. 우선 주축을 멈추면 브레이크가 움직여 주축은 몇 회전인가 타력 운전을 하게 된다. 나사내기 작업은 선가공이므로 그 분량만큼 탭은 전진하여 길이에서 과잉이 되고 만다.

그러므로 과잉분만큼, 뺀 양만큼 주축의 정지 시간을 빠르게 해 주면 좋으리라 생각하지만 같은 재질이라도 열처리 상태, 밀도 등에 의하여 다소의 경도 차가 생기거나 탭의 절삭성이 무디어져 가공 저항에 차이가 생기므로 깊이의 편차를 일으킬 염려가 있다.

이 문제를 해결하기 위하여 설정 위치에 오면 기계의 회전력을 없게 하는 기구가 태퍼에 필요하게 된다. 이 기구가 "나사 깊이 제한 장치"이다.

이상에 기술한 신축 기구, 절손 방지 장치, 나사 깊이 제한 장치 등의 모든 기능을 가진 태퍼가 카토工機의 SA-III형과 SA-IV형이다.

▶ 카토 태퍼 SA-III형의 특징

① 머시닝 센터용에 최적
② 테이퍼 가스 탭의 기준 외경이 정확히 정해짐
③ 전길이가 짧으므로 공작 범위가 넓다.
④ 나사의 정밀도가 뛰어남
⑤ 내장된 각 기구는 고속 태핑시에도 작동이 원활하므로 무인 운전에 최적
⑥ 안정성, 내구성이 뛰어남
⑦ SA 시리즈이므로 경제적
⑧ 나사 치수의 교환이 원터치

▶ 카토 태퍼 SA-IV형의 특징

위에서 설명한 깊이 제한 장치를 더 발전시켜 미조정 장치를 부가시킨 것이다.

이것은 공작물의 설정 나사 깊이를 변경할 때에도 프로그램의 변경을 필요로 하지 않고 태퍼 내부에서 조정할 수 있는 타입이다. 이 경우에 태퍼의 전체 길이에는 아무 변화가 없다.

보틀 그립 테이퍼 생크(MAS 규격)

기 종	L	C	F₁	F₂	능 력	사용 T C	중량 kg
BT40 SA 206-Ⅲ	120	33	5	10	M 2 ~ 8	TC 206	1.30
BT50 SA 206-Ⅲ	135						3.85
BT40 SA 412-Ⅲ	150	48	5	10	M 3 ~ 16	TC 412	1.70
BT50 SA 412-Ⅲ							4.15
BT40 SA1022-Ⅲ	195	66	6	10	M 8 ~ 27	TC 1022	2.62
BT50 SA1022-Ⅲ							4.98
BT40 SA2035-Ⅲ	240	84	7	15	M 18~ 38	TC 2035	4.03
BT50 SA2035-Ⅲ	225						5.59
BT50 SA3050-Ⅲ	285	102	8	20	M 27~ 56	TC 3050	8.48

몰스 테이퍼 생크(JIS 규격)

기 종	L	C	F₁	F₂	능 력	사용 T C	중량 kg
MT 2 SA 206-Ⅲ	110	33	5	10	M 2 ~ 8	TC 206	0.48
MT 2 SA 412-Ⅲ	132	48	5	10	M 3 ~ 12	TC 412	0.88
MT 3 SA 412-Ⅲ					M 3 ~ 16		1.04
MT 3 SA1022-Ⅲ	181	66	6	10	M 8 ~ 22	TC 1022	2.12
MT 4 SA1022-Ⅲ					M 8 ~ 27		2.40
MT 4 SA2035-Ⅲ	218	84	7	15	M 18~ 35	TC 2035	3.43
MT 5 SA2035-Ⅲ					M 18~ 38		4.38
MT 5 SA3050-Ⅲ	278	102	8	20	M 27~ 56	TC 3050	7.18

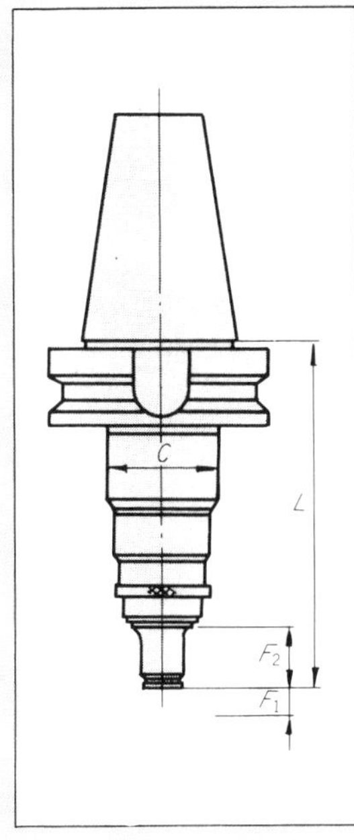

● 가도 태퍼 SA-Ⅲ형

보틀 그립 테이퍼 생크(MAS 규격)

기 종	L	C	F₁ MIN	F₁ MAX	F₂	능 력	사용 T C	중량 kg
BT40 SA 412-Ⅳ	165	54	2	15	5	M 3 ~ 16	TC 412	2.05
BT50 SA 412-Ⅳ	180							4.85
BT40 SA1022-Ⅳ	225	73	3	20	10	M 8 ~ 27	TC 1022	3.38
BT50 SA1022-Ⅳ								6.23
BT40 SA2035-Ⅳ	220	88	4	25	15	M 18~ 38	TC 2035	4.80
BT50 SA2035-Ⅳ								6.96

몰스 테이퍼 생크(JIS 규격)

기 종	L	C	F₁ MIN	F₁ MAX	F₂	능 력	사용 T C	중량 kg
MT 2 SA 412-Ⅳ	144	54	2	15	5	M 3 ~ 12	TC 412	1.15
MT 3 SA 412-Ⅳ						M 3 ~ 16		1.35
MT 3 SA1022-Ⅳ	193	73	3	20	10	M 8 ~ 22	TC 1022	2.58
MT 4 SA1022-Ⅳ						M 8 ~ 27		2.93
MT 4 SA2035-Ⅳ	219	88	4	25	15	M 18~ 35	TC 2035	3.98
MT 5 SA2035-Ⅳ						M 18~ 38		5.00

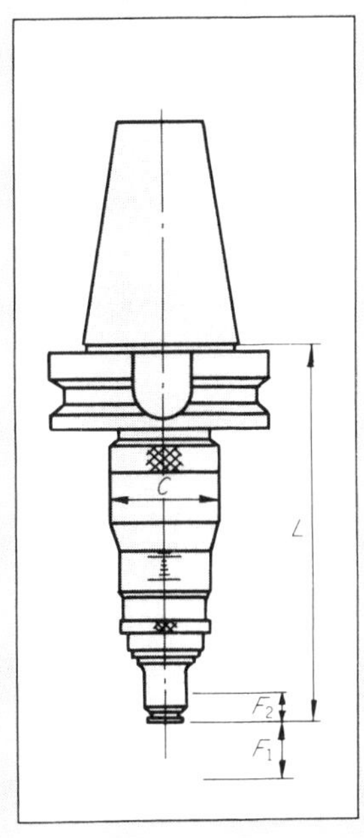

● 가도 태퍼 SA-Ⅳ형

기종				고객선	
공구 보유수	40	X	600	담당자	
보정 본수	20	Y	700	도면 번호	
제어 장치		Z	500	명칭	기어 박스
길이 제한	400	중량 제한	20kg	재질	FC-25

툴 No.	가공 개소	가공측	툴링 구성			
			커팅 툴 ㉠	서브 홀더 ㉡	어댑터 ㉢	아버급 홀더 ㉣
1	フェーシング	A,B C,D	フェイカッタ 5枚			BT50 FMA50.8-63
2	φ40H7 粗φ39.6	A,B	角バイト V10-28-53°K10L		S42 FVA36-125	DP42-100
3	φ50H7 粗φ49.6	B,C	角バイト V10-30-90°K10L		S42 FVB40-125	〃
4	φ50H7 仕上ゲ	B,C	カートリッジ FV10-45-1/10V1-K10		S42 〃	〃
5	φ40H7 仕上ゲ	A,B	カートリッジ FV10-40-3/10V3-K10		S42 FVA36-125	〃
6	M5 下φ4.3	A,B,C	ドリル φ4.3	ドリルチャック 130-J6	S42-JT6	〃
7	M6 下φ5	A,B				
8	M10 下φ8.7	C,D				
9	M12 下φ10.5	B,D				
10	PT1/4 下φ11.9	B				
11	φ12 穴	A				
12	φ15穴 めくら タップ口元	A,D C,D				
13	φ16H7 下φ15.8	A,B				
14	φ18H7 下φ17.7	A,B				
15	φ20H7 下φ19.7	C				
16	M5 タップ	A,B,C				
17	M6 〃	A,B				
18	M10 〃	C,D				
19	M12 〃	B,D				
20	PT1/4 〃	B				
21	16H7 仕上ゲ	A,B				
22	18H7 仕上ゲ	A,B				
23	20H7 仕上ゲ	C				
24						
25						

기호	Ⓐ	Ⓑ	Ⓒ	Ⓓ	Ⓔ	Ⓕ	Ⓖ	Ⓗ	Ⓘ
툴 구성									

툴링의 이용 효과를 높이기 위해서는 여러 가지 고유의 특성을 아는 것이 중요하다. 그 가운데 한 방법으로 툴링 시트에 의한 관리 방법이 있다.

이 표는 툴링 워크의 툴링 레이 아웃을 행하는 경우와 생산 현장에 있어서 조정(調整) 등의 작업에 사용되는 것이다.

표에 있는 항목에 대하여 자세한 것은 아래에 설명한다.

MC 툴링 시트

전

TEL

검사 | 담당

P /

툴 링 구성 치수 (툴 생크 기준에서 날 끝까지의 치수)	툴 기호	툴 예비 ㄱ	ㄴ	ㄷ	ㄹ	도면 지정 치 수	추정 프리세트	가공 실측값	확정 프리세트	제2차 치수	프리세트 (분)	소화량	머신 스톱
Φ125-124	⓪	1			1				ℓ124.04	124.04	20	60	A 5 / B 120
Φ39.6-250	○	3		1	1	Φ40H7 ⊤			Φ39.6		5	60	A 5 / C 500
Φ49.6-250	○	3		1	1	Φ50H7 ⊤			Φ49.6		5	60	A 5
Φ50-250	○	2		1	1	Φ50H7 +0.05/0	Φ50-0.02	Φ50+0.01	Φ50-0.01	Φ50-0.02	8	40	A 10 / C 1000
Φ40-250	○	2		1	1	Φ40H7 +0.025/0	Φ40-0.02	Φ40+0.05	Φ40-0.005		8	40	A 8
Φ4.3-280	○	5	1	1	1	M5 ⊤			ℓ280		5	60	A 10
												60	A 3
												120	A 8
												120	A 4
													A 12
													A 5
												120	A 10
												120	A 15
												120	A 15

체크 시트: O 체크 X 체인지 T 트러블 (3 · 5 · 10 · 20 · 30 · 40 · 50 · 60 · 70 · 80 · 90 · 100)

머신 스톱: A 툴 B 머신 C 전기 D 인적 (분)

J	K	L	M	N	O	P	Q	R	S	T	U	V

표 상단에 있는 항목은 MC의 종류 및 툴링에 관계되는 공구 보유수, 길이 제한, 중량 제한 등의 내용이 기록되고 다시 가공되는 워크의 명칭, 도면 번호 및 재질 등을 기입하는 란으로 구성되어 있다.

표 중에 제일 왼쪽란부터 설명한다.

● 툴 No.

가공 순서의 레이아웃에 의거한 일련 번호로 정리 번호에 사용되는 것이다.

● 가공 개소

가공 순서의 레이아웃에 따라서 설정한 가공 내용이 기입되어서 어떤 가공 내용인가를 한 눈에 알 수 있다.

● 가공측

피가공물의 가공면에 붙인 기호로 A, B, C, D, E 등으로 하여 가공할 모든 면에 기호를 기입한다.

● 툴링 구성

가공 개소란의 가공 내용을 만족시키는 데 필요한 툴링(홀더와 부속품) 및 절삭 공구에 대하여 날끝순으로 표시한다.

● 툴링 구성 치수

툴 생크 기준에서 날끝까지의 치수와 날끝 지름을 표시하여 테이프 작성 등의 자료로 중요하다.

● 툴 기호

표 밑의 툴 구성 기호(Ⓐ~Ⓨ)를 표시하여 툴의 형식을 알 수 있다.

● 툴 예비

툴링 구성란의 ㉠~㉢에 대하여 예비 개수를 표시한다. 절삭 공구 수명의 교환을 위하여 예비툴을 준비해 둔다. 기계의 정지 시간은 툴 교환만을 목적으로 한다. 또 이것은 툴에 트러블이 생겼을 때에도 중요한 역할을 한다.

여기까지의 란은 툴링의 구성과 툴 관리가 목적이었으나 툴 레이아웃을 할 때에도 중요한 역할을 하게 된다.

그 이후의 란에 대해서는 치수 관리를 주체로 한 관리 항목으로서 사전 준비 작업과 실제 작업후의 체크나 공구 수명 설정 등에 관계되는 것으로 개개의 툴의 카르테 역할을 한다.

● 도면 지정 치수

이것은 도면상의 가공 치수를 기입하는 곳이다. 도면 치수에는 반드시 허용값이 지정되어 있다. 가공되는 제품은 모두 이 허용값의 상한과 하한 사이의 치수 정밀도 내에 있지 않으면 안된다.

일반적으로 가공시에 바라는 수치는 허용값의 중간값이다. 실제 가공에서는 절삭 공구는 절삭 저항을 받아 변형하고 또 기계 본체도 열변형하며 다시 지그·고정구 등도 변위한다. 이런 여러 가지 경향을 생각하여 상한 또는 하한의 어느 방향으로 이행시켜서 프리세트 값으로 산출하여서 여러 개의 가공물에 대한 균형화를 도모할 필요가 있다.

● **추정 프리세트값**

가공 실적이 없는 즉, 새 공작물일 때 기계 및 지그류의 대폭적인 수정을 했을 경우 기계의 장비가 이전과 치수적인 변화를 일으켰다고 예측되는 경우, 최초에 프리세트하는 수치를 추정한다. 이 수치가 추정 프리세트 수치이다.

예컨대, 보링 가공을 하려고 할 때 프리세트 추정값에 대하여 마이너스측에 세트하게 된다. 또 반대로 축 등의 외경 가공에서는 플러스측에 세트하는 것이 상식이다. 이것은 미확인 요소가 개재될 때의 가공 불량을 방지할 수단으로서 안전한 작업 방법이기도 하다. 그리고 이 추정값으로 트라이얼 컷을 하여 그 결과값을 기초로 조정하여 만족할 만한 가공 치수를 얻게 된다.

● **가공 실측값**

이전에는 트라이얼 컷(시험 절삭)과 측정 수동 조정 작업을 되풀이한 결과 적정값이 얻어지면 그대로 가공 작업을 속행했는데, 이 적정값이 얻어진 시점에서 기계로부터 툴링을 풀어내서 프리세터로 그 값을 측정하여 기록해 둔다.

이 작업은 이후 같은 조건에서 가공할 때 이 수치가 도움이 되는 것은 물론이고 사용 도중 툴 트러블이 생기거나 툴 수명에 따른 교환 작업에서도 즉시 적정값을 구할 수 있으므로 생산 효율을 향상시키는 데 효과적이다.

이 작업은 까다롭기 때문에 기피하고 있지만 다종 소량 생산에서는 필요 작업의 하나로 실시해야 하는 것이다.

● **확정 프리세트**

이상의 목적을 다하기 위하여 필요하다. 실측값=확정값으로 되는 경우도 있지만 허용값의 범위와 가공 상태에서 어느 정도의 경향을 가미한 다소 조정된 수치가 확정값으로 채용되는 일도 있다.

또 실측값에 의하여 구한 이 두 가지 수치 중에는 여러 가지 절삭 중의 요소가 개재되어 있으므로 동적인 조건하에서 기계나 툴링 및 용구류 등에서 발생하는 변화는 추정값과 실측값과의 차이를 알기 위하여 귀중한 데이터가 된다.

종래 확인할 수 없었던 가공 중의 여러 가지 현상도 이 데이터를 축적하여 연구해 감에 따라 상황 파악이 가능하게 된다. 그 결과 미확인 워크 가공에서 이론적인 확정값이 구해질 수 있을 뿐만 아니라 실측값의 적출 작업도 적어지게 된다.

● **제 2 차 치수**

이것은 추정 프리세트값에서 기계 및 지그류의 수정, 그 수리에 따른 변화 또는 기계와 장비의 노후화에 의한 변위, 그 외에 돌발적인 사고나 트러블 등으로 종래의 확정값이 무너지게 된다. 이런 경우 다시 새 확정값을 설정하여서 그 수치를 제 2 치수란에 기입한다.

● **프리세트(분)**

실제 프리세트에 소요된 전체 시간을 기입한다. 이것은 그 목적과는 별도로 모델 체인지에 따르는 툴링 준비 작업시, 예컨대 생크 형상의 차이에 대응하는 마스터 홀더의 교환 시간 또는 테스트 바와 테이퍼 생크 기준 지름 위치의 비교 게이지에 의한 측정 시간 등의 산출에 도움이 된다.

● 체크 시트

툴의 상황 및 수명에 관한 사항을 확인할 목적으로 만들어진 란이다.

툴의 수명을 조금이라도 연장하는 것은 매우 중요한 과제이다. 이 때문에 필요한 데이터를 수집할 목적으로 일상 작업에서 일어나는 여러 가지 항목을 체크해 나간다. 또 절삭 공구의 경제성을 알기 위하여 소비량에 대해서도 기록을 남기도록 하고 있다.

이 란의 3, 5, 10, ……, 100의 수치는 가공 소화량을 체크할 때의 간격을 나타낸다. 툴 체인지에는 초기의 확인이 많기 때문에 3, 5에 대해서는 거의가 체크되어 있다.

○인은 체크했을 때의 소화량을 표시한다. ⊗인은 툴 수명에 따른 툴 체인지를 실시한 시기를 표시하며 그 시점에서 초기의 확인을 되풀이한다. Ⓣ는 툴 트러블에 의하여 툴을 교환한 시기를 나타낸다.

이와 같이 하여 실제로 체크한 상황이 한눈에 보이도록 기입해 두는 것이 중요하다. 이 기입법은 어디까지나 한 예로 실제는 사용하는 사람이 스스로 연구하여 자사에 맞는 툴 시트를 만들 것을 권한다.

● 소화량

체크 시트란에 실제 수집한 데이터에 의거하여 안전 소화량을 설정하는 것이다. 예컨대 툴 No.2 ϕ 40, H 7, 조49, ϕ6에서 ⊗인의 툴 체인지 시기가 상단에서는 60, 중단에서는 70, 하단에서는 90으로 되어 있지만 가장 안전한 것은 60이다. 따라서 소화량 60이라고 기입한다.

실제 툴 교환 시기는 다른 툴과의 수명을 고려하여 설정할 필요가 있다. 예컨대 툴 No.1에서는 최저 소화 실적은 첫회 70이지만 툴 No.2에서는 70임에도 불구하고 60으로 설정되어 있는 것은 절삭 공구 수명을 어느 정도 희생하더라도 툴 교환 시기를 효율적인 격차를 두어 기계 정지 시간을 될 수 있는 대로 작게 하여 가동률을 높이는 장점을 갖게 했다.

● 머신 스톱

기계 정지 시간과 그 요인을 기록하는 란으로 툴 트러블, 머신 트러블, 전기 트러블 및 인적 요인 등으로 분류되어 있다. 실제는 툴 트러블만을 기입하면 좋겠지만 어떤 내용으로 기계 정지가 어느 공정에서 있었는지를 보기 위한 것이다.

툴 치수 관리 외에 기계 가동률을 보기 위한 데이터의 기록 등도 당연히 생각할 수 있는 일이다.

또 지금까지 설명한 항목 외에 절삭 조건에 관한 것으로 절삭 속도, 절삭 피드량, 절입량을 시트상에서 지시하는 일도 필요할 것이다. 여기서는 NC 테이프로 지시하고 있는 것과 절삭 조건이 표준화되어 있는 것을 전제로 하여 생략하였다. 물론 특별한 절삭 조건을 주지 않으면 안된다는 것을 배려하여 그 항목란을 추가하여도 좋을 것이다.

이 툴링 시트는 MC 뿐만 아니라 자동기, 전용기에 대해서도 이용할 것을 권장하며 내용상으로도 매우 알차게 구성되어 있다. 아무튼 각 항에 대해서는 각각 기업에 알맞는 내용으로 짜서 이용하기 바란다.

홀더에 절삭 공구 설치

　툴 홀더에 공구를 고정하는 것을 의외로 쉽게 생각하기 쉽다. 우선 첫째
로 작업할 장소가 그다지 좋지 못한 일이 많은 것 같다.

　"툴은 게이지이다"라고 할 수 있을 정도로 정확하게 세트하지 않으면 안
된다. 특히 NC 가공의 경우에는 중요하다. 기계측의 공구 보정 기능으로
조정되지만 그 이전에 주의해야 할 경우에는 충분히 주의하지 않으면 안
된다. 제일 주의애야 될 것은 먼지의 끼어들기이다(먼지는 철보다 단단한
점이 있다는 것에 주의).

　홀더에 흠집을 내면 패인 것 자체를 문제삼지 않는데
오목한 주변이 볼록하게 된다. 이대로 기계의 주축단
에 삽입하면 당연히 중심이 틀어지는데, 이 중심
의 틀어짐에 의해 공구 보정이 되지 않는다.
만일 홀더에 흠집이 생겼으면 기름 숫돌
로 조심히 흠집을 제거해야
된다.

● 공구 설치대

　공구 설치대의 윗면은 정반
대로 되어 있다. 그 중앙의 홀더
는 테이퍼에 맞추어 내셔널 테이
퍼(NT) 50, 45, 40 등의 암 테이
퍼의 어태치먼트가 세트된다. 홀
더를 암 테이퍼에 삽입할 때에는
테이퍼에 흠집이 생기지 않도록
조심스럽게 넣어야 한다.

7 홀더에 플레인 커터를 고정한다

홀더의 테이퍼부를 설치대의 암 테이퍼에 삽입하면 이어서 플레인 커터(날끝을 보호하기 위하여 고무 링이 씌워져 있다)를 설치한다. 이 설치 단면 사이의 고무에 특히 주의하지 않으면 안된다.

MC용의 플레인 커터는 보통 6인치까지이지만 특별한 경우는 8인치 커터를 물리는 기계도 있다. 이 경우는 세트 볼트 4개로 조여 붙인다. 대칭 방향으로 볼트를 죄어서 최종적으로 커터가 기울지 않도록 주의하여야 한다.

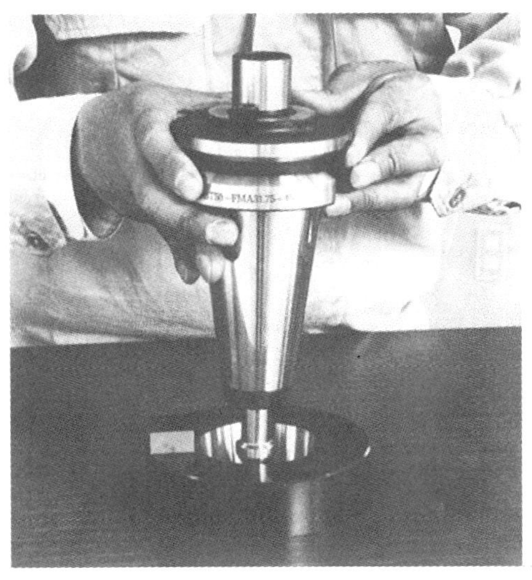

① 설치대의 암테이퍼에 삽입

③ 세트 볼트를 박는다

② 정면 플레인 커터를 설치한다

④ 잘 조여 붙인다

2 몰스 테이퍼 홀더에 드릴을 고정한다

우선 홀더의 테이퍼 구멍을 깨끗이 청소할 것. 막대기나 솔자루는 깨끗한 걸레 두 개를 감아 쑤시면서 주의깊게 떨어낸다. 전용 클리너도 있다. 드릴의 생크도 마찬가지다. 드릴을 삽입했으면 플라스틱 해머로 날끝을 두드려 박는다.

홀더의 테이퍼 구멍은 몰스 테이퍼(MT)이지만 야곱 테이퍼(JT)도 있다.

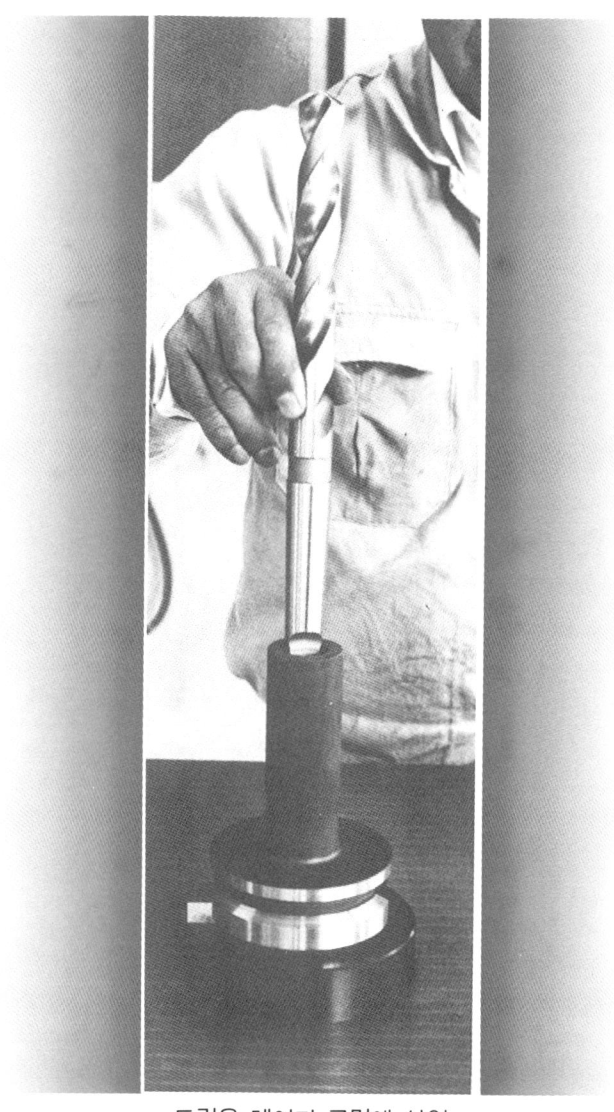

드릴을 테이퍼 구멍에 삽입

3 콜릿 홀더에 엔드 밀을 고정한다

콜릿은 생크가 ①과 같이 스트레이트인 것이 주로 쓰인다.

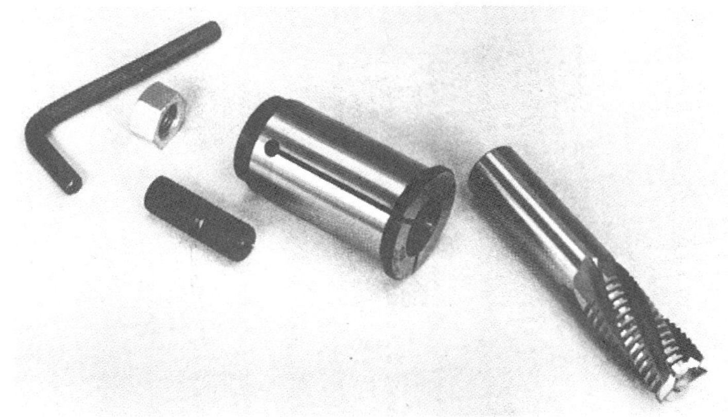

① 콜릿의 섕크는 주로 스트레이트이다

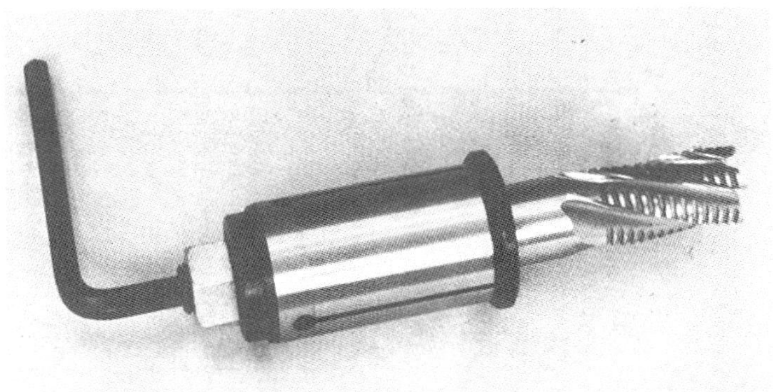

② 분할 콜릿에 엔드밀을 넣고 후부의 조절 나사로 길이를 조절

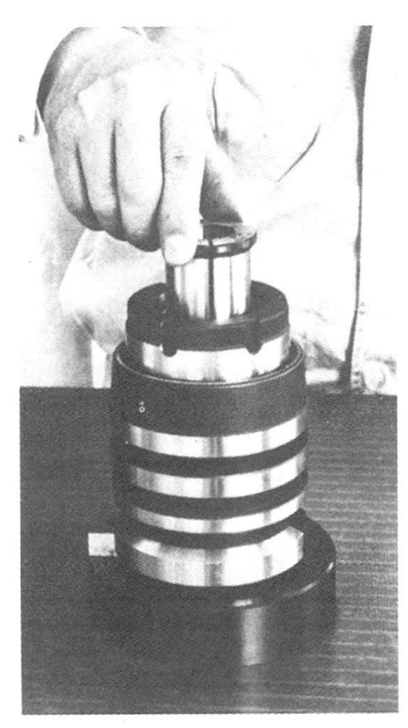  

③ 조성한 콜릿을 홀더에   ④ 콜릿에 엔드밀을   ⑤ 스패너로 조임

    제 3장 툴 홀더와 시스템 제작

우선 ②와 같이 분할 콜릿에 엔드 밀을 넣는데 툴의 뽑아 낼 길이는 후부의 조절 나사로 조절한다. 그 때, 후에 1~1.5 mm 길게 하고 싶을 때에는 버니어 캘리퍼스로 날길이에서 콜릿 후단간 사이를 측정하면서 조절 나사를 가감하여 볼트로 조인다. 이 방향으로 공구의 길이를 ±0.5 mm 범위로 조정할 수 있다.

이와 같이 콜릿의 조정을 마치면 홀더에 삽입한다. 그리고 엔드 밀을 넣고 스패너로 조인다.

4 보링 바에 축방향 조정식 보링 툴을 고정한다

보링 툴의 뽑아 낸 길이는 너트를 돌려 조정한다. 홀더는 사이드 로크 방식이다. ②는 로크하고 있는 상태이다.

① 길이를 조정하고 삽입

② 홀더에 로크한다

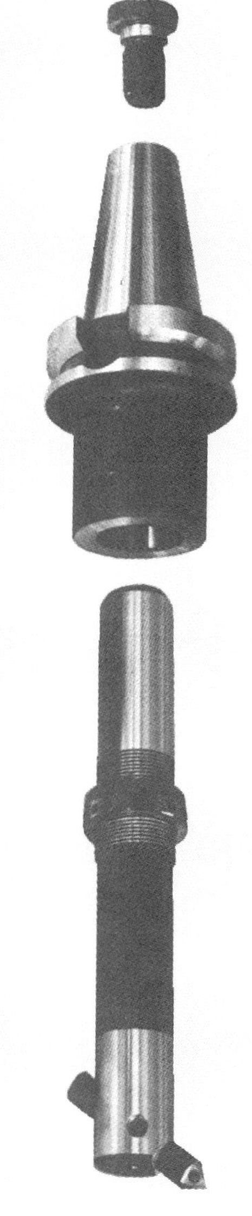

　　MC에서 취급하는 툴링 중에서 종류가 제일 많은 것은 보링 관계이다. ③, ④는 같은 보링 툴을 코렉트 홀더에 물린 상태다. 사이드 로크 홀더를 쓸 것인지, 콜릿 홀더를 쓸 것인지는 앞 페이지에서 설명하였다.

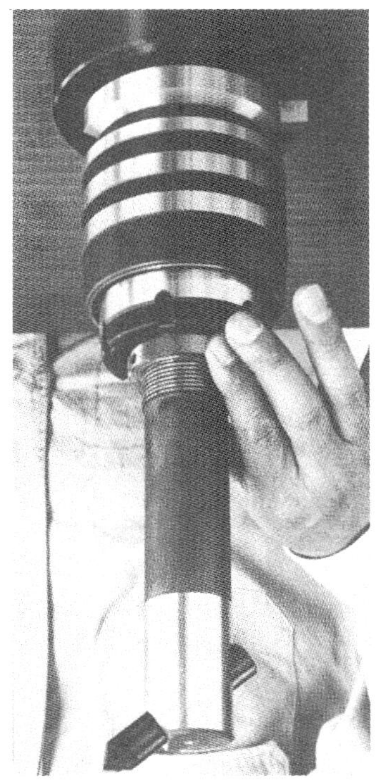

③ 콜릿 홀더에 삽입

④ 콜릿을 조인다

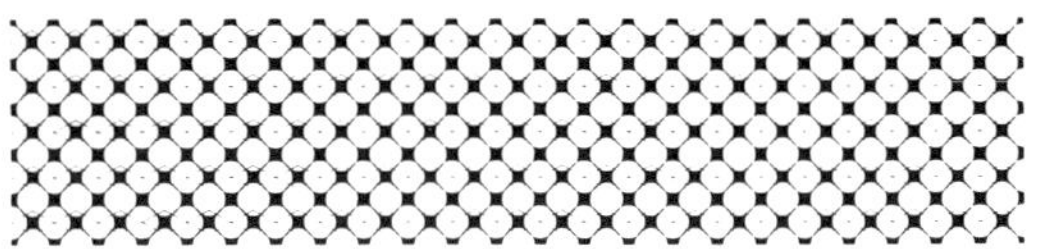

툴링 시스템의 표준화

● 주축에 맞추어 홀더 선택

　어떤 툴링을 준비할 것인가의 첫걸음은 MC의 주축 테이퍼와 같은 테이퍼인 툴 홀더를 고르는 일에서 시작된다. 기계의 카탈로그를 보면 주축끝 치수가 기재되어 있다(자료편 참조).

　보편적으로 판매되고 있는 MC의 주축끝은 대부분이 내셔널 테이퍼(NT)이며, 그것도 NT 50과 NT 40이 대부분이다. 일본 공작 기계 공업회 규격(MAS)에서는 BT라 부르고 있다. NT 50과 BT 50은 같은 테이퍼인데, NT 50(BT 50)쪽이 홀더 자체가 커서 강력 절삭에 알맞다. 이에 반하여 NT 40(BT 40)은 강력 절삭에는 문제가 많다.

　또 내셔널 테이퍼 외에 스트레이트 섕크의 MC도 있다.

　최근 비교적 소형인 MC가 많아졌다. 소형이라 해도 밀링 머신의 호칭으로 2번～4번에 해당하는 것들이다. 이런 MC 중에는 고속 정밀 가공을 특징으로 하고 있는 것도 있다. 주축이 6,000～8,000회전이란 고속형에 이르면 설계상 주축 지름을 그다지 굵게 할 수가 없다. 나아가 주축끝 구경의 테이퍼는 NT 40으로 작아진다. NT 40은 소경 커터를 써서 고속 정밀 절삭하는 툴링용이라도 괜찮다. 한편 그보다 1단 작은 툴링 규격으로 NT 35도 있다.

　NT 45의 툴링을 규정하고 있는 MC기도 10여개 사가 있다. NT 50의 중절삭용과 NT 40의 고속경 절삭용을 겸한다고 볼 수 있다. 만일 소기업 공장에서 장래에도 MC기는 3～4 대 이하로 유지하고 싶다면 NT 45에 NT 50이거나, NT 40의 어느 툴링 시스템을 더한 두 종류로 하여 3종류 시스템으로 하지 않는 편이 득책일 것이다. 할 수 있다면 NT 45 1종류 시스템으로 통하도록 하는 것이 훌륭한 사고 방식이라 생각한다.

　MC는 완전 활용하려고 하면 준비해야 할 툴링의 개수가 MC가 갖고 있는 툴 매거진 수납 공구 개수(20～30개)의 1.5～2배가 필요하다. 또 툴링에 부속되는 콜릿, 소켓, 어댑터 종류는 더 많은 개수를 준비하지 않으면 안된다. 대략 툴링 개수의 1.5～2배로 하고 있다.

　금액으로 보아도 툴링(툴 홀더) 1개가 2～4만 엔(비싼 것은 10만엔 가까이)이라면 ATC 20개 짜리 MC를 1대 구입하려면 툴링 비용은 70～150만 엔이 필요하다.

　설비한 MC기가 5대, 6대로 많아짐에 따라 각각 독자적으로 툴링 시스템을 꾸민다면 그 비용은 방대하게 된다. 또 시스템도 NT 50, NT 40, 게다가 NT 45, NT 35로 몇 종류씩 증가하고 만다.

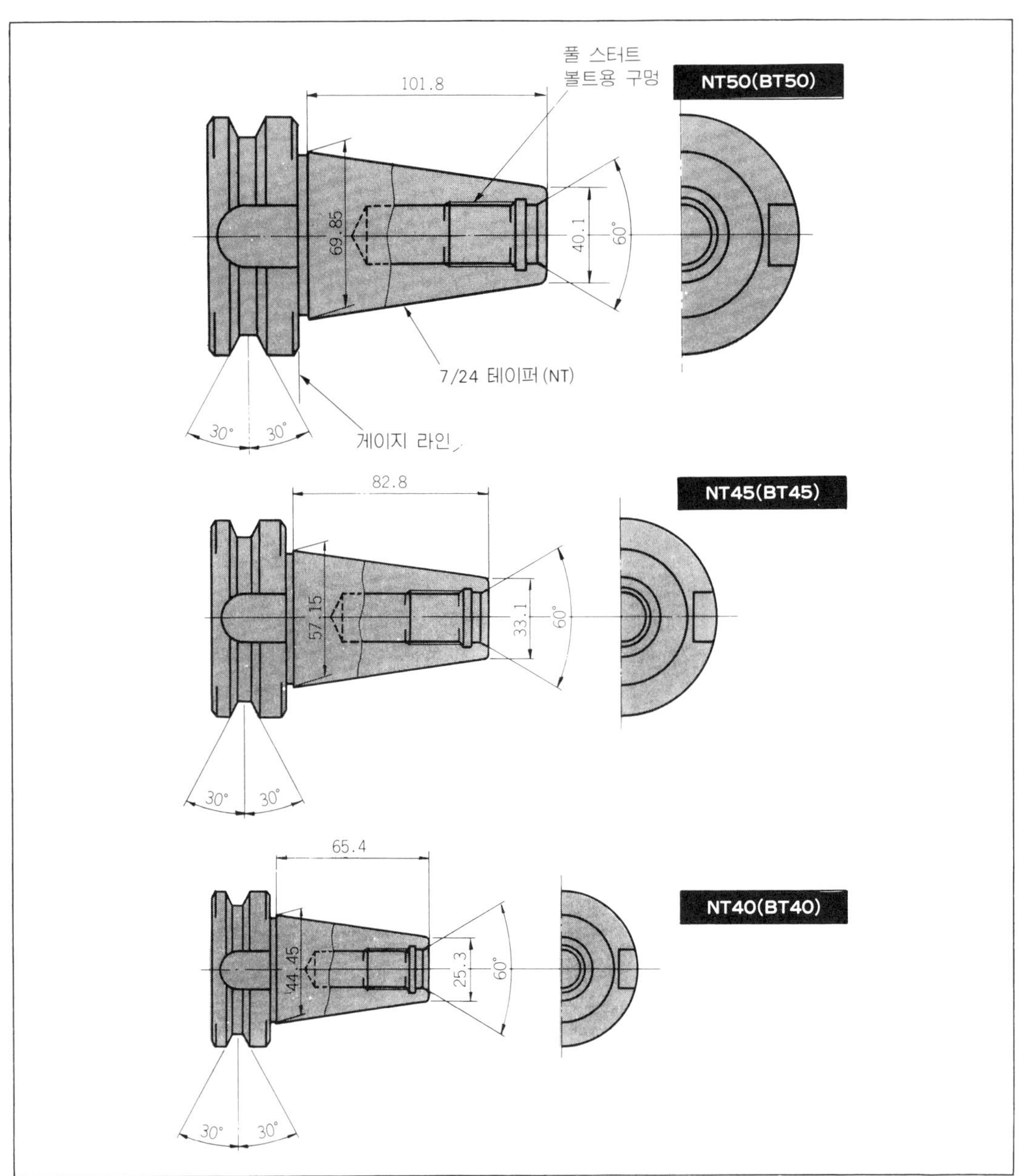

↑ 내셔널 테이퍼(NT) 치수(BT는 MAS=일본공작기계공업회 규격)

그러므로 툴링은 단 NC 1기종만을 시스템화하면 좋다는 것이 아니고 공장 전체의 NC기, 범용기를 포함하여 가능한 한 공통화를 기하지 않으면 안된다.

툴링의 표준화 필요성은 공구 관리상(혼란을 일으키는 공장이 너무나 많음)만의 문제가 아니다. 프로그램도 대단히 까다롭게 된다.

● 구성 툴을 코드화

절삭 공구를 포함한 툴링의 기본 치수가 프로그램, 프리세터에 쓰이기 쉬운 치수이고,

 제**3**장 툴 홀더와 시스템 제작

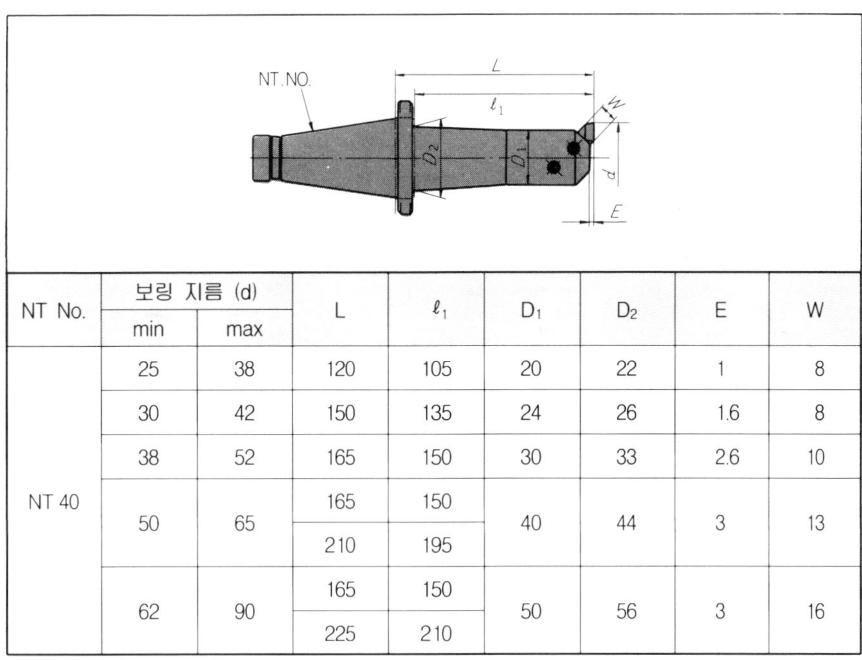

NT No.	보링 지름 (d)		L	ℓ_1	D_1	D_2	E	W
	min	max						
	25	38	120	105	20	22	1	8
	30	42	150	135	24	26	1.6	8
	38	52	165	150	30	33	2.6	10
NT 40	50	65	165	150	40	44	3	13
			210	195				
	62	90	165	150	50	56	3	16
			225	210				

↑ TMT의 보링 바의 규격의 일례(각 바이트 경사형)

절삭 능력을 충분히 발휘할 수 있게 한 것 중 후자를 중시하는 즉, 툴링 강성에만 눈이 가고 있는 것 같다.

MC기를 매우 잘 이용하고 있는 공장은 툴링 시스템의 표준화에 매우 신경쓰고 있으며, 또 툴도 표준화되고 있다. 구성 툴이 결정되면 이들 구성 툴의 코드화도 쉬워진다. 코드화되면 툴 카드를 그때마다 작업자나 프리세터에 넘기지 않아도 그 번호만으로 뜻을 전할 수 있다. 툴 그 자체의 재고 관리를 컴퓨터에 등록할 수도 있다.

전술한 사례 1의 공장은 이 점에서 우등생이라 할 수 있다. 이와 같이 하면 MC를 가동하기 전의 준비 시간이 훨씬 단축될 수 있을 뿐만 아니라 절삭 준비를 결정하기도 편리하며, 이것보다 더 좋은 절삭 방법을 찾아 그것을 정리하는 점에서도 유효하다.

툴의 코드화는 될 수 있는 대로 알기 쉽게 할 것, 장래 툴링이 추가되고 확장되어도 충분히 코드화될 수 있는 여유를 가질 수 있도록 안배하지 않으면 안된다. 예컨대 아래 그림은 도시바(東芝) 기계의 예인데

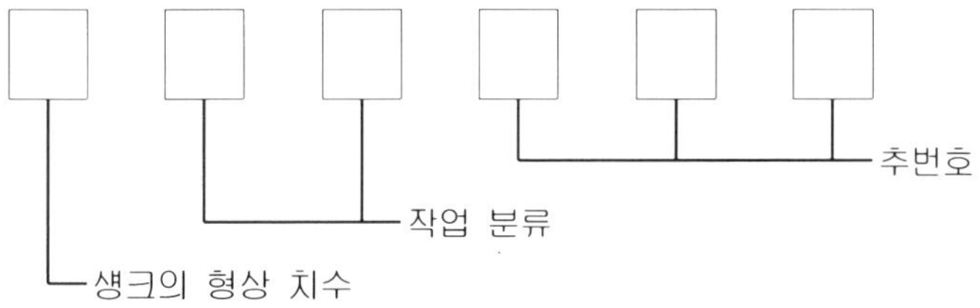

로 6자리 코드로 정리하고 있다. 앞의 "툴링 시트는 툴의 메뉴"를 반드시 참고하여 주기 바란다.

● 어려운 보링의 표준화

툴링 시스템의 표준화를 계획할 때 어느 공장에서나 망설이고 있는 것은 보링 관계의 표준화이다. 대개 MC가공에서 곤욕을 치르는 것은 깊은 구멍 드릴 가공, 태핑 보링 가공일 것이다. 덜덜이로 어려움을 겪는 것도 보링에서 제일 많다고 들었다.

보링 바가 길어져(Z축 방향) 툴링 그 자체의 강성이 떨어지지만 깊은 구멍을 보링하지 않으면 안되는 경우가 있기 마련이다. 보링 바는 80~90%를 커버할 수 있는 강성이 높고, 그리고 짧은 것과 바의 능력 한계 내의 두 가지로 나누어 사용 빈도가 높은 것을 표준화하고 사용 빈도가 적은 것은 특수 공구로 나누는 것도 좋은 방법일 것이다.

TMT(동경 그룹 공작기계 메이커 규격)에서는 ϕ50 이상의 보링 바는 두 가지 것을 준비하고 툴 길이는 모두 15의 정수배로 정하고 있다.

　부진한 경기에도 불구하고 MC에 대한 수요는 늘어가고 있다. 불황시는 불황 속에서 호황시와 다른 생각으로 합리화나 생력화를 위한 투자가 으레 이루어지기 때문이다. 또 양산 효과에 의한 코스트다운을 꾀하기 위하여 MC를 쓰려고 한 것뿐만 아니라 범용기 적으로 사용된 것이 하나의 큰 원인이라고 생각한다. 다시 이 경향은 MC를 대신하는 금 속 가공기에서도 출현하지 않는 한 당분간 계속되고 확대되어 가리라 생각한다. 이런 상 황 중에 당연한 일이지만 툴링의 수요도 늘어간다. 툴링을 판매할 때 최소의 필요한 사 항을 다음에 기술한다.

◀◀◀ 툴링 시스템의 조건 ▶▶▶

● 유기적인 활용

　툴링을 선택할 때 고정 관념을 갖지 않는 것이 필요하다. 유기적으로 활용되는 것이 시스템인데 예를 들어, 지름이 작은 드릴을 쓰는 가공에서도 툴링 시스템은 5종류의 방 법을 생각할 수 있다.

유저의 요구와 가공이 다양화되고 있으므로 이 가공에는 어느 방법이 적절한가를 생각해야 한다. 그리하여 유저마다 가장 알맞는 시스템이 짜여지면 이상적이지만 대기업 유저 이외는 아직 불가능한 일이므로 여러 가지 조건을 배려하여서 최대 공약수적으로 폭넓게 짜는 것이 좋은 시스템이라 할 수 있다. 이와 같은 「유기적으로 활용할 수 있다」는 것이 시스템으로서의 절대 조건이지만 이외에도 몇 가지 뺄 수 없는 조건이 있다.

● 호환성과 경제성

일반적으로 어떤 가공물에 대하여 필요한 툴링 시스템을 짤 때 표준 툴링만으로 짜는 일은 우선적으로 없다. 평균적으로 5~15%의 전용 툴링이 쓰인다. 표준 시스템화된 툴링과 비교하여 사용 빈도, 강성, 경제성 등의 면에서 유리하기 때문이다. 단, 나머지 85~95%의 표준 툴링은 그대로이거나 혹은 조립을 변경하여 다른 가공물에 대응할 수 있는 것이어야 한다.

여러 대 그것도 서로 다른 메이커의 MC를 보유하고 있는 유저의 경우도 동일 종류의 툴링 시스템을 사용할 수 없으면 의미가 없다.

이 때문에 무어라 해도 호환성과 공통성이 없으면 안된다. 경제적으로나 공구 관리상에서 대단히 중요한 일이다.

● 정밀도, 강성, 신뢰성

최고의 가공 조건은 당연한 일이지만 사용하는 MC와 그것에 툴링(홀더, 콜릿류), 절삭공구가 삼위 일체가 되어야 얻어지는 것이다. 다만 공급원이 다르므로 각각의 메이커는 가능한 한 정밀도나 강성에 주의하여야 한다.

예컨대, 기계의 주축과 툴링의 테이퍼 접촉이 나쁘면 결과적으로는 덜덜이 현상이 일어난다. MAS 규격에서는 게이지에 대하여 75% 이상의 테이퍼 접촉으로 규정되어 있지만 현실적으로는 지키지 못하는 경우를 많이 볼 수 있다. 일류 툴링 메이커에서는 게이지에 대하여 85% 이상의 접촉을 사내 규격으로 하는 곳도 있고 더욱이 일부 메이커 사이에는 게이지의 교환도 하고 있다.

근래 공장의 무인화, FMS화 등의 경향이 현저하다. 이들 공장에서는 예컨대, 툴링의 L/D(지름에 대한 길이의 비율)가 종래에는 5배 정도였던 것이다. 다시 말하면 툴링의 정밀도나 강성에 대한 불안이 있기 때문이다. 이제부터는 이 조건이 중요하게 되리라 생각한다.

또 그다지 가공 정밀도를 중요시하지 않는 유저에 대해서도 장차 더욱 높은 정밀도의 가공이 필요하게 될 때에 대응할 수 있도록 될 수 있는 대로 고정밀도의 툴링을 공급해야 한다고 생각한다.

　제**3**장　툴 홀더와 시스템 제작

● 높은 내구성

경제성과도 관계되지만 MC의 효과적인 활용에는 폭넓은 툴링 시스템이 불가결하다. 콜릿 홀더 등에 관해서는 기구적으로 무리하지 않는 것을 선택해야 한다.

● 스트레이트 섕크 공구를 많이 사용

시스템의 효과를 최대한 발휘하기 위해서는 공구나 보조 아버의 섕크부는 스트레이트 인 것을 많이 써야 한다. 가공물이 바뀔 때 교환 조립에 대응하기 쉽고 코스트면에서도 경제적이기 때문이다. 이 스트레이트 섕크를 어떻게 확실하게 편심 정밀도를 좋게 물릴 것인가가 툴링 시스템의 우열을 결정한다고 해도 과언이 아니다.

스트레이트 섕크용에는 콜릿 홀더식과 사이드 로크 홀더식이 있지만 양자 다같이 두 가지 조건 – 편심 정밀도와 강한 유지력 – 을 만족시켜야 한다.

일반적으로는 이 두 가지를 함께 엔드 밀 홀더라고 생각하기 쉬우나 스트레이트 드릴 이나 보조 아버용으로도 사용되고 있어서 그 때문에 기구적 고안이 홀더측에 이루어져야 한다.

콜릿 홀더와 사이드 로크 홀더는 절삭 조건이나 물리는 공구 보조 아버의 종류에 따라 나누어 사용한다. 이 양자를 완전히 나누어 사용하므로 툴링 시스템의 효용은 한층 발휘 된다.

● 콜릿 홀더

콜릿 홀더는 스프링 콜릿과 조합하여 사용된다. 전술한 편심 정밀도와 물리는 힘의 2 대 필요 조건 외에 절삭 공구의 길이 방향의 조정과 절삭 공구의 섕크 지름의 분산도 충분히 흡수할 수 있는 넓은 고정 범위를 갖는 것이 필요하다.

그림 1은 콜릿 홀더의 일례이다. 너트와 리테이너 사이에 스틸 볼을 넣어 더욱 융통성을 갖게 한 것으로 너트의 비틀림 토크와 편심 진동이 스프링 콜릿이나 절삭 공구에 전해지지 않아서 홀더 본체에 대한 공구의 동심을 확보하고 있다. 이 결과 날끝의 흔들림 정밀도를 7 μm 이내로 보증하고 있다. 이 기구는 너트와 스프링 콜릿 사이의 마찰 저항을 없애고 강한 체결력을 발휘하고 있다.

콜릿 홀더와 조합하여 사용되는 스프링 콜릿은 3~6 mm 사이는 0.2 mm 간격, 6~25 mm 사이는 0.5 mm 간격, 25 mm 이상에서는 28, 30, 32, 40, 42 mm의 59 종류가 완비되어 있다. 또 각각의 스프링 콜릿에는 0.2 mm의 조임 여유를 주고 있다.

이 종류의 풍부함과 조임 여유가 고정 범위를 넓히고 물릴 물건의 섕크의 분산을 흡수하고 있다. 또 콜릿 홀더에는 높이 조정을 쉽게 하는 스크루가 내장되어 있다.

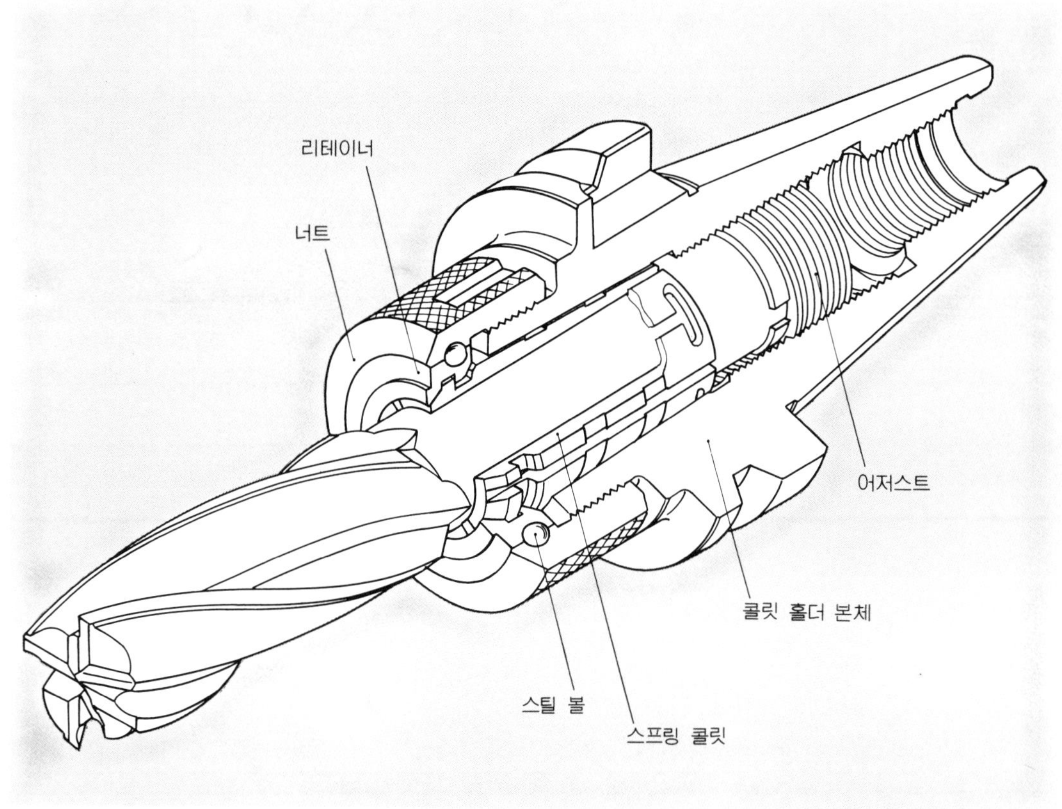

그림 1 콜릿 홀더의 일례

● 사이드 로크 홀더

유저가 까다로운 조건에서 중절삭할 때나 전용 홀더로 사용할 때는 사이드 로크 홀더가 안전하고 값도 싸다. 전술한 바와 같이 사이드 로크 홀더는 콜릿 홀더와 병렬로 생각해야 할 것으로 고정하는 힘뿐만 아니라 중심 흔들림 정밀도도 유지할 필요가 있다.

단, 원주상에서 균등하게 체결력을 가하는 콜릿 홀더와 달리 **그림 2**와 같이 지름의 일정한 방향에서 체결력이 가해지므로 조건이 나빠진다. 일반적으로 강한 물리는 힘이 요구될 때에만 사용되고 있다.

그러나 툴링 메이커에 따라서는 고정되는 섕크가 H6 공차로 제작되는 것으로 가정하고 홀더 구멍에 대한 끼워맞춤 공차의 반을 홀더 구멍측에서 편심시키고 있으므로 끼워맞춤 공차에 의한 중심의 편심 현상은 일어나지 않는다.

또 세트 볼트를 조여서 생기는 공구의 휨 현상을 흡수하기 때문에 홀더 구멍의 중심에 각도를 맞출 수 있다.

이런 독자 고안에 의하여 공구 끝의 정밀도를 10 μm 이내로 보증하고 있다. 이와 같은 정밀도 규격차는 JIS 뿐만 아니라 툴링 메이커의 카탈로그를 잘 읽어 두는 것이 좋다. 콜

제**3**장 툴 홀더와 시스템 제작

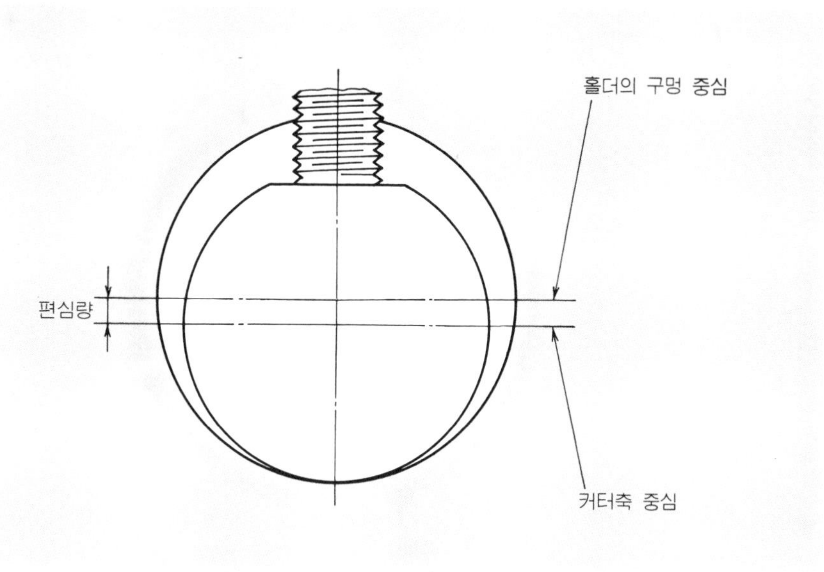

그림 2 사이드 로크 홀더의 편심

릿 홀더로 7 μm, 사이드 로크 홀더로 10 μm 이내의 중심 떨림 정밀도의 유지가 가능하
다면 유저측에서는 절삭 조건만을 고려하여서 적절한 홀더를 안심하고 선택하여 사용할
수 있게 된다.

● 보조 아버의 효용

보조 아버를 유효하게 쓰면 툴링 시스템은 더욱더 충실해진다. 일반적인 시스템에서는
직부(생크부가 기계 주축과 같은 테이퍼)의 홀더나 아버와 같은 용도 능력의 보조 아버
가 포함되어 있다. 보조 아버의 생크부는 지름이 20~42 mm로 콜릿 홀더 또는 사이드
로크 홀더로 잡는다.

극단적인 사고 방식으로 하면 보조 아버를 여러 종류 갖추고 콜릿 홀더와 사이드 로크
홀더만 있으면 어떤 가공에도 대응할 수 있겠고 또 조합하는 것에 의하여 특수한 직부
(直付) 아버의 일시적인 대용품으로서도 이용할 수 있다.

● 누적 오차

가공된 제품의 오차는 기계, 툴링, 절삭 공구의 각각의 오차가 누적된 것이다. 때로는
운 좋게도 오차가 상쇄되는 경우도 있으나 대개는 누적된다.

툴링만을 생각해 보아도 누적되는 것(조합 부품수)이 적을수록 보다 높은 정밀도가 얻
어진다. 정밀도만을 추구하는 것이라면 한 덩어리로 된 전용 홀더나 아버를 사용하면 좋
은 결과가 나올 것이다.

여기에 툴링 시스템의 의도와 모순이 있다. 요는 유저가 요구하는 가공 정밀도, 가공 효율, 요구 납기(納期), 툴링의 시장성, 투하 자본, 기타 가공물과의 관련 등을 고려하여 총체적으로 판단하여 선택해야 한다.

● 특수품

아무리 훌륭하게 툴링 시스템을 활용하여도 약간의 특수한 툴링은 반드시 필요하게 된다. 특수품에는 표준 툴링에서는 가공할 수 없는 경우와 가공은 가능하나 보다 작업 효율을 높이기 위하여 사용하는 경우가 있다.

전자의 경우는 낭비가 될 지 모르지만 여유분으로 한 개를 준비해 두는 것이 필요하다. 후자의 경우는 예컨대, 한 개의 아버로 막깎기, 다듬질, 모따기 등을 동시에 하기 위하여 절삭 공구를 세 개 물리게 되는 종류이므로 여유분은 필요없다고 해도 만일의 경우에는 어느 표준품이나 보조 아버를 쓸 것인가를 생각해 두어야 한다. 가끔 작업자의 오류나, 테이프 오류로 툴링이 파괴되는 일이 있는데 거기까지 고려하는 것이 중요하다.

● 규 격

유럽과 미국에 비교하면 일본은 대단히 축복받고 있다. 규격이 어느 정도 통일화되어서 메이커의 독자적인 규격이 적기 때문이다. 일본 기계에서는 대부분의 MC가 MAS 규격(공작기계 공업회 규격)에 준하고 있다.

다만 주의하지 않으면 안되는 것은 MAS 규격에서는 테이퍼부 등에 관해서는 규정하고 있으나 그 외의 세부에 관해서는 규정하고 있지 않다는 것이다. 그러므로 툴링 기구를 구입하는 쪽이나 판매하는 쪽에서 반드시 기계 메이커명, 형 번호 등의 확인이 필요하다.

＊　　　　＊　　　　＊

FMS가 유행하고 있는 것과 같이 유연한 생산 체제가 요구되는 현재, 툴링 등의 레이아웃을 포함한 소프트웨어면에서의 사고 방식도 유연하지 않으면 안된다.

레이아웃 등은 현상태에서는 유저의 생산 기술, 기계 메이커, 툴링 메이커 등의 일이지만 매우 가까운 장래에는 툴링의 세일즈맨적인 일로 반드시 된다고 생각한다. 즉, 그런 툴링상의 「소프트웨어에 돈이 든다」 시대가 반드시 오기 때문이다.

툴링 메이커 사이에서도 가까운 수년 내에 그런 의미에서의 격차가 나온다고 생각한다.

NC의 역사

①

　NC(수치 제어) 장치로 제어되는 공작 기계를 NC 공작 기계(이하 NC기)라 한다. NC(Numerical Control)란 수치(디지털)의 데이터를 주어 동작을 제어하는 것이다.

　이 수치는 0과 1(2진법)로 모든 수치나 기호를 표시할 수 있다. 예컨대,

　　$0 \rightarrow 0000$, $1 \rightarrow 0001$, $2 \rightarrow 0010$, $3 \rightarrow 0011$, $4 \rightarrow 0100$, $5 \rightarrow 0101$, $6 \rightarrow 0110$,

　　…………, $9 \rightarrow 1001$, $15 \rightarrow 1111$.

　이 0이나 1은 전기 펄스의 인과 아웃에 해당된다. 디지털 신호는 구멍을 뚫은 검은 테이프에 빛이 통과하여 전기 펄스로 변환한다. 이 판독 속도는 매초당 25초(10수년전의 NC 장치에서)의 스피드이다.

　디지털 신호로 제어한 최초의 기계는 자가드라고 하는 레이스 자수기이고, 거기에 완구에서는 오르골이 있다.

　1801년 자갈이란 프랑스인은 얇은 판에 레이스 모양과 같은 많은 구멍을 뚫어(오늘날의 천공 테이프와 같음) 그것에 바늘을 통해 모양 모델을 검출하여 복삽한 보양의 레이스를 짜는 기계를 발명했다. 이 자가드(일본식 호칭명)에는 입력 장치, 연산 장치, 서브 장치까지 조립되어 있다. 마침내 등장한 NC 장치가 설치된 기계 제1호기인 것이다.

　오르골은 회전하는 원통면상에 멜로디에 대응하는 봉을 박아 넣고 장단 수 10개의 판 스프링을 튕겨서 음악을 연주한다. 오르골은 천공이 아니라 돌기상의 봉으로 제어하게 된다.

　1952년 미국의 파슨즈(J. T. Parsons)는 MIT 공과 대학의 협력하에 3년을 소비하여 3차원 NC 밀링 머신의 개발에 성공했다.

파슨즈는 헬리콥터의 프로펠러 윤곽을 검사하기 위한 게이지를 고정밀도로 제작하는데 고심하고 있었다. 그 게이지판을 깎아 내는데 NC식 밀링 머신을 생각했다. 그의 제안에 미국 공군은 적극적으로 원조했다. 파슨즈 등이 발명했을 때의 NC 장치에는 대형 진공관이 이용되었다. 당시의 트랜지스터는 신뢰성이 나쁘고 사용에 견딜 수가 없었다. 그후 공군은 약 100대의 NC 밀링 머신을 제작하기 위하여 3500만 달러를 지출하였다. 이들 NC기 중 대부분이 길이 12 m의 윤곽 제어 스킹 밀러(프로펠러 절삭기)였다.

세계 최초의 NC 기계는 이와 같은 3차원 곡면의 복잡한 형상을 깎아 내는 윤곽제어(contouting control) 공작 기계였다. 그 후 파슨즈와 MIT에서는 NC 장치의 개량과 NC 제어용 테이프를 제어하기 위한 수학적 수단(프로그래밍)의 연구를 계속하고 특히 프로그래밍은 컴퓨터로 처리하는 자동 프로그래밍 시스템을 크게 대성공시켰다. 현재 자동 프로그램으로 유명한 APT(Automatic Programmed Tool의 약자)가 그것이다.

일본에서는 1956년(富士通) 후지쓰(현재의 파낙)가 개발한 테이프 컨트롤에 의한 NC 터릿 펀치 프레스가 일본산 제 1 호 NC 공작 기계이다. 파슨즈 등의 윤곽 제어에 대하여 직선과 피치 제어 즉 위치 결정 직선 제어(Point to Point straight control) 기계이다.

1960년까지는 미국에서도 NC 기계는 군 수요가 주이고 일반 산업에는 거의 나타나지 않은 것으로 보인다. 또 60년대 이후에도 윤곽 제어보다 오히려 펀치 프레스, 보링 머신 등의 위치 결정 NC기가 우선 실용화되었다.

1959년 3월, 미국의 공작 기계 메이커, 카네 & 트렉커사는 밀워키마틱이라 부르는 자동 공구 교환 장치(Automatic Tool Changer : ATC)가 장착된 수평형 니타입 밀링 머신식의 NC기를 발표했다. 이것은 밀링 커터, 드릴, 리머, 탭 등의 공구를 매거진(격납기)에 장착하고 천공 테이프의 지령으로 공구를 선택하여 주축에 장착하는 세계·최초의 머시닝 센터(Machining Center : MC)였다.

그런데 미국과 일본에서는 NC기에서는 주로 클로즈드 루프(폐 루프) 방식이고 일본에서의 NC기는 당초에는 오픈 루프(개 루프)가 주체였다.

전자는 피드백 제어(Feed Back Control)라고도 한다. 이 방식은 예컨대 기계의 테이블의 움직임이 지령값(펄스량)에 대하여 과부족분을 가감한다. 너무 많이 가면 되돌려 보내고, 부족하면 더해 준다. 즉 제어량을 목표값과 비교하여서 양자를 일치시키려고 하는 정정 동작을 항상 하는 제어 방식이다.

제 4 장
툴링 기술

MC 가동률의 향상

밀링 가공에서 드릴 가공, 태핑 등 다양한 가공을 하지만 MC에는 스핀들(주축)이 한 개밖에 없다. 밀링과 드릴링을 동시에는 할 수 없다. 한편 범용기에 비하면 대단히 값비싼 기계이다. 그러므로 얼마나 효율이 좋고 장시간 무사고로 가동시키느냐가 키포인트이다.

작업자가 없는 점심 시간에도, 또한 될수만 있다면 야간에도 무인 운전시키고 싶어지는데, 이런 공장이 제법 많아지고 있다.

기계의 가동률을 향상시키고 싶을 때 현실의 MC기가 어떤 원인으로 정지해 있는가를 데이터를 잡아 조사하는 일이 선결 문제다.

지금까지 전문 잡지에 각사의 데이터가 나와 있으나 일반적으로는 전정지 시간 중 작업자 몫이 27%, 공작물을 물리고 풀어 내는데 10%, 툴의 세트업에 8% 정도, 여하튼 작업자가 없는 테이프의 프로그래밍이 완성되어 있지 않는 소재, 사용 공구의 준비에 작업자가 대신하고 있기 때문에 기계를 움직일 수 없는 등의 일로 인한 정지 시간이 생각보다 많은 것 같다.

뒷장에 나오는 툴의 프리세팅을 포함하여 사전 준비를 철저히 하지 않으면 안된다. 그리고 또 툴링 중의 가동 상황을 바르게 파악하는 일이다. **사진 1**에 표시한 NC기 가동계를 이용하는 것도 좋은 방법일 것이다. 이것은 6채널의 신호를 24시간 그래프화할 수 있

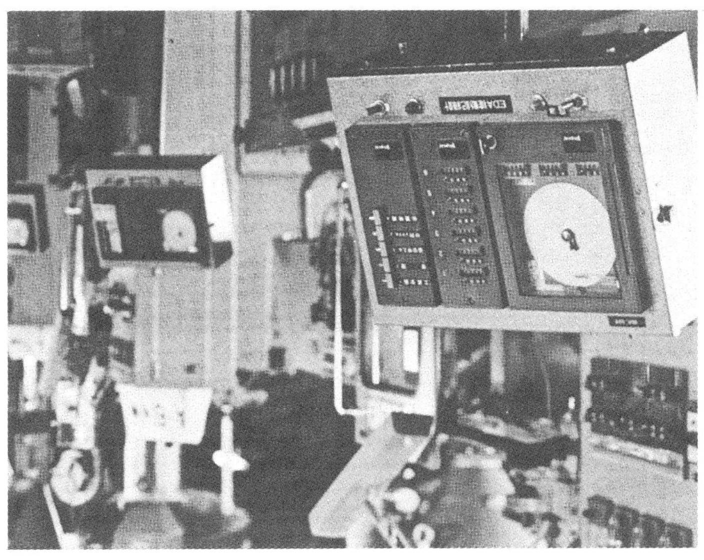

사진 1 NC기 가동계

제**4**장 툴링 기술

다. 읽어 내는 데이터는 ① 기계의 통전 시간, ② NC 테이프의 운전 시간, ③ 주축의 회전 시간, ④ 준비 시간, ⑤ 워크의 교환 시간, ⑥ 작업 휴식 등의 여유 시간이다.

　같은 NC기라도 **그림** 1과 같이 MC는 NC 선반에 비하여 단위 시간당 절삭 능률은 어느 정도 밑돌고 있다. 최근의 NC 선반은 자동 4축 제어가 인기가 있으며 2개의 바이트로 동시 절삭하는 것이 특징이다. 공작물의 형상, 선삭이란 유리한 점도 있지만 기계의 정격 마력(定格馬力)을 상회하여 사용하고 있는 것도 그다지 진귀하지 않다.

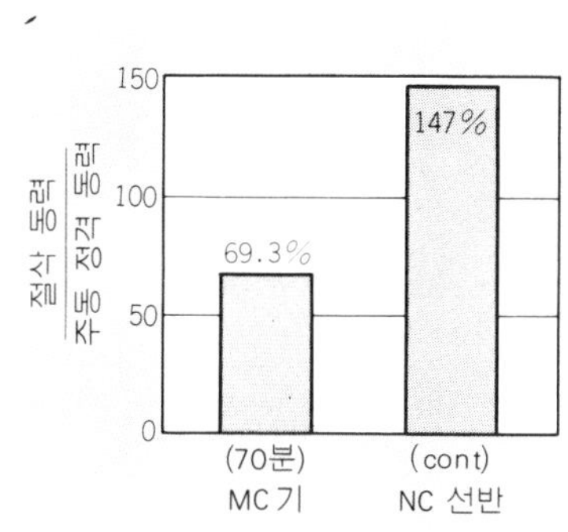

그림 1　거친 가공시의 기계 이용률

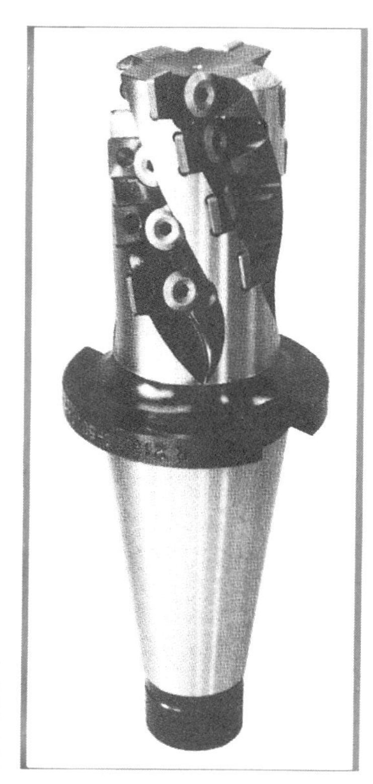

　이에 비하여 MC는 평균적으로 한 정격 마력의 약 70% 밖에 쓰지 못하고 있다.

　그림 2는 플레인 커터, 드릴, 탭 가공에 대하여 조사한 예로 미국의 컷메트사의 절삭 표준 데이터와 일본의 3사를 비교한 것이다. 이들 그림에서 보면 절삭 속도는 그리 큰 격차가 없으나 이송량에 큰 차이가 있다.

　요약하면 일본의 일류급 유저와도 절삭 조건에는 아직도 차이가 보인다. 무려 24시간 가동하지 않아도 절삭 조건을 두 배로 하면 12시간이면 된다는 뜻이다.

　그림 3은 툴링 메이커 K사의 실측 데이터이다. 최근 주목을 끌고 있는 스탭 드릴(쇼트 드릴)과 표준 드릴을 사용한 경우의 비교이다.

　쇼트 드릴은 스피릿, 콜릿 척 홀더에, 표준 드릴은 드릴 척에 물리고 작업했다. 드릴 지름은 어느 쪽이나 ϕ10이다. 절삭 속도는 40 m 대 18 m, 이송량은 0.5 대 0.2이다. 쇼트 드릴의 경우 드릴 지름의 5%의 이송이 된다. 예를 들어 ϕ10에서 0.5이다.

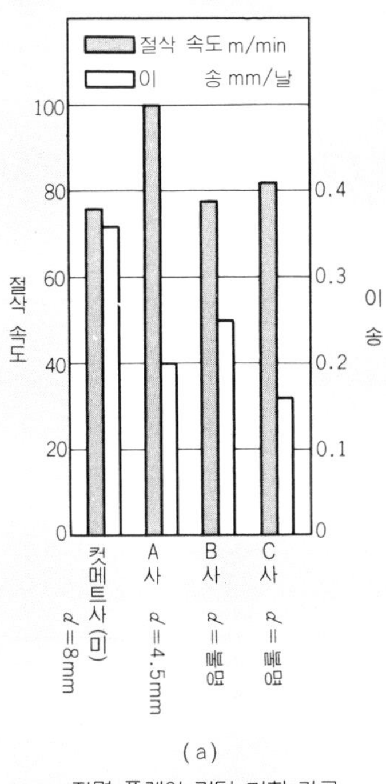

(a)
정면 플레인 커터 거친 가공
피삭재 FC 30

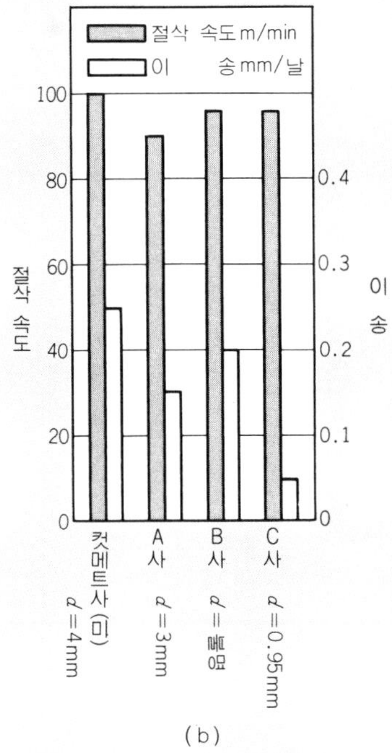

(b)
정면 플레인 커터 다듬 가공
피삭재 F 30

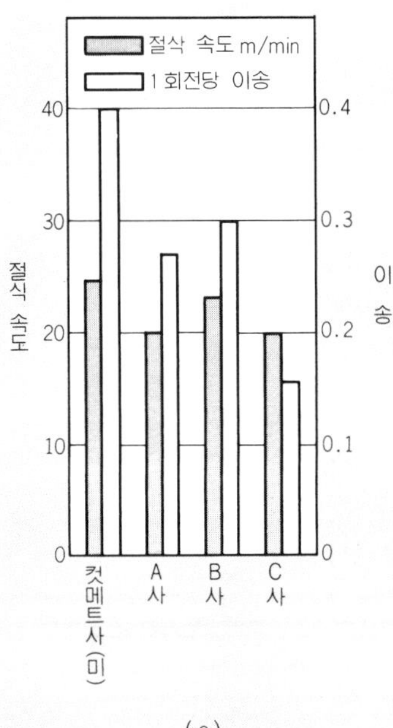

(c)
드릴 가공
φ25mm 하이스 드릴

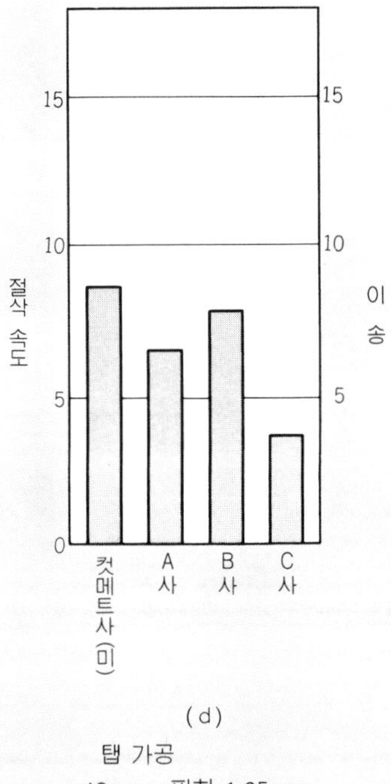

(d)
탭 가공
φ8mm, 피치 1.25mm

그림 2 일본의 MC 유저 3사와 미국 컷메트사와의 절삭 조건의 대비
(金沢대학 安井武司 교수 조사)

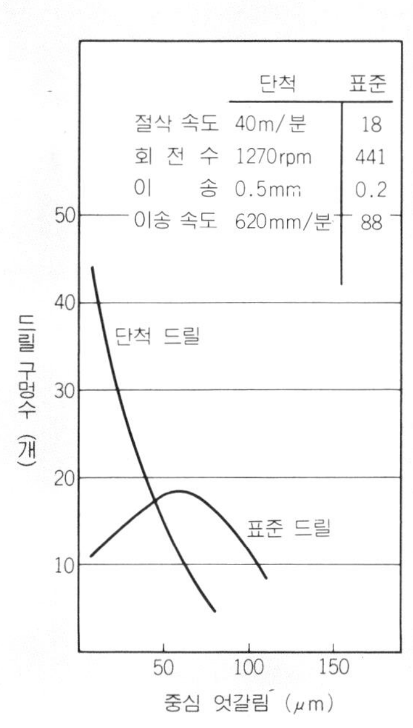

그림 3 단척과 표준 드릴의 비교

더욱이 쇼트 드릴은 표준 드릴의 3배 이상의 수명이 있고 중심의 엇갈림은 $100\,\mu$m 이내이다. 덧붙여서 미국에서는 10년 전부터 쇼트 드릴을 MC 가공에 이용해 왔는데 일본에서는 1, 2년 전에야 겨우 쓰기 시작하고 있다.

MC를 살리고 죽이는 것은 툴링하기 나름

우리 회사에는 수평형 MC가 2대, 수직형 MC가 1대, 수직형 NC 밀링 머신 2대에 NC 지그 보링기, NC 지그 그라인더 각 1대 외에 NC 선반이 3대 있다. 일의 30%는 매달 정기적으로 들어오는 부품의 로트 가공이고, 70%는 여러 공장에서 의뢰받는 소위 하청 부품 가공이다.

의뢰받는 가공 부품의 평균 로트 수는 3~5개, 많은 것은 50개이다. 대부분이 직선, 위치 결정 제어에 코너부의 원호 절삭이 있는 정도다. 다만, 가공 정밀도는 보통 것보다 훨씬 엄하여 예를 들어, $\phi 10$ 정도인 구멍의 리밋은 H6이 보통이다. 한편 복잡한 곡면 절삭인 부품 윤곽 제어 절삭을 포함하는 것도 전가공 점수의 5%나 된다.

MC기는 설비하고 있지만 하청 가공업에는 변함이 없다. 납기는 엄격하여 일정한 이익을 올리지 않으면 안된다. 대메이커의 기계 공장 관리법으로 해서는 안된다.

MC의 사용도 아직 7년의 경험밖에 없지만 이 2~3년 간은 순조롭게 지나왔다. 당사에서는 다른 회사에서 할 수 없는 고정밀도, 고품위의 편차가 극히 작은 가공을 특징으로 하고 있다.

아래에 오늘까지 우리 회사에서 경험한 일부를 소개하고 공작 기계 메이커, 툴링 메이커에 대한 충고와 우리들의 경험의 일부를 소개한다.

● MC기의 정밀도는 좋아졌지만…

최근의 MC의 정밀도는 대단히 좋아졌다. 수년 전의 오픈 루프 제어의 MC기의 위치 결정 정밀도는 고작 0.02~0.03 mm였다. 최근의 MC기는 클로즈드 루프 제어(엄밀히는 세미클로즈드)로 10 μm의 정밀도가 올라갔다. JIS 검사 규격(JIS B 6336)에서는 X, Y방향 모두 300 mm 길이에서 20 μm로 되어 있으나 실제의 기계는 스트로크 800~1000 mm 에서 20 μm의 고정밀도이다.

MC의 정밀도 검사에도 정적 정밀도와 동적 정밀도가 있으나 유저에게 필요한 것은 동적 정밀도이다. 즉, 실제로 공작물을 가공할 때의 가공 정밀도이다. 절삭한 면의 진직

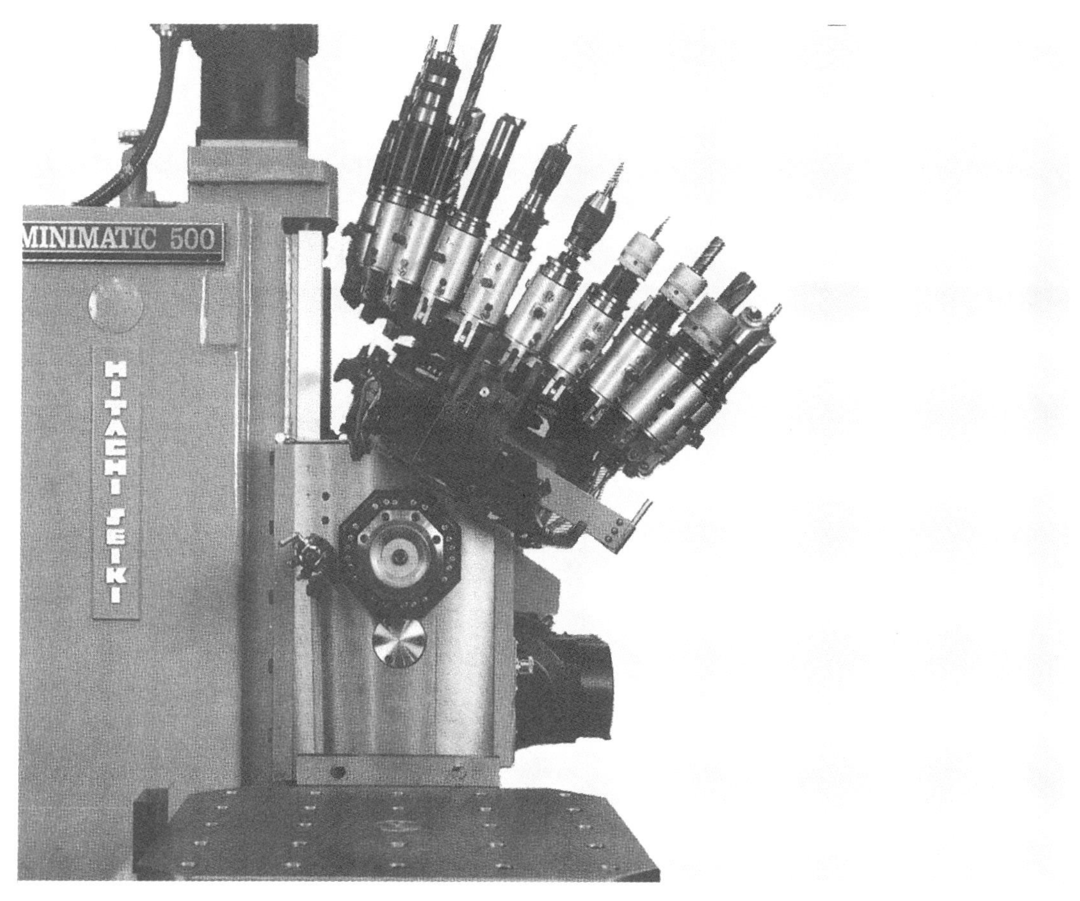

도, 평행도, 가공한 구멍의 피치 정밀도 등이 요구대로 다듬어져 있는가 어떤가이다.

최초에 MC기의 정밀도가 좋아졌다고 한 것은 엄밀히 말하면 피치 정밀도(되풀이 위치 결정 정밀도를 포함)뿐이고 얼라인먼트(구멍의 중심 정밀도)는 좋아졌다고는 할 수 없고, 메이커에 따라 상당한 차이가 있다.

더욱 중요한 것은 주축 베어링의 온도 상승을 비롯하여 유압 장치와 모터 등의 발열에 의한 열변위에 의하여 가공 오차가 생기는 일이다. 예컨대, 총가공 시간이 두 시간을 넘는 금형 등의 공작물은 처음 다듬은 구멍의 수직성과 두 시간 후에 가공한 구멍의 수직성(평행도)이 일치되지 못한다. 원인은 주축 머리부가 열변위하여 주축 선단이 전방으로 경사를 이루기 때문이다.

● 공정을 세우는 방법에 따라 정밀도가 변한다

이와 같은 열변위 대책은 공작 기계 메이커의 기술진에게는 마치 솜씨 자랑감으로 각 사의 중요한 노하우일 것이다. 유저로서는 이와 같은 기계의 성향을 우선 정량적으로 체크하고 공정을 세우지 않으면 안된다.

예컨대, 한 평면에 25곳에 드릴을 통할 경우 한 곳마다 드릴 가공을 마친 후 다음 구멍을 뚫기보다는 최초에 25곳의 구멍 위치 전부에 자리내기 가공을 마친 후에 드릴링하는 편이 가공 정밀도가 높아진다.

그림 1은 이와 같은 자리 가공용의 스포트 드릴(센터 드릴)이다. 절삭날의 수명이 길고 툴 자체의 강성도 높아서 피치 정밀도가 높은 리머 구멍의 전 가공용으로도 중요한 역할을 한다.

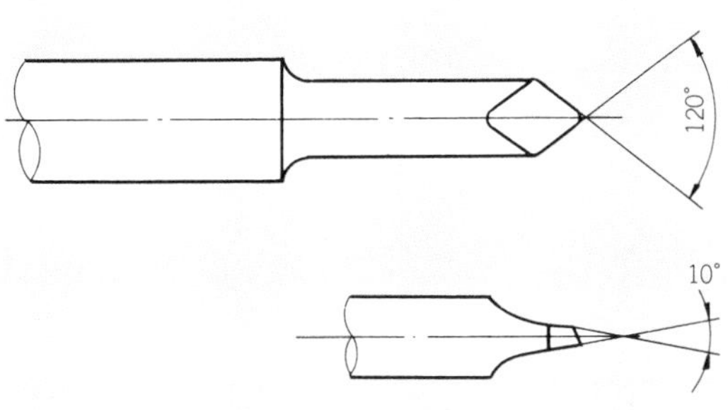

그림 1 스포트 드릴

또 리머를 통할 때나 보링 다듬질할 때도 마찬가지이다. 매곳마다 다듬질 보링할 경우, 기계의 열변위가 가장 안정되어 있는 시간을 예측해서 최고속 회전에 매우 미소(微小)한 절삭 깊이로 다듬는다.

즉, MC의 가공 정밀도는 피치 정밀도뿐이고 가공 구멍 지름의 정밀도는 툴의 치수 관리(마모 포함)와 절삭 조건이 결정적인 수단이 된다.

● 공구는 절삭력으로 변형된다

절삭 중의 툴은 강대한 절삭력(저항)을 받아 변형된다. 이 툴의 변형 분량은 공작물의 가공 오차로 옮겨진다. 예컨대, 엔드 밀의 주변 날절삭에 의한 수직면의 평면에 대한 진직도, 또 절삭면의 평탄도는 많게는 가운데가 높고 때로는 가운데가 오목하게 되는(아직까지 원인 불명) 일도 있다.

재료 역학적으로 생각하면 알 수 있듯이 엔드 밀뿐만 아니고 툴의 강성은 지름의 4승에 비례하고 돌출 길이의 3승에 반비례한다. 이 점, 최근 주목되는 단척(스텝) 드릴을 더 많이 써야 한다고 생각한다.

보통 드릴로 뚫은 구멍은 휜다. 쭉 곧은 구멍을 뚫는 것은 2 날 엔드 밀로 다듬어야 한다. 그래도 도면에 지정된 리밋에 꼭 맞는 구멍 지름으로 뚫는 것은 그리 간단치 않다. 절삭 공구에 떨림이 있으면 치명적이다.

이 때문에 첫째는 절삭 공구 지름을 치수대로 연마할 것. 거기에 2매인 직인 엔드 밀이 편리하다. 어떤 시중 공장에서나 사내에서 갈 수 있고 또 지름 치수 측정도 쉽다.

둘째는 엔드 밀의 떨림을 완전히 잡는 것이다.

그림 2(a)는 맞춤 공차가 H6급인 소경 가공법의 일례이다. 다듬질은 역시 곧은 날 2날 엔드 밀을 쓰고 있다. 이것은 드릴 구멍의 휨을 수정할 수 있다. 이 때 칩의 제거를 고려하여 **그림 2**(b)와 같이 깎아내고 또 날부분은 0.01~0.02 정도의 백 테이퍼를 준다. 또 구멍 지름이 클 때는 엔드 밀 대신에 (c)와 같이 보링 바를 쓰는 편이 유리할 것이다.

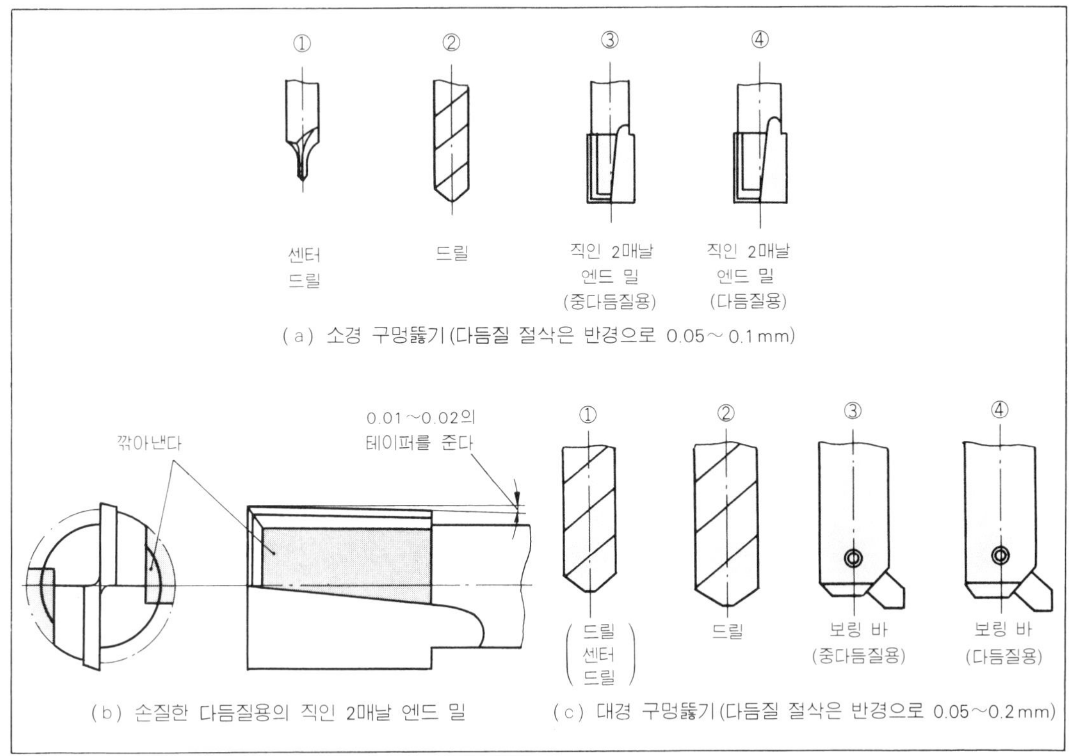

그림 2 구멍뚫기 절삭 공구

MC 가공중 제일 어려운 것은 보링 가공일 것이다. ϕ100 이상의 구멍을 덜덜이 없는 깨끗한 원통면, 그리고 테이퍼가 0인 진원도, 면에 대한 구멍의 직각도 등은 상당히 높은 것이 요구되는 것이 보통이다. 또 이 판정이 추가발주의 원천이라고 가공업자들은 생각하고 있다.

보링 가공의 양부는 첫째로 사용 기계의 강성이 좋아야 하는 것이 선결 조건이다. 우리들의 MC기 선택 조건은 구멍 피치 정밀도가 아니고 보링 가공 정밀도와 얼라인먼트(중심 정밀도)를 중시하고 있다. MC의 정밀도가 좋아진 것은 전술한 대로이지만 주축 머리의 열변위와 기계 본체의 강성은 아직 일류기와 이류기의 차는 크다고 보고 있다.

둘째 조건은 보링 툴의 강성이다. 여하튼 보링 가공은 편지식(片持式) 툴에 의한 가공이다. 깊은 구멍 보링은 아무래도 BT 50으로 표준 툴 홀더로는 어려워 특주의 보링을 어떻게 활용하는가에 걸려 있다.

툴링 시스템의 표준화는 확실히 필요하다. 우선 최초에 손보지 않으면 안되는 것도 사실이다. 그러나 솔직히 말해서 우리 재산의 하나는 특별히 설계한 보링 바를 많이 갖추고 있다는 것 또 그 선택과 사용법의 경험 차이라고 자부하고 있다.

툴링 메이커의 카탈로그에는 보링의 절삭 조건이 잘 소개되어 있으나 메이커 사이에 많은 차이가 있다. 또 일반적으로 철강 관계의 절삭 데이터가 주이다. 경합금, 동합금의 절삭 조건은 자기가 경험해 보고 알맞는 절삭각을 구하지 않으면 안된다. 우리의 경험으로는 시판 보링 팁을 반드시 재연마해서 경사각을 크게 잡아주고 있는데, 당연한 일이지만 지그 보링기 중의 경우도 마찬가지이다.

특수 툴은 툴링의 표준화를 회사 전체가 통일하려고 할 때 우선 제일 먼저 잘라버려야 할 대상이다. 우리도 한 때 그런 경험을 했다. 그 결과는 생산성을 낮추고 가공 정밀도도 떨어졌으므로 현재는 처음으로 되돌아가서 유효한 특수 툴은 사내의 표준 시스템에 포함시키고 있다.

앞에 소개한 센터링 드릴도 그 하나이다. 또 **그림 3**의 층이 진 드릴은 구멍뚫기와 자리 가공의 동시 가공용이다. **그림 4**의 동시 모따기 드릴도 귀중하게 쓰고 있다. 이 드릴은 피치 정밀도가 그다지 복잡하지 않고 드릴 구멍, 탭 구멍 등의 경우, 구멍과 모따기가 동시에 되고 또 깊이 조절을 쉽게 할 수 있으므로 귀하게 쓰인다.

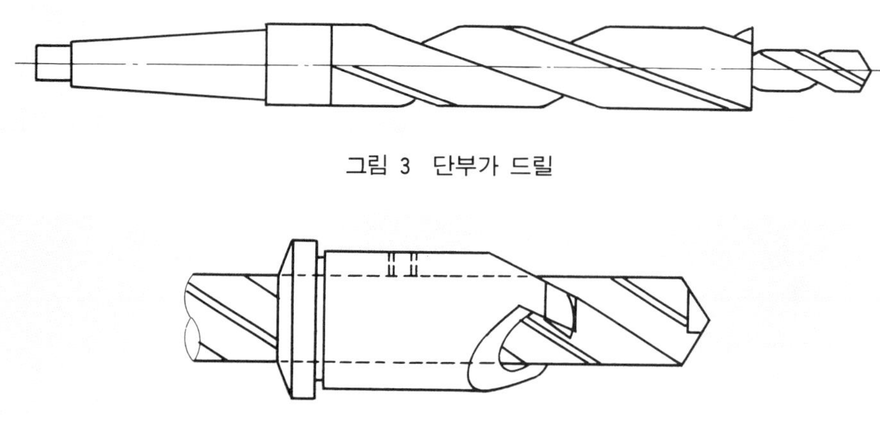

그림 3 단부가 드릴

그림 4 동시 모따기 가능한 드릴

능률을 올리기 위하여 고속도 공구강(high speed tool steel)을 오직 초경(超硬)만으로 바꾸는 것도 문제가 있다.

이것도 툴의 표준화, 스로어웨이화를 진행시키면 무언가 고속도강(high-speed steel)은 시대에 뒤떨어진 것이라고 생각하기 쉽다. 생산 능률의 향상과 고정밀도 가공은 상반되는 과제이다. 정말로 잘 드는 공구는 경사각이 있어서 실 같은 칩을 깎아내는 툴링이 아니면 고정밀도의 다듬질 절삭은 무리이다.

초경에도 최근은 마이크로 초경이 있는데 그 성능을 충분히 살리려면 반드시 기름숫돌로 정성을 들여 랩하지 않으면 정말로 잘드는 날로 되지 않는다. 그래도 무리일 때는 역시 고속도 공구강으로 바꾸어야 한다. 공구의 재연삭 기술은 중요한 테크닉으로 툴링의 표준화와 함께 중요한 회사의 재산이 될 것이다.

● 공장 전체의 관리에 대하여

MC 가공중 아무 트러블도 없다고는 할 수 없다. 그 하나는 기계 자체의 고장이다. 이 처리는 무어라 해도 난처한 일이며, 현재까지도 지속된다. 특히 컨트롤러 관계의 고장이 아직도 많은 것 같다.

중간 관리자는 우리 MC는 작업 시간이 타사보다 길어 월평균 300시간으로 할 작정이 었으나 연간으로 계산하면 도저히 거기까지 이르지는 못한다. 기계가 고장나면 때로는 1주간 이상 정지한 채로 있는 일도 있다.

기계 정지 시간에서 인위적으로 수정할 수 있는 문제는 프로그램 테이프의 대기 시간, 시험 작업을 들 수 있다. 우리의 경우 툴링의 준비를 위한 기계 정지는 없어졌다.

MC가 다른 공작 기계에 비하여 매우 우수한 점은 가공물을 한번 설치하면 동시에 다면 가공이 된다는 점이다. 이 원척 다면, 다종 가공은 다른 공작 기계에서는 도저히 안되는 기술이다. 이 점이 같은 NC 기계라도 NC 밀링 머신과는 결정적으로 다른 것이다.

공작물의 설치, 해체 시간, 공구의 교환 시간을 제로로 할 수 있는 MC의 최대 이점을 어느 정도 발휘시킬 수 있는가가 승부라고 우리들은 생각하고 있으며 우리들의 노하우의 하나이다.

그 대책의 하나는 어떤 공작물이 투입되어도 최소의 코스트로 설치, 변형도 적고 신속하게 세트하는 지그류의 완비 외에는 없다. 원척, 다면 동시 가공과 설치 시간의 최소화에 매스 블록과 수평형 MC도 대단히 유효한 수단이다.

이 매스 블록은 메이커 제품만 아닌 자사 독자의 개발 개량이 중요한 테마이다. 솔직히 말해서 시판 제품은 고가이고 표준형이란 것으로 설치 구멍의 지름이나 T홈, 또 설치용의 스몰 툴 등에 개량의 여지가 많이 있다고 생각한다. 장래 더욱 편리한 고정구와 그 부품의 개발을 희망하는 바이다.

툴 프리세팅

MC를 무인으로 가공시키기 위해서는 공작물의 설치, 툴링 준비, 프로그램을 체크하기 위한 시험 절삭, 가공 치수 측정 등 그 나름대로의 준비가 필요하다.

여기서는 일반적인 절차의 하나로 툴을 프리세트하여 툴 매거진에 수납하고 프로그램 체크로 싱글 블록식 공정을 따라가며 시험 절삭하기까지를 소개한다.

(1) 툴 프리세트

사용할 공구의 치수를 전부 알고 있을 때는 별도이나 일반적으로는 공구 길이를 가상의 값으로 하여 프로그램이 짜여진다. 여기서는 모든 공구 길이를 250 mm로 잡아 프로그램에 넣는다. 현장에서 가공할 때는 실제의 공구 길이와의 차를 업세트값으로 하여 공구 보정으로 수정한다.

그러면 툴 프리세트에서 실제의 공구 치수를 측정해 보자.

우선 **사진** 1과 같이 툴 프리세터의 주축에 테스트 바($l=100$, $\phi=50$)를 세트하고 **사진** 2와 같이 길이 방향, 지름 방향의 세트(0점 내기)를 한다. 이어서 사용하는 공구를 체크한다.

사진 3은 스로어웨어식 플레인 커터의 치수 측정으로 스로어웨어의 경우는 팁을 붙이면 저름 방향의 치수가 정해지므로 길이 치수만을 조정한다($l=160.5\,\text{mm}$).

사진 4는 드릴의 치수 측정으로 드릴도 지름 치수는 정해져 있으므로 길이 치수만을 조정한다($l=297.4\,\text{mm}$).

보링 바이트의 치수 결정은 처음에 지름 방향의 치수를 나사로 조정하여 정한다(**사진** 5). 다음은 그 때의 치수를 잰다($l=150.6\,\text{mm}$). 길이를 재서 지름 치수가 정해지면 길이

① 툴 프리세터의 주축에 테스트 바를 세트한다.

② 테스트 바의 치수($l\,100\times\phi\,50$)에 맞추어서 툴 프리세트의 길이 방향, 직경방향의 0점내기를 한다.

제**4**장 툴링 기술

치수가 또 변하게 되므로 먼저 지름 치수를 정한다. 이렇게 하여 공구의 치수를 알았으면 프로그램에서 지정한 공구 번호의 장소에 각각의 공구를 세트한다(**사진 6**).

(2) 공구 보정

여기서의 테스트 가공은 테이블에 선반용의 스크롤 척을 설치하여 그것에 l 100 mm × ϕ 120 mm의 소재를 물리고 우선 플레인 커터로 단면을 1 mm 깎아낸 다음 한가운데에 ϕ 32 mm의 드릴로 애벌 구멍을 가공하고 ϕ 39 mm의 보링 바로 다듬는 것이다.

이 프로그램에서는 가공 원점(X=0, Y=0, Z=0)을 1 mm씩 가공해 낸 점의 중심으로 하고 있다. 거기서 우선 가공물의 단면에서 테이블 면까지의 치수를 측정하면(**사진 7**) 281 mm이다. 프로그램할 때는 290 mm로 가정하고 있었으므로 1 mm 단면 가공하는 것을 고려하여서 10 mm, Z방향의 오프셋을 한다. 이 프로그램에서는 공구 길이 보정을 쓰지 않고 모두 G 45(공구 위치 오프셋) 기능을 쓴다.

각 공구의 보정값은 플레인 커터가 250−160.5=89.5, 드릴이 250−297.4=−47.4, 보링

③ 슬로어웨이 공구는 길이방향만을 측정한다.

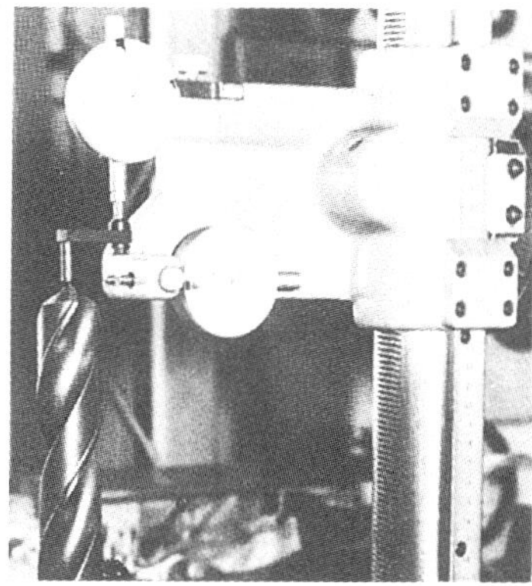

④ 드릴이나 직경 치수는 정해져 있으므로 길이방향만을 측정한다.

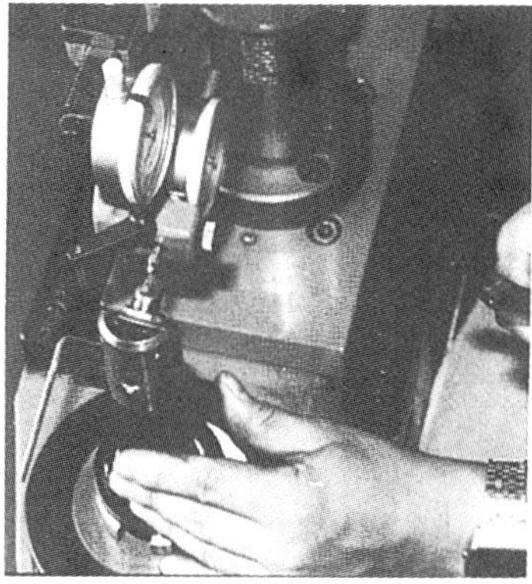

⑤ 보링 바는 직경 치수를 먼저 세트한다. 조정 나사로 치수를 낸다.

⑥ 각 공구를 NC 테이프에서 지시하고 있는 공구번호의 장소에 넣는다. 8번에 보링 바를 넣고 있는 중

⑦ 가공물의 설치 치수를 측정하여 프로그램 작성시에 가정한 값과의 차를 구하여 이 값도 보정한다.

바이트 250−150.6=99.4가 되어 각 프로그램에서 G 45 Z −50, H 19, G 45 Z −50, H 10, G 45, Z−50, H 08에 이 보정값을 넣는다(**사진 8**). 이 보정의 번호는 각각의 공구 번호와 같은 번호(19번에 플레인 커터가 들어가므로 보정은 H 19)를 쓰면 실수가 적어질 것이다.

(3) 시험 절삭

여기서 프로그램에 틀린 것이 없을 경우 보턴을 누르기만 하면 가공하지만 제일 첫번째 가공일 때는 프로그램이 완전한지 모르므로 싱글 블록식 공정을 진행시켜서 측정하며 확인하면서 시험 절삭해 나간다.

이 때 주의할 것은 공구 보정을 잘못 입력하지 않았는지, 공구의 간섭이 일어나지 않는지, 이상한 움직임은 없는지, 절삭 조건은 적정한지 등 많이 있으나 여기서는 공구 보정의 확인을 중심으로 한다.

기계 가공할 때는 우선 처음에 X, Y, Z축을 각각 원점에 복귀시킨다. MC는 각각의 축 방향에 대하여 그 움직임은 보정되어 있어서 그 보정은 기계 원점을 중심으로 하고 있으므로 처음에 원점으로 복귀시키지 않으면 보정이 엉망으로 되고 말기 때문이다.

원점 복귀가 끝나면 싱글 블록식 기계를 움직이면서 그 움직임을 따라간다. 공구 보정이 올바르게 입력되어 있는지 확인한다.

프로그램은 예컨대 플레인 커터에서는

G 45　Z −50.　　H 19

G 90　G 92　X 0　X 0　Z 20

과 같이 공구 보정(H 19)을 했을 때 Z 20, 즉 가공 원점에서 20 mm 떨어진 곳에 날끝이 와 있도록 짜여져 있는데 이것을 확인한다.

사진 9는 플레인 커터의 확인으로 이 때는 1 mm 단면 가공하기 직전이므로 이 치수는 19 mm이다. **사진 10**은 플레인 커터에 의한 단면 가공이다.

사진 11은 드릴의 확인으로 1 mm 떨어져 있으므로 20 mm로 되어 있다. **사진 12**는 드릴 가공 중이다.

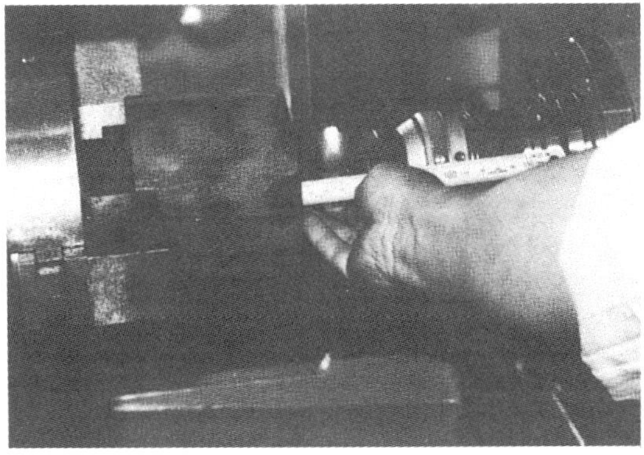

⑧ 프로그램을 확인해서 각각의 공구에 대하여 공구 보정값을 넣는다.

⑨ 플레인 커터의 공구 보정값이 정확 했는지 여부를 측정하여 확인한다.

사진 13은 보링 바이트의 확인인데 마찬가지로 20 mm로 되어 있다. 사진 14는 보링 가공 중이다. 보링 바이트는 다듬질 가공이나 리머 애벌 구멍 가공 등 정밀도가 요구되고 있는 일이 많은데 이런 경우에는 프리세터로 치수를 결정하는 것만으로는 부족한 경우가 있다. 즉, 프리세터의 주축에서 정밀도를 나타내도 실제 가공하는 MC 주축과의 사이에 중심에서 흔들림이 예상되기 때문이다.

그러므로 정밀도가 엄할 때에는 한 번 가공하고 구멍 지름을 측정하여 다시 한번 조정하여서 정확한 치수를 낼 필요가 있다.

이것으로 한 번의 시험 절삭 공정을 마치게 되는데(사진 15) 가공물의 치수 측정을 하여 요구하는 정밀도로 되어 있으면 그대로 두 개째부터는 자동으로 가공해 나간다.

만일 요구하는 정밀도에 들어와 있지 않거나 공구가 간섭하는 것 같을 때에는 공구보정을 하든가 절삭 조건을 변경하거나 가공 공정을 변경한다.

최근의 NC는 CNC로 편집 기능이 갖추어져 있으므로 되풀이 생산되는 것이라면 이상과 같은 변경은 MDI에 의하여 편집하여 완전한 프로그램이 되면 펀치 아웃 신호에 의하여 펀처를 써서 NC테이프를 펀치 아웃하여 보존해 두는 것이 좋을 것이다.

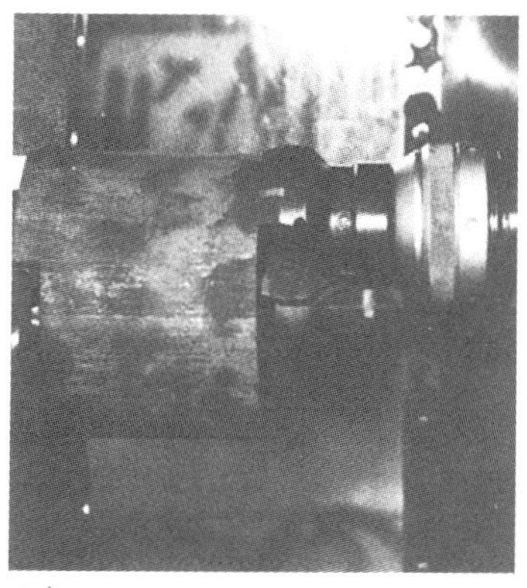

⑩ 플레인 커터에 의하여 원통 단면의 정면 가공한다.

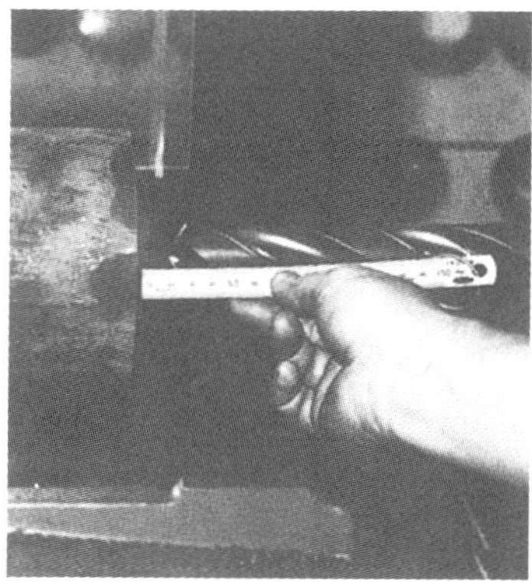

⑪ 드릴의 공구 보정이 정확했는지 여부를 측정 확인한다.

⑫ 드릴에 의한 구멍 가공

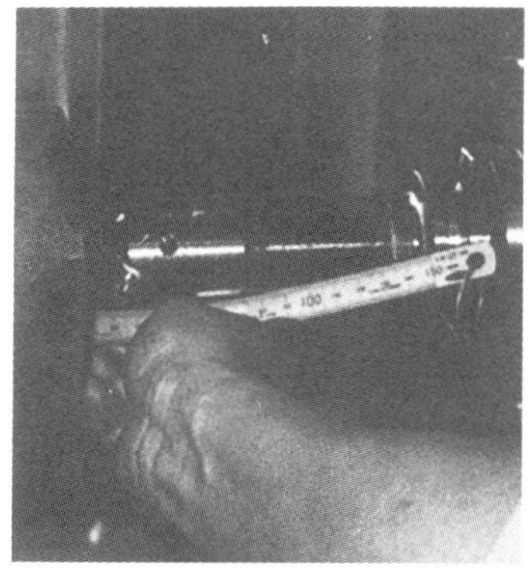

⑬ 보링 바의 공구 보정이 정확했는지 여부를 측정하여 확인한다.

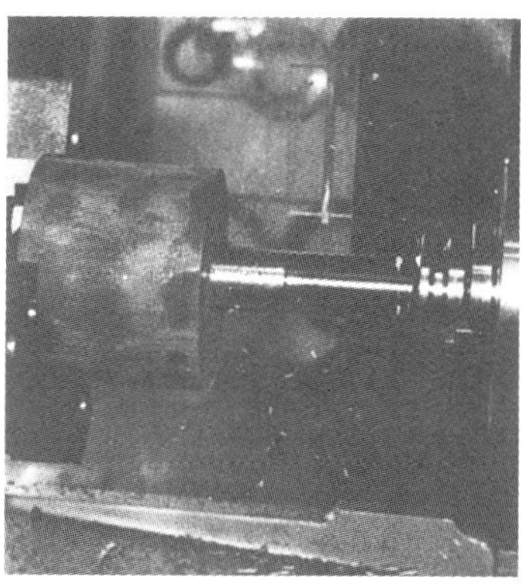

⑭ 보링 바에 의하여 보링 가공을 한다.

⑮ 시험 절삭 가공된 공작물은 도면 대로 가공되었으므로 다음은 무인 운전

MC에 사용되는 내셔널 테이퍼(NT) 섕크 기준경의 위치는 JIS 규격에 의한 기준 위치 허용 오차로 ±0.4 mm를 인정하고 있다. 기계측에서 세트되는 기준은, 길이 방향은 주축의 단면이 되므로 실제로 툴 프리세터와 주축과의 사이에 오차가 생기는 것은 당연한 일이다.

그 차 ±0.4 mm를 수정하기 위하여 계측하는 것이 비교 게이지이다.

비교 게이지는 NT 섕크와 다이얼 게이지로 구성되며 실제로 MC와 툴 프리세터에 다른 툴링을 장착할 때와 같은 조건으로 설치할 수 있기 때문에 툴 프리세터와 MC 단면과의 치수 차를 정확히 측정할 수가 있다.

측정 및 보정에는 우선 사용 기계의 주축에 비교 게이지를 장착하여 주축 단면에 다이얼 게이지를 댄 상태에서 눈금을 제로에 맞추고 기준 위치를 검출한다(**그림 1**).

기계 주축에 장착했을 때 다이얼 게이지는 0.5 mm 이상 넘은 상태로 고정하는 것이 조건이다. 즉 ±0.4 mm의 허용 오차를 고려한 양이다.

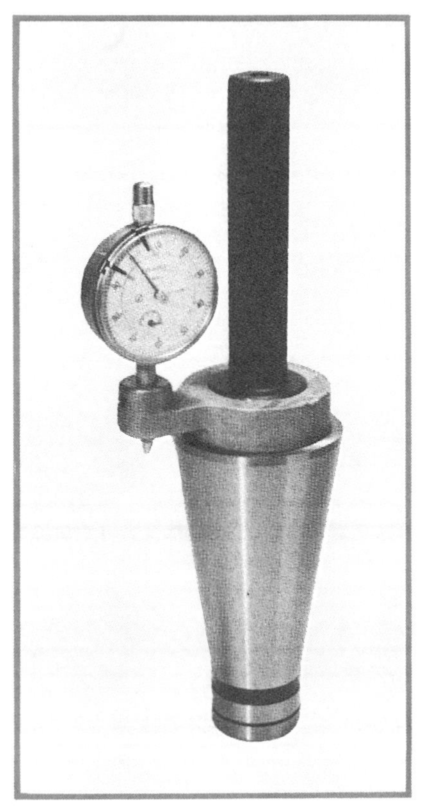

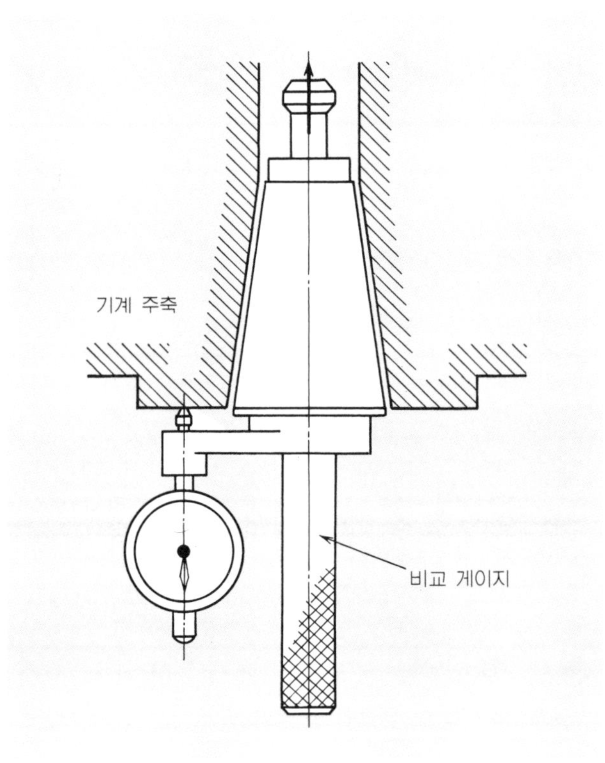

그림 1 기계 주축에 장착하고 다이얼 눈금을 0에 맞춘다.

다음에 같은 비교 게이지를 툴 프리세터의 주축에 장착하고 다이얼 게이지 지침이 가리키는 값과 같게 되도록 툴 프리세터의 높이 방향 다이얼을 세트한다(**그림** 2). 그리고 그 위치에서 다이얼 게이지의 눈금이 제로로 될 때까지 플러스 또는 마이너스의 어느 방향으로 툴 프리세터의 높이 방향 전체를 이동시킨다. 그 위치를 제로로 하면 기계측의 제로 위치와 툴 프리세터의 눈금의 제로 위치는 같게 된다.

MC마다의 보정값은 고유값으로 기록해 두면 매번 측정할 필요가 없다. 보정값만을 프리세터상에서 세트하면 된다.

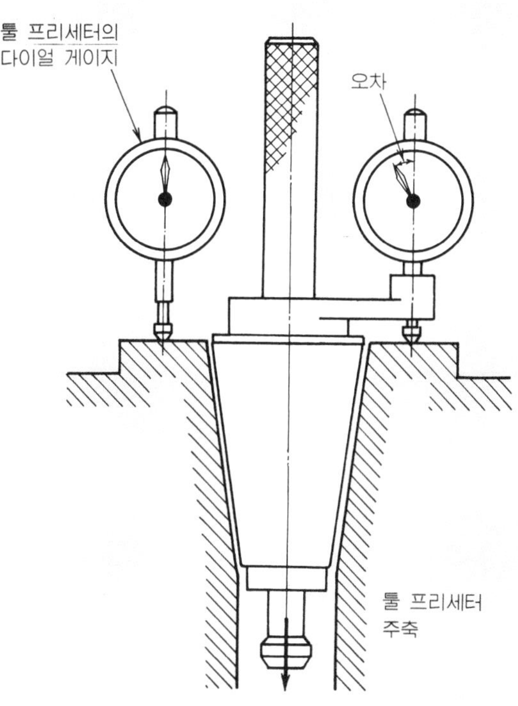

그림 2 오차만큼 프리세터의 다이얼을 보정한다.

고능률 가공을 위한 툴링

계속 유지구 · 인구의 고강성 · 고정밀도화, 절인 성능의 향상이 필요

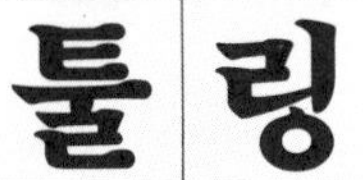

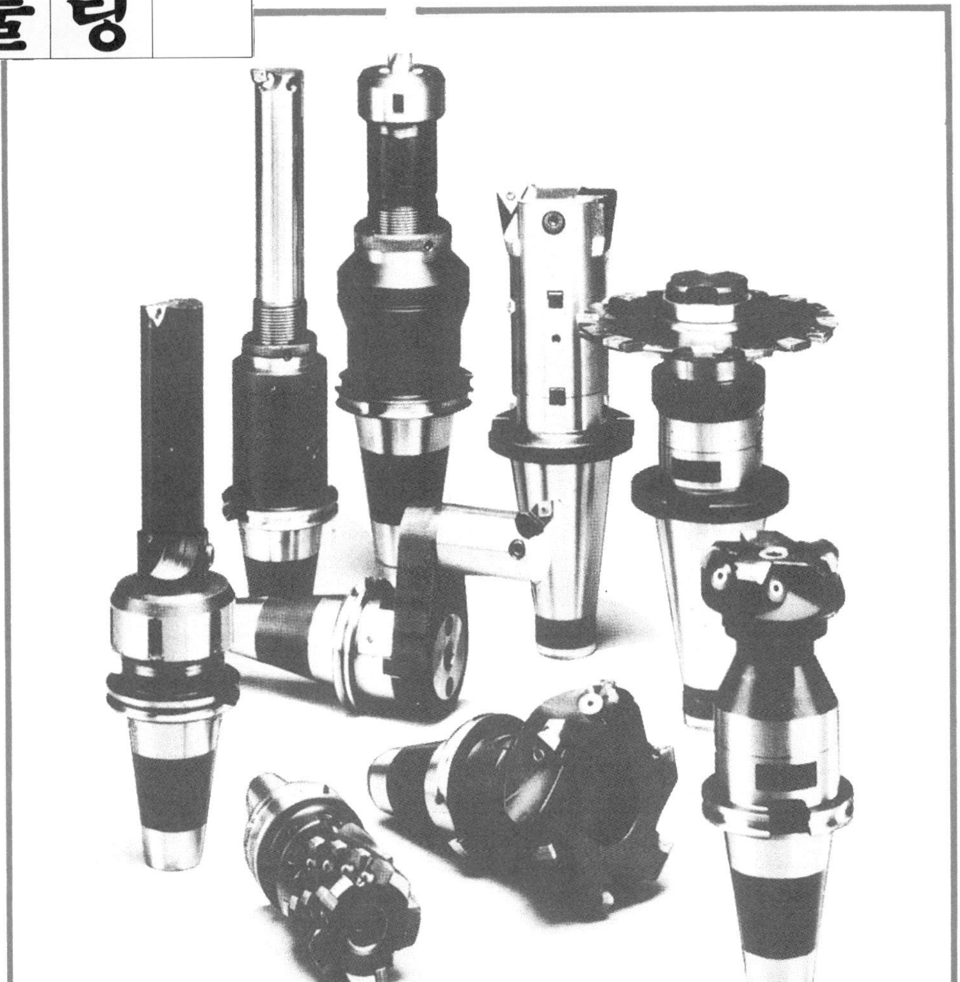

▶ 툴링 기술의 동향

머시닝 센터가 점점 변화해 가는 것과 같이 툴링도 진보되고 있다. 우선 계속 유지구와 절삭날 부분을 통일하여 표준화한 툴링 시스템의 출현이다. 현재의 툴링은 소위 툴링 메이커(밀링 척이나 아버 등의 계속 유지구 메이커)와 툴 메이커(드릴이나 초경 스로어

웨이 툴 메이커)가 따로 존재하며 각 유저는 개별 또는 어느 쪽이든지 메이커에 종합 의뢰하고 있다.

일부의 초경 공구 메이커에서 계속 유지구와 절삭날 부분을 종합한 툴링 시스템이 발매되기 시작하고 있다. 현재 SECO-FLEX 시스템 및 VARILOX(바이록스) 시스템(샌드빅사) 등이 있다. 이것에 대해서는 각 가공마다 툴링 예의 항목에서 구체적으로 설명하겠다.

기타의 주요한 동향에 대해서는 다음과 같다.

① 절삭날 부분의 스로어웨이화
② 보링 툴 등의 조정 방식화
③ 다인화(多刃化), 복합인화(複合刃化)
④ 고능률 및 고신뢰성화
⑤ 계속 유지구의 고강성, 고정밀도화
⑥ 컴퓨터에 의한 관리화
⑦ 공구 관리의 중요성 향상
⑧ 국제 규격화(ISO)

고능률적인 절삭을 할 때 MC의 주축에서 끝부분, 즉 계속 유지구와 툴의 고강성 및 고정밀도화, 절삭날의 고성능화를 가지런히 향상시키는 일이 중요하다. 따라서 앞으로는 더욱더 계속 유지구와 절삭날부가 조화를 이루어 갈 것으로 생각된다.

▶ 드릴 가공

기계 가공에서 드릴 가공 비율은 30% 이상이라고도 하며 드릴 구멍뚫기의 시간 단축은 가공 능률 향상의 포인트가 된다.

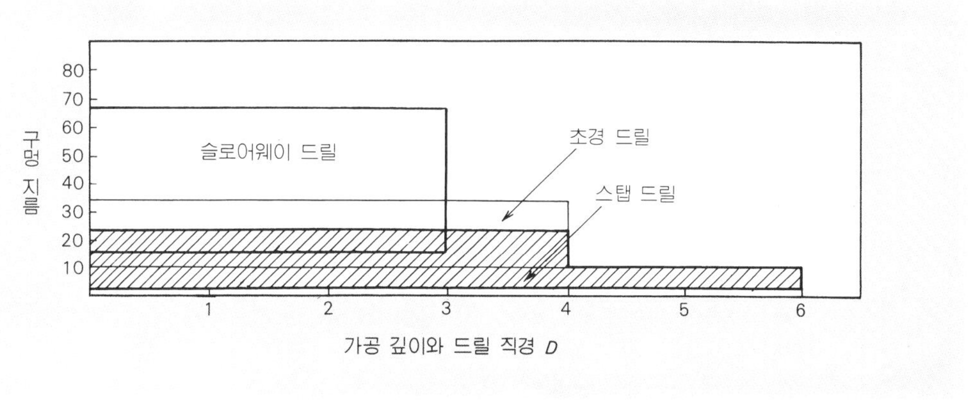

그림 1 고능률 드릴의 적용 범위 예

그림 1은 최근 각종 고능률 드릴의 가공 범위 예를 나타내고 있다. 작은 지름 구멍용 드릴로 스탭 드릴이 쓰이기 시작하고 있다. 최근 외국 메이커가 독특한 날끝각과 시닝을

한 어떤 드릴을 발매하고 있다. **사진 1** 및 **그림 2**에 일례를 나타냈다.

　이와 같은 드릴의 경우, 미리 메이커에서 분산이 적은 날끝연삭을 해 놓았기 때문에 드릴의 성능이 안정되어 있고 드릴 가공할 때 중심의 처짐이 극히 작아서 구멍의 위치 결정 정밀도가 높아진다. 따라서 센터 드릴의 위치 결정용 지그가 필요없게 되는 장점이 기대된다.

사진 1　소경 구멍용 스탭 드릴 예(SKF사)

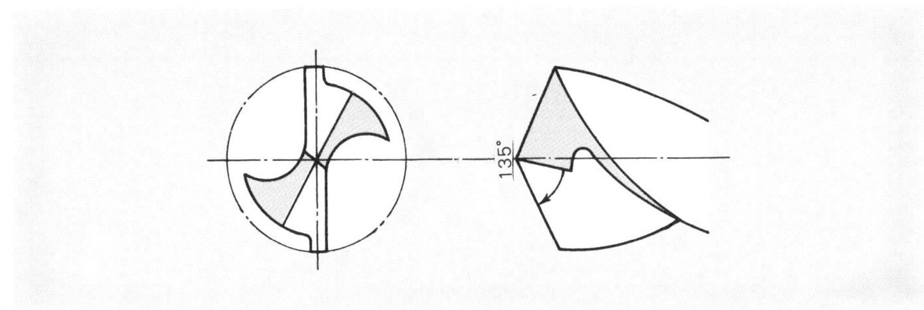

그림 2　스탭 드릴의 시닝 형상 예

　다시 1회전당 이송량은 드릴 지름의 5% 이상도 가능하여 큰 폭의 능률 향상을 기대할 수 있게 된다. **표 1**에 절삭 사례를 나타냈다. 이와 같은 고이송 절삭을 했을 때 강의 절삭에서도 칩처리가 쉽게 되어 스탭 이송을 생략할 수 있는 경우가 많아진다.

　스탭 드릴용 계속 유지구로 **그림 3**과 같은 척도 발매되고 있다. 이 척은 드릴의 스러

표 1　스탭 드릴 절삭 사례(SKF사)

조　　　건	초경 드릴(ϕ13)	스탭 드릴(ϕ13)	스탭 드릴(ϕ11)
절 삭 속 도	56 m/min	23 m/min	20 m/min
회 전 수	1347 rpm	563 rpm	579 rpm
이 　 송	0.1～0.2 mm/rev	0.4～0.45 mm/rev	0.35 mm/rev
이 송 속 도	202 mm/min (S=0.15일 때)	239 mm/min (S=0.42일 때)	203 mm/min
공 구 수 명	60구멍/연삭 (3 m/연삭)	100～160구멍/연삭 (5～8 m/연삭)	100구멍/연삭→또는 실험 도중 (5 m/연삭)
피 삭 재 두 께	50 mm 구멍뚫기		20 mm 구멍뚫기
쿨 런 트	수용성 유화제		

(주) 칩이 잘 잘린다. 50 mm 구멍뚫기에 대하여 스탭 이송 없음.

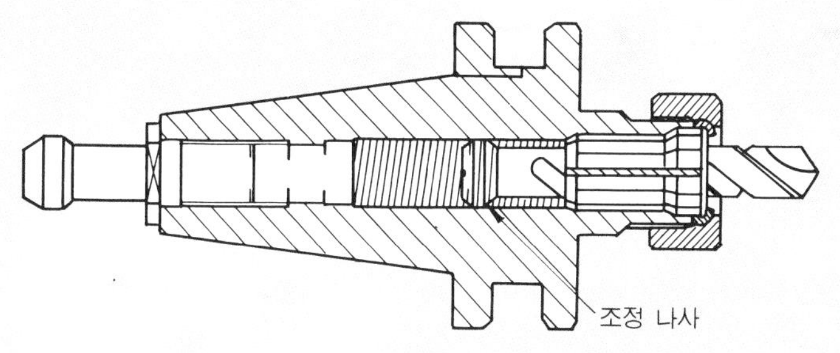

그림 3 스탭 드릴용 척

스트 방향에 조정 나사가 있어서 필요 최소한의 길이로 드릴을 돌출시켜 사용할 수 있으므로 강성이 높은 안정된 드릴 계속 유지가 된다. 이와 같은 계속 유지구를 엔드 밀에 적용하면 드릴과 같은 효과가 기대될 것이다.

드릴지름 ϕ 10 이상의 가공용 초경 납땜 드릴이 있다. 드릴의 회전 중심 부근의 절인 형상을 연구하는 것으로 고능률 절삭이 가능하게 되어 현재 호소이 드릴(다이제트), 뉴포인트 드릴(미쓰비시 금속) 등이 발매되고 있다. 이들 드릴에 대해서도 고속도강의 드릴과 같이 재연삭시에 절삭날의 재현성이 좋은 점이 포인트로 된다.

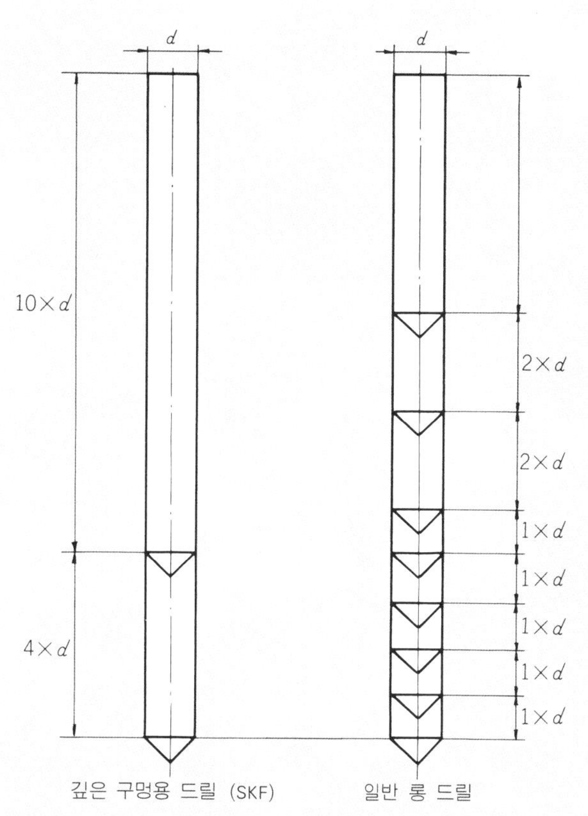

그림 4 스탭 피드 필요 회수의 비교 예

드릴 지름 $\phi16\sim18$ 이상의 구멍뚫기 가공에는 스로어웨이 드릴이 있다. 스로어웨이 드릴은 절삭날이 인덱스 방식이므로 팁을 교환하는 것만으로 항상 최고 상태의 절삭날을 재현하는 것과 절삭날로서 팁이 초경 또는 코팅 팁이므로 고속 절삭이 되는 이점이 있다. 스로어웨이 드릴의 절삭 조건에 대해서는 이미 많은 문헌에 소개되어 있으므로 여기서는 생략한다.

스로어웨이 드릴로 강제에 구멍뚫기 할 경우 냉각액 공급 장치가 필요하다. 드릴 지름의 3~10배 정도까지의 비교적 깊은 구멍 가공은 고속도강의 롱 드릴을 사용하여 많은 스텝 피드를 병용하고 있는 것이 현상이다.

사진 2에 표시한 외국 메이커의 드릴은 드릴 지름의 10배까지는 스텝 피드없이 가공할 수 있는 것이다. **그림 4**는 일반 드릴과 이 드릴의 성능을 비교한 것이다.

다시 최근에는 고속도강에 코팅한 드릴도 발매되기 시작하여 요즘 드릴 분야가 급속히 다양화되고 있다. 따라서 풍부한 드릴 중에서 최적의 것을 선정하여서 고능률화를 기하는 일이 충분히 가능한 상황이다.

드릴도 종래의 가공 내용에 따라 자기가 인선을 연삭해 쓰던 시대에서, 목적에 따라 선택해 쓰는 시대에 이르렀다고 해도 과언은 아니다.

▶ 보링 가공

보링 가공의 고능률화를 기할 경우에는 동시에 다듬질 치수의 안정화도 고려할 필요가 있다. 다듬질 치수의 편차는 거침~중간 다듬질의 보링 가공에서 거의 결정된다고 해도 좋은 것이다. 중간 다듬질 보링에서 구멍의 진원도, 원통도 등이 정확하게 억제되어 있으면 다듬질 치수의 편차는 훨씬 작게 억제하는 일이 가능하게 된다.

다듬질면의 거칠기는 다듬질 가공 여분의 양에 영향을 받는다. 일반적으로 강과 같이 칩이 늘어나기 쉬운 피삭재는 편육에서는 0.1 mm 이하, 주철의 경우는 오히려 0.1 mm 이상으로 강에 비하여 많게 잡는 것이 양호한 것 같다. 다듬질용 절삭날의 코너 반지름(노즈 R) 치수는 비교적 크게(R 0.8 mm 정도) 하는 편이 동일면 거칠기에서 고이송 절삭이 가능하여 유리하게 된다.

그림 5는 중간 다듬질용 보링 툴의 예를 표시한 것이다. 이 툴은 절삭날이 2매이고 지름 방향에 일정한 범위 조정이 가능하며 2매의 절삭날은 이송 방향으로 스텝되어 있고 한번에 많은 절입량을 가공할 수 있다.

다시 균형적인 절삭을 하여 절삭 중 구멍이 휘는 것을 매우 작게 억제할 수 있다. **그림 6**은 밸런스 컷식 보링 툴의 시스템 예를 표시한 것인데 보링 구멍의 깊이에 따라서 치수를 변화할 수 있도록 되어 있다.

사진 3은 다듬질용 보링 툴의 예이다. 이 툴도 일정 범위의 치수가 조정되어 범용성이 풍부하고 절삭날부는 스로어웨이 방식으로 되어 있다. **사진 3**의 툴의 경우는 $\phi25\sim180$까지 가공 가능하고 절삭날은 세라믹 코팅 팁을 적용하여서 고속 절삭화를 기하고 있다. 이 툴의 최소 눈금은 0.01 mm로 되어 있다.

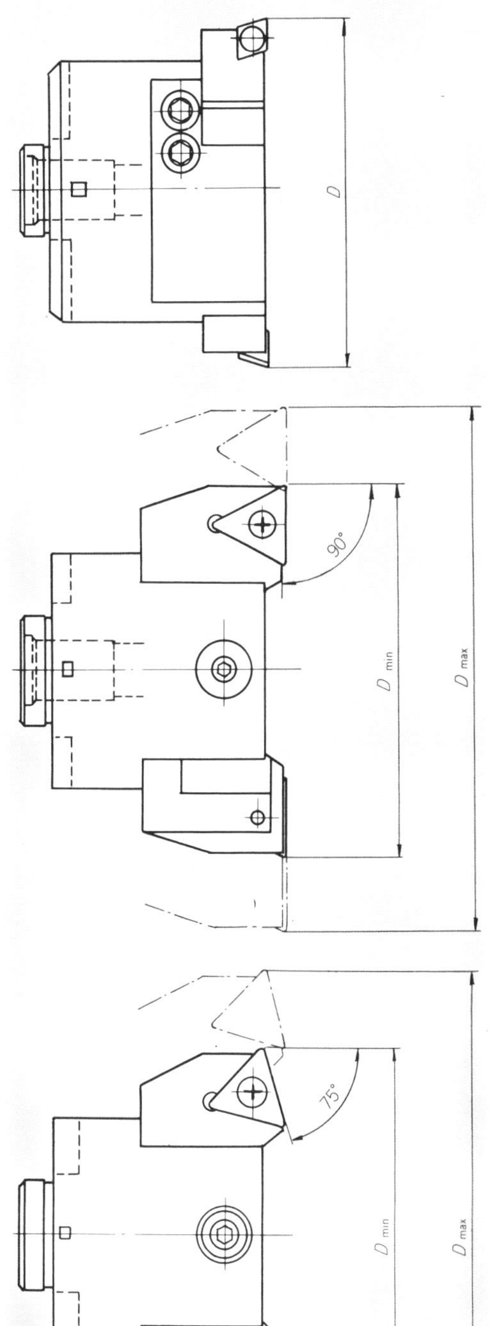

그림 5 중다듬질용 보링 툴의 예
(SECO-FLEX)

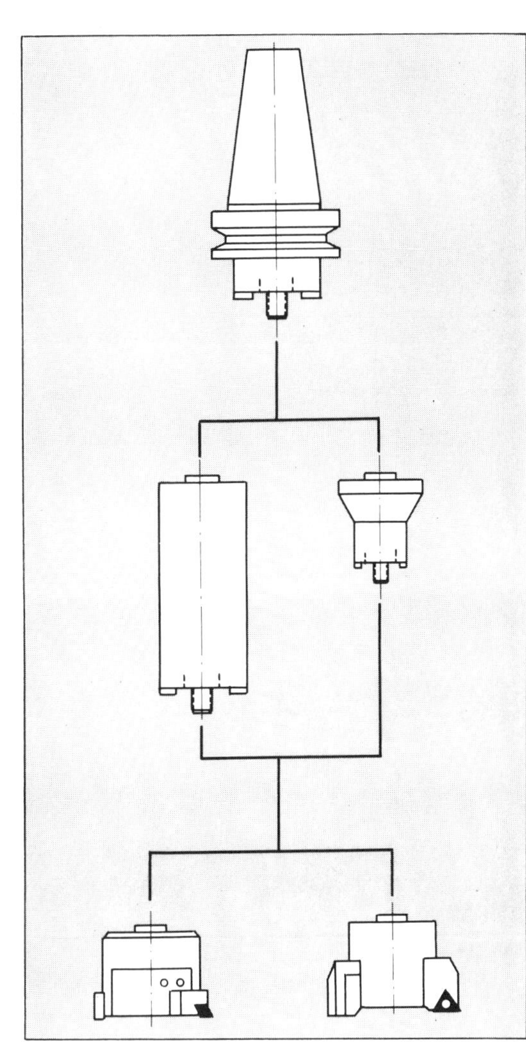

그림 6 밸런스 컷식 보링 툴 시스템의 예

사진 3 다듬질용 보링 툴의 예

▶ 밀링 가공

엔드 밀은 전부터 고속도강의 것이 많이 쓰이고 있는데 재연삭할 때마다 지름이 변하
는 것은 번거로운 일이다. 스로어웨이 방식의 엔드 밀은 절삭날을 교환하여도 지름 수정
은 불필요하다. 게다가 초경 팁을 절삭날에 사용하고 있기 때문에 고속 절삭이 되어 고
능률 가공으로 된다. **그림** 7에 나타낸 스로어웨이 방식의 엔드 밀은 주로 중간~거침 가
공용이다.

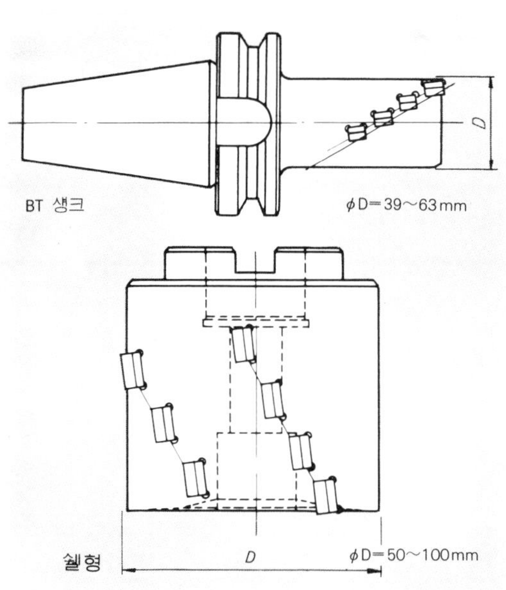

그림 7 슬로어웨이 엔드밀의 예(SECO사)

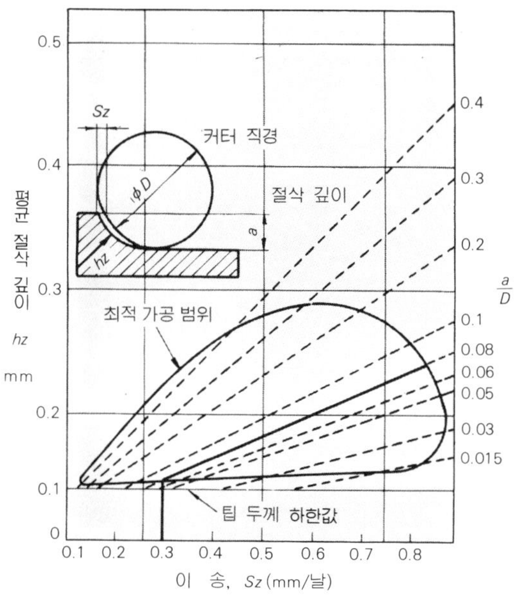

그림 8 슬로어웨이 사이드 커터 성능 분포도
(SECO사)

사진 4 슬로어웨이 사이드 커터(SECO사)

사진 4는 스로어웨이 사이드 커터로 가공폭 치수가 6~10 mm이며 종래는 고속도강의 메탈소우를 사용하고 있던 분야의 스로어웨이화이다. **그림 8**에 이 커터의 절삭 성능 분포도를 나타냈다.

사진 5는 하이레이키, 네거티브, 포지티브 플레인 커터를 표시한 것이다. 이 커터는 경사각이 12°로 커서 절삭 저항이 낮고 더욱이 네거티브, 포지티브의 절삭날 구성이므로 칩의 배출이 좋고 커터폭만큼의 것도 절삭이 가능하다.

사진 5　하이레키 네거 포지형 플레인 커터 (SECO사)

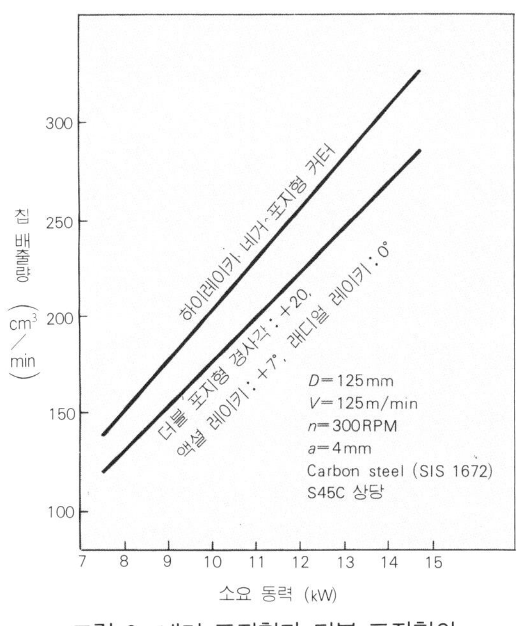

그림 9　네거 포지형과 더블 포지형의
소요 동력 비교

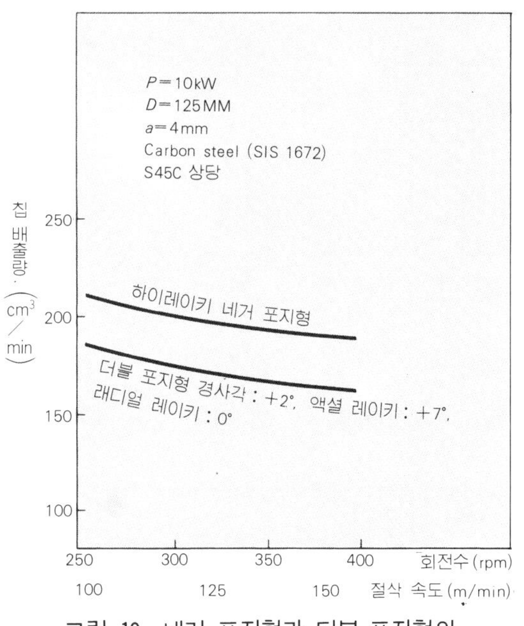

그림 10　네거 포지형과 더블 포지형의
절삭 속도에 의한 비교

그림 9, 10은 종래의 더블 포지티브형 플레인 밀링 커터와의 비교한 예를 나타낸 것이다.

사진 6은 머시닝 센터의 3방향으로 자유 운동하는 특성을 살린 절삭이 되는 커터이다. 이 커터는 드릴 절삭과 엔드 밀 절삭의 두 가지가 되므로 경사면이나 곡면을 가공할 수 있다.

비교적 지름이 큰 구멍의 모따기나 코너부의 모따기 및 R 가공에 알맞는 스로어웨이 커터도 있다(그림 11).

사진 6 드릴링 엔드밀 툴(SECO사)

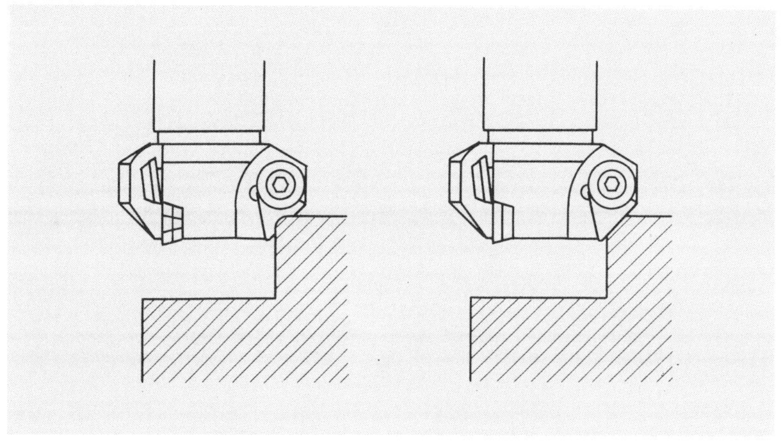

그림 11 모따기 및 R따기 커터(SECO사)

제4장 툴링 기술

툴링상의 문제점

　　머시닝 센터(MC)가 수직형과 수평형으로 나누어져 있다는 것은 1장에 기술했으나 여기서는 수평형 머시닝 센터를 움직일 때 생기는 문제점에 대하여 알아보기로 한다.

　　기계의 크기는 X=630 mm, Y=525 mm, Z=500 mm, 공구 매거진 수납 30개로 수평형으로는 표준 크기이다. 공작물은 직각도, 평행도, 평면도 등의 정밀도를 요구하는 것이 대부분이고 재질도 주철, 알루미늄 합금, 황동, 스테인리스, 인바 등 여러 가지이다. 생산 형태는 다종 소량 생산이다.

● 툴 개수에 대하여

(1) 동시 다면 가공

　　수평형 머시닝 센터는 수직형에 비하여 동시 다면 가공이 된다는 것이 한 장점이다(**사진** 1). 동시 다면 가공이란 공작물을 한 번 설치하는 것으로 다시 설치하는 일 없이 2면

사진 1 동시 다면 가공 준비 작업

이상을 가공하는 것을 말한다. 수직형 머시닝 센터에서는 가공면이 X−Y 평면의 한 면뿐이지만 수평형에서는 팰릿의 분할 테이블을 회전시켜서 4 면 가공이 가능하다.

다시 NC 장치에 1 축을 부가시키면 4 축 제어가 가능하고 로터리 테이블을 설치하면 회전축의 제어가 된다. 그러므로 공작물은 설치한 면 이외의 모든 면을 원 처킹으로 가공할 수 있다(**사진** 2). 따라서 복수 개의 공구를 유효하게 활용할 수 있을 뿐만 아니라 공작물의 관계 치수의 정밀도도 향상시킬 수 있다.

이것은 공작물의 탈착에 따른 오차가 해소되기 때문이다. 또 공작물의 탈착 시간이 그만큼 감소되므로 준비 시간도 단축된다. 동시 다면 가공에 의한 장점이 크므로 적극적으로 원 처킹 가공을 생각하는 것이 중요하다.

(2) 공구 개수

동시 다면 가공을 진척시키면 가공 장소가 증가하므로 필연적으로 공구 수도 많아진다. 그런데 매거진의 수납 개수는 한정되어 있으므로 현상태의 개수로는 모자라는 경향이 있다. 일반적으로 20~30개가 표준 시방인데 「이 개수로 어떻게 유효하게 툴링할 수 있을까」가 프로그램상의 테크닉으로 된다.

ATC의 개수가 부족하여 문제되는 가공인 구멍뚫기 가공이나 나사 가공할 경우의 프

제**4**장 툴링 기술

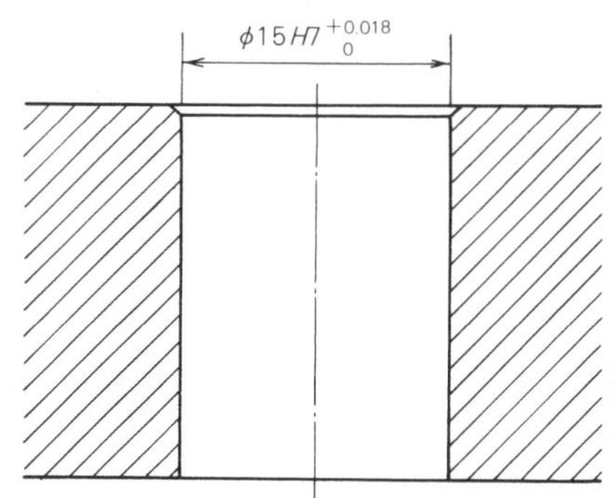

사진 2　로터리 워크 테이블을 사용한 가공

로그램을 생각하면서 검토하기로 한다.

　구멍뚫기 가공에는 끼워맞춤 공차가 있는 것과 없는 것이 있는데 공차 지정이 있는 구멍뚫기에 대하여 생각한다.

　예컨대, **그림 1**의 끼워맞춤 공차 H 7의 구멍뚫기에서는 5개의 공구를 사용하고 있다. 센터 드릴로 자리를 내고 드릴로 구멍을 뚫은 후 곧은날 2매인 엔드 밀 2개를 써서 공차 내로 다듬는다.

1.　센터 드릴	ϕ1.5
2.　드릴	ϕ14
3.　직인 2매날 엔드 밀	ϕ14.8
4.　직인 2매날 엔드 밀	ϕ15
5.　모따기	

그림 1　구멍뚫기 가공 예

끼워맞춤 공차가 **그림 2**와 같이 H6으로 되면 곧은날 2매인 엔드 밀이 H7의 구멍뚫기에 비하여 1개 증가된다. 이것은 드릴 가공의 구멍이 진직으로 뚫기 어려우므로 곧은날 2매인 엔드 밀을 다수 사용하여서 서서히 진직이 되도록 수정하면서 공차 내로 가공해 내기 위해서이다.

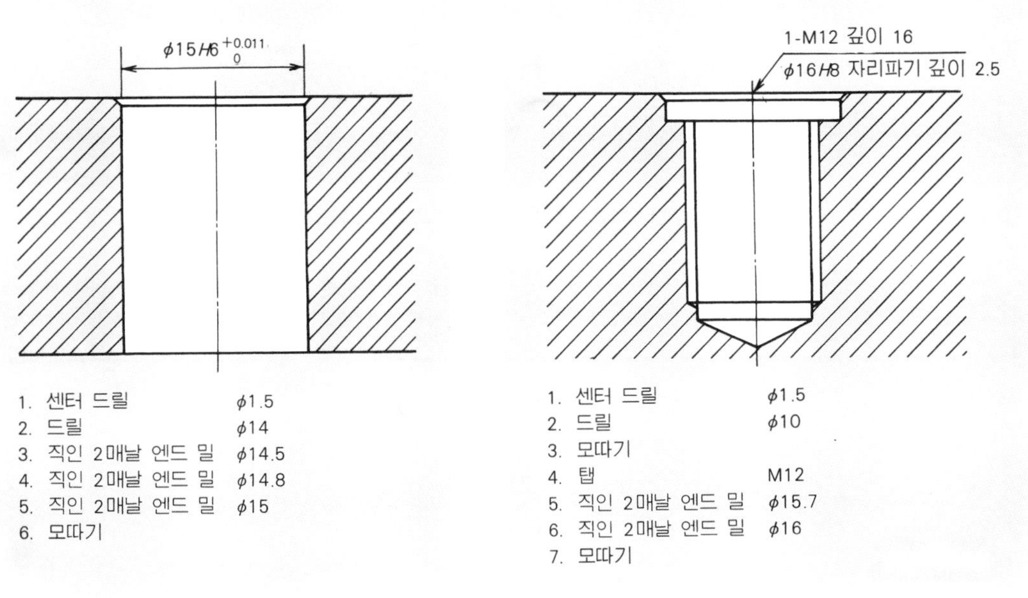

그림 2 구멍뚫기 가공 예 2   그림 3 나사 가공 예

나사 가공에서는 **그림 3**과 같이 도합 7개, 6종류의 공구를 사용한다. 정밀도가 높은 나사가 되면 다시 드릴 가공의 애벌 구멍을 곧은날 2매인 엔드 밀로 쳐내므로 개수는 30개로 5~6종류의 구멍뚫기나 나사 가공하려면 그것만으로도 ATC는 부족하다. 또 팰릿이 다수 매 사용할 수 있는 APC가 있는 MC는 2종류 이상의 가공이 되므로 부족되는 경우가 있다.

실제는 센터 드릴과 같이 공통으로 사용되는 공구가 있으므로 5~6종류로 되는 일은 없지만 구멍뚫기, 나사 가공뿐만이 아니므로 공구가 부족되는 가공도 나오게 된다.

또 앞에서 기술한 바와 같이 수평형 MC 동시 다면 가공을 하므로 더욱 공구 개수 부족을 부추기게 된다. 공구의 개수가 부족하게 되면 매거진의 수납 수량을 증가시켜야 하며 한 번 도입한 설비에 추가 공사를 한다는 것은 레이아웃상, 예산상, 납기상 등의 사정으로 여간 어렵지 않다.

따라서 필요 공구 개수를 적게 하려면 어떻게 해야 할 지를 생각하게 된다. 공통되는 공구는 공구 개수를 줄이거나 타공구를 유용해 가공하거나 해도 많이 줄일 수는 없다. 또 **그림 4**와 같은 각 홈의 가공에서는 코너 R의 절삭 공구를 사용하여 가공할 수 있으나 평탄한 부분도 이 절삭 공구를 썼으므로 능률이 떨어지고 만다. 그래서 설계를 포함한 토탈 표준화가 필요하게 된다.

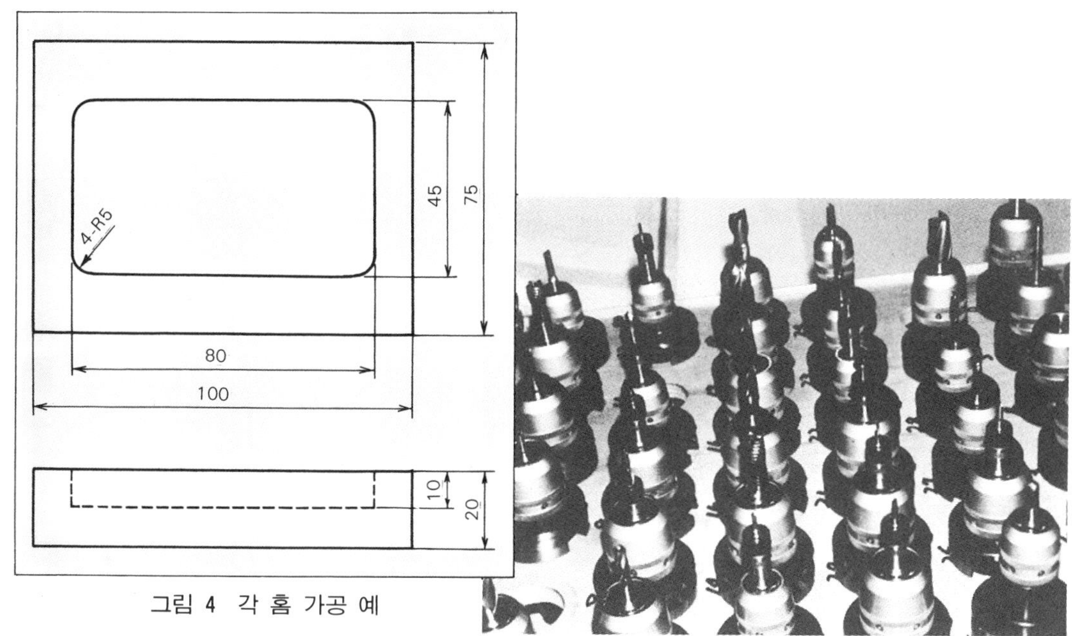

그림 4 각 홈 가공 예

사진 3 공구의 관리

(3) 공구의 표준화

표준화라 하여도 여기서는 두 가지 일의 표준화를 생각해 본다. 우선 설계 부분과 협의하여서 머시닝 센터 가공에 맞는 설계로 변경시키는 일이다.

MC에 알맞는 설계란 어떤 것이냐 하면 복잡한 곡선 등은 머시닝 센터에서는 단골 가공이므로 문제될 것 없으나 나사나 코너 R은 문제가 있다. 설계상 부득이한 경우는 변경할 수 없겠으나 나사나 코너 R을 될 수 있는 대로 통일시키는 일이 중요하다. 통일되면 그에 대응하는 공구는 표준화시켜 보관이 가능하게 된다.

공구의 종류, 지름, 길이 등을 결정하여 코드 번호로 표시하도록 하면 공구 관리가 쉬워진다(사진 3). 그러나 표준화할 공구의 수가 많아지면 그것을 위한 보관 스페이스가 넓어져 밀링 척, 공구의 보유수가 증가하므로 생산 코스트의 상승을 초래한다.

이 때문에 설계 부문과 일체가 된 VE 활동이 필요하며 극히 공구의 종류를 적게 하는 방향으로 검토하지 않으면 안된다. 공구의 표준화가 발달하면 준비시간도 짧아져 머시닝 센터의 가동률을 올릴 수 있다.

한편, 표준화가 안되는 공구도 전용 공구로 상황이 허용하는 한, 리세팅 상태로 보관되면 최적이다. 수평형 머시닝 센터의 특징인 동시 다면 가공을 살리기 위하여 공구 개수 이내에서 가공할 수 있는 툴링을 생각할 때 공구의 표준화는 대단히 중요한 요소이다.

● 툴링에 대하여

공작물이 결정되면 프로그래밍하게 된다. 우선 가공 형상에 대한 절삭 공구를 선정한다. 이 때 절삭 공구 선정의 요인은 다음 3 가지이다.

① 가공 형상에 맞는 절삭 공구

② 가공 응력이 일어나기 어려운 절삭 공구

③ 가공 능률이 좋은 절삭 공구

이와 같은 요인을 근거로 툴링 시스템 중에서 알맞는 절삭 공구를 선정한다. MC의 툴링 시스템은 각 메이커간에 큰 차이가 없는 것 같다.

ϕ 10 mm 이하의 소경 엔드 밀은 기본이 되는 홀더에 다시 작은 척을 끼워서 설치하여 깊은 구멍의 가공이나 인선에 절삭액이 미치기 어려운 경우에 유효하게 쓴다. 좋은 가공면이 요구되는 평면 가공에는 플라이 커터를 사용한다. 특히 가공 후에 휨이 발생하기 쉬운 경우, 가공 응력의 발생이 작은 플라이 커터가 유효하다.

구멍뚫기 가공에서는 곧은날 2매인 엔드 밀이나 보링 바를 쓰는데 절삭 공구의 준비 시간을 고려하면 미조정이 가능한 보링 바가 유리하다. 그러나 보링 바는 바 본체의 지름에 의하여 구멍 지름이 제한되므로 그럴 때에는 곧은날 2매인 엔드 밀로 대응한다.

나사 가공은 M 6 이상의 가공은 MC로 하고 M 6 미만의 나사는 센터 드릴로 자리내기만 한다. 탭이 끊어지는 사고를 방지하기 위하여 MC에서는 부러진 경우에도 가공은 계속되므로 불량품으로 될 확률이 높아지기 때문이다(저항 방지 안전 장치가 있는 탭 계속 유지구도 있지만).

탭이 부러진 경우, 보통 방전 가공기에서 부러진 탭을 뽑아낼 수 있지만 부러진 탭에 대한 대책만으로 방전 가공기를 도입하는 것은 가격상 어려운 일이라 생각한다.

여러 가지로 조사한 결과, 탭 뽑기 전용의 방전 가공 장치가 비교적 싼 값으로 시판되고 있다. 최근 도입한지 얼마 안되지만 탭 절손으로 인한 잘못된 동작을 공작물에 대하여 신속하게 대응할 수 있으므로 대단한 장점이 있다. M 2 탭 절손이 가능하고 수분 내에 나사산을 다치는 일 없이 탭을 뽑아낼 수 있다.

● 툴의 길이(Z 방향)

(1) Z 방향의 프로그래밍

프로그램을 작성할 때 여러 가지 사고 방식이 있으나 Z 방향의 프로그래밍은 두 가지로 생각할 수 있다.

우선 **그림 5**와 같이 공작물의 단면에서 어떤 거리를 정해 두고(**그림 5**일 때 200 mm) 그 점을 가공 원점으로 하여 프로그램을 짠다. 즉, 프로그램은 가정된 가공 원점에서 짜는 것으로 된다. 실제로 가공할 때는 Z 방향의 오프셋할 필요가 있다. 이 방법은 공작물의 설치가 애매한 경우나 정해진 지그를 제작할 시간이 없을 때 알맞다.

이것에 대하여 또 하나는 지그나 설치 방법이 확정되어 있을 때에는 기계에 공작물을 설치한 상태에서 프로그램을 짜는 방식이다.

이미 알고 있는 기계의 가공 범위, 지그 형상에서 관계 치수를 안다. **그림 6**에서 기계 원점(MRP)부터 주축까지의 거리 a에서 지그의 크기 b, 공작물의 크기 c, 공구 길이 e를 뺀거리 d 를 갖고 각 공구에 대하여 프로그래밍한다. 이 방법에서는 공구의 프리세팅으로

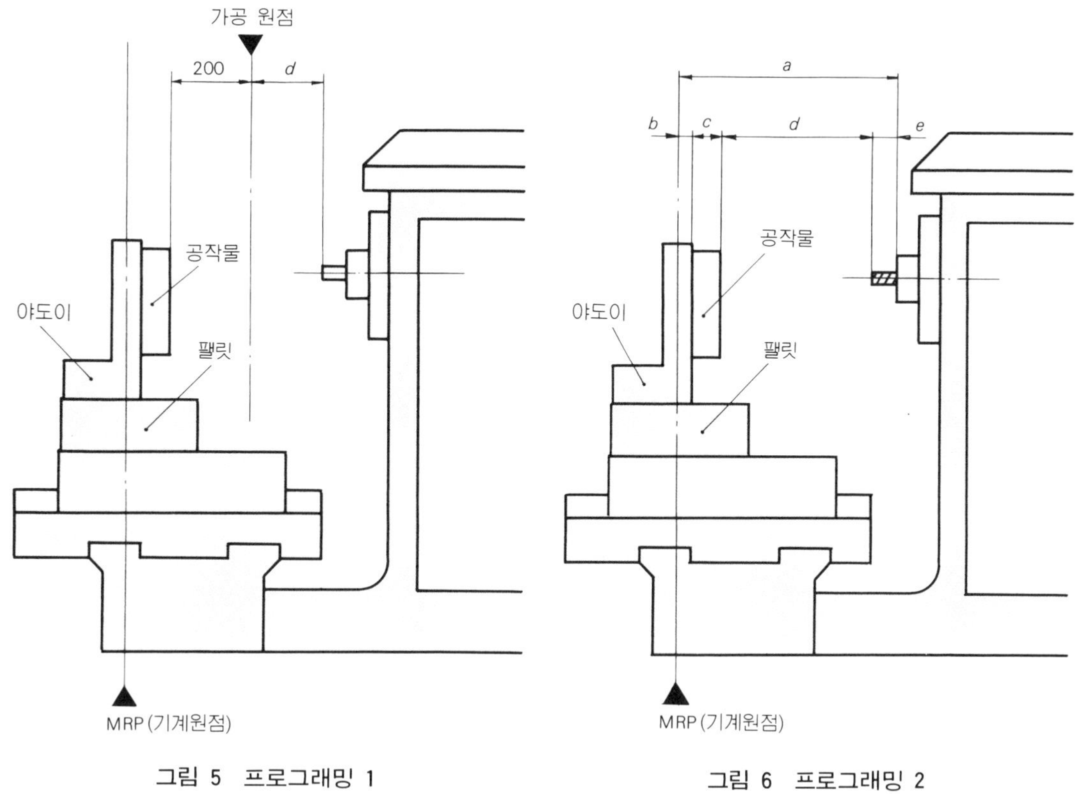

그림 5 프로그래밍 1   그림 6 프로그래밍 2

지름 및 길이의 정밀도가 충분히 나와 있다면 시험 절삭할 필요없이 가공에 들어갈 수 있다.

그러나 현재의 프리세팅에서는 그 정밀도가 불충분하므로 가공할 때 보정량을 입력하지 않으면 안된다.

결국 현단계에서는 두 가지 방법 다같이 오프셋에 의한 보정을 하고 있다는 점에서는 같은 시간이 들지만 후자 쪽이 입력하는 보정량도 작으므로 오프셋 설정 미스에 의한 큰 잘못을 방지할 수 있다. 또 외부 준비를 할 때도 후자의 방법이 필요하게 된다.

(2) 프리세팅

MC 운전상 제일 중요한 것이 공구의 프리세팅이다. 첫 가공물 가공시에 하는 테이프 체크와 공구의 오프셋량의 입력에는 상당한 시간이 걸리므로 정밀도 좋게 프리세팅할 수 있는 프리세터가 요구된다.

프리세터는 절삭 공구를 정밀도가 좋게 홀더에 클램프시킬 뿐만 아니라 간단하게 조작할 수 있어야 한다. 프리세터와 프리세팅에 대해서는 앞 장을 참조하기 바란다.

금후 MC의 가동률을 올리려면 외부 준비의 추진에 따라야 한다. 제어 장치의 보정 기능의 확충이 현저하므로 제어 장치측에 보정하는 경향도 있으나 역시 프리세팅의 중요성은 변하지 않는다.

● 공구 수명

(1) 공 구

제어 장치의 급속한 발전에 의하여 제어 장치 기능으로 종래 불가능했던 일이 점점 가능하게 되어 간다. 또 절삭 공구도 새로운 재질이나 코팅 기술의 진보로 향상 되어 가고 있다. 그리고 가공 재료의 진보도 현저하여 재료의 종류는 해마다 증가해 가고 있는 현상이다. 대체로 새로운 재료는 소위 난삭재(難削材)라 부르는 종류에 포함되는 것이 많아지고 설계에서 요구하는 정밀도는 높아져 가고 있어서 절삭에 관한 문제는 좀처럼 줄지 않는다. 절삭에 관해서는 아무래도 가공 재료의 진보에 절삭 공구가 따라가지 못하는 면이 있다.

MC의 경우, 무인 가공이므로 절삭 공구의 절삭감에 대해서는 사람만큼 미묘하게 제어할 수는 없다. 옵션으로 절삭 저항을 주축 전동기의 전류값에서 검출하는 모니터나 시험 절삭할 때 각 공구에 대한 절삭 저항의 전류값을 기억해 두고 가공 중의 전류값과 비교하면서 제어하는 적응 제어 기능, 공구의 파손을 센서로 검출하는 공구 파손 검출 기능, 같은 종류의 공구를 사용할 수 있는 예비 공구 교환 기능 등도 준비되어 있으나 실제로 활용하려면 데이터의 축적이 필요하여 바로 사용될 수 있는 것은 아니다.

(2) 절삭액

MC에서는 어떻게 무인 상태로 기계를 움직일 수 있을지가 과제이다. 난삭재 가공에서는 공구 수명이 무인 운전을 방해하는 요인이 되므로 절삭액의 역할도 중요하게 된다. 유성 절삭액은 침투성, 윤활성이 뛰어나므로 난절삭 가공에도 어느 정도 대응할 수 있다.

그러나 MC를 무인으로 운전시키고 싶을 때, 즉 FMS나 가공 시간이 긴 공작물을 수매의 팰릿을 써서 가공할 때에는 유성은 화재의 염려가 있다. 그래서 인화될 염려가 없는 수용성 절삭액을 사용하지 않으면 안된다. 알루미늄 합금은 수용성 절삭액으로 충분한 효과를 보고 있으나 난삭재에 알맞는 것은 그다지 눈에 띄지 않는다.

난삭재라 하여도 여러 가지 있으므로 모든 재료에 적당한 수용성 절삭액을 찾아 낸다는 것은 불가능하다고 생각한다. 대상 공작물의 재질에 맞는 수용성 절삭액을 찾는 것이 상책이다.

*　　　*　　　*

MC의 도입이 일반화됨에 따라 어떻게 MC를 유효하게 사용하는가 하는 일을 주체로 하여 생각할 필요가 있다. 지금 한창 화제로 되고 있는 무인 가공 FMS를 실현하는 데에 생기는 문제점을 종합적으로 생각하고 해결해 가는 일이 과제라고 생각한다.

NC의 역사 ②

오픈 루프 방식은 클로즈드 루프 방식과 같이 과부족량을 정정하지 못한다. 이 때문에 위치 결정값 1050 mm 1050.01이나 1049.98 등의 오차가 생겨도 정정되지 않는다. 이 오차분은 1 펄스 0.01 mm에서 1 펄스 0.001 mm로 단위가 작아져도 마찬가지이다.

당연한 일이지만 클로즈드 루프 방식보다 오픈 루프 방식의 NC기 쪽이 가공 정밀도가 원리적으로 나쁘다. 단 미국의 NC기가 대단히 고가였는데 반하여 일본산 NC기의 주류는 자리수가 다르게 값이 싸서 NC가 급속히 보급된 큰 이유 중의 하나였다고 생각한다.

다만 4~5년전 부터는 일본산 NC기는 거의가 세미클로즈드 루프 방식으로 되었다. 최근 머시닝 센터의 붐은 바로 이 시기와 일치되고 있다.

과거 10년간, NC 장치는 일렉트로닉스의 발달과 함께 급속한 진보를 이룩하였다. 트랜지스터에서 IC, LSI(Large Scale IC)가 들어가 장치의 크기는 1/10로 되고, 고장도 대단히 적어지고, 연산 속도는 10배를 훨씬 넘었다. 그리고 컴퓨터에 의한 연산 기능을 갖춘 CNC가 일반화되고 있다.

이와 같은 NC 장치의 고품질, 고성능화가 이루어지고 조작도, 프로그래밍도 대단히 편하게 되어 가고 있다. 대화식 NC라고 칭하는 CRT(Cathode Ray Tube의 약자, 브라운관)에 표시된 지시에 하나하나 응답하면 프로그램이 짜여지는 것도 있다. 이미 CNC 장치 내에 몇 가지의 프로그램이 내장되어 있어서 그 지시에 따른 툴링 프로그램을 실행하게 된다. 이와 같은 NC 장치의 고기능화는 더욱더 발전할 것이며, 5년 정도 지나면 현재의 최신식 CNC도 창고에 들어가고 말지도 모른다.

MC에는 반드시 ATC가 있으며 ATC가 없으면 MC라 할 수 없다. 최근의 MC는 자동 팰릿 교환 장치(Automatic Palet Changer : APC)가 있다. 팰릿상에는 사전에 공작물(워크)을 세트하여 앞의 가공이 끝나면 자동적으로 정해진 워크가 가공 위치에 자동적으로 세트된다. 얼마 전까지는 APC를 AWC라 했는데 W는 work를 뜻한다.

이 APC가 장착되면 MC의 자동화 기능은 수단으로 높아진다. 소위 무인화 24시간 가동이 목표로 된다. 이 시점에서 미국에서는 FMS라고 하는 새로운 언어가 등장했는데 FMS는 Flexible Manufacturing System의 약자로 유연성을 가진 생산 방식이라고 하는 것이다.

MC를 주체로 한 공작 기계군을 공작물 자동 반출 장치로 연결, 컴퓨터로 군제어(Direct NC)하여 다종류의 공작물을 효율 좋게 가공하려고 하는 생각이다. 가공할 수 있는 공작물의 종류, 크기에 융통성을 주려는 뜻이다.

MC가 출현했을 때도 그랬지만 FMS의 정의도 애매한 점이 있어서 이론을 제기하는 학자가 적지 않다. FMS에 대하여 FMC(C는 Cell : 세포, 핵)가 있었는데 시스템이라 하기에는 어울리지 않았는지 파낙스(주)에서는 그 어느 쪽도 아닌 FA(Factory Automation)를 강조하며 옛날의 DNC를 뜻한다고 하고 있으며, 혹은 OA(Office Automation)와 대응하여 사용하고 있다.

대화형 NC가 나오기 이전 MC를 보다 유효하게 활용하려면 뛰어난 프로그래밍보다 효과적인 툴링의 선택(공구 포함), 사용 방법에 달려 있다. 이것을 보통 소프트라 하는데, 소프트웨어(software)의 약자이다.

애초에 소프트웨어란 전자 공학의 용어로 컴퓨터의 능력을 보다 좋게 활용하기 위한 자동 프로그램에 관한 시스템 서비스를 말한다. 소프트웨어에 대하여 하드웨어(Hard ware)란 용어도 있다. 요즘은 확대 해석되어 일의 구조, 처리 방식까지도 소프트웨어라고 하게 되었다. 하드웨어란 컴퓨터 그 자체를 가리키며 그 프로그램이 소프트웨어에 해당된다. 장기로 말하면 말과 판이 하드웨어이고 말쓰는 것이 소프트웨어란 뜻이다.

장기나 바둑에서 아무리 멋진 판과 말, 돌을 가져도 그 실력과는 아무런 관계가 없다고 본다. MC의 경우에는 NC란 연산 기능을 갖고 있으므로 장기와는 매우 다르지만 현재 초대형 컴퓨터를 구사하여 프로그램된 1988년 현재의 컴퓨터 바둑 실력은 프로 2~3단급 실력밖에 안된다. 어떤 고성능의 컴퓨터나 CNC 장치라도 그 프로그래밍은 사람이 짠다.

제 5 장 준비 작업과 고정구

☯ 공작물의 GT

공작물의 준비 작업과 고정이라 하면 고정측의 준비 작업 공구나 고정구가 곧 머리에 떠오른다. 그러나 공작물이 있고 그것을 설치하게 되면 설치되는 측의 공작물도 주시하지 않으면 안된다. 만일에 도면 변경이 가능하면 준비, 중심내기 쉬운 모양으로 변경해야 할 것이다.

동일 부품을 대량 생산하고 있는 MC에서는 전용 고정구를 철저히 검토(개량)하므로써 공작물의 준비 작업이 무난하게 된다. 그러나 다종 소량 생산하는 MC에서는 사전 준비를 어떻게 효율 좋게 하느냐에 따라 판가름이 난다.

준비 작업할 때 이것 저것에 현혹되지 말고 재빠르게 결정을 내리고, 생각에 잠기지 말고 일을 진행하는 것이 중요하다. 그러기 위하여 준비 시간이 다소 걸리더라도 어쩔 수 없고 로트수가 적은 공작물에 현혹될 여유가 없다.

신속한 판단을 하려면, ① 기본적인 가공 절차를 이해하고 있을 것, ② 고정 방법의 사례를 몇 가지 정리, 기억하고 있는 것이 최소한 필요하다.

다종 소량 생산에서는 멀티팰릿(4~5매 이상의 팰릿이 자동 교환되는 것)이 달린 MC가 유용한 경우가 많다고 할 수 있다. 팰릿(테이블)의 매수가 적으면 형상이 다른 공작물의 준비는 늘 베이스마다 바꾸지 않으면 안된다.

고정구를 검토할 때 GT(그룹 테크놀로지)에 의하여 공작물 형상을 분류하는 것은 베이스의 형상을 될 수 있는 대로 적게 하는 것이 목적의 하나이다. 공작물의 유사성이 발

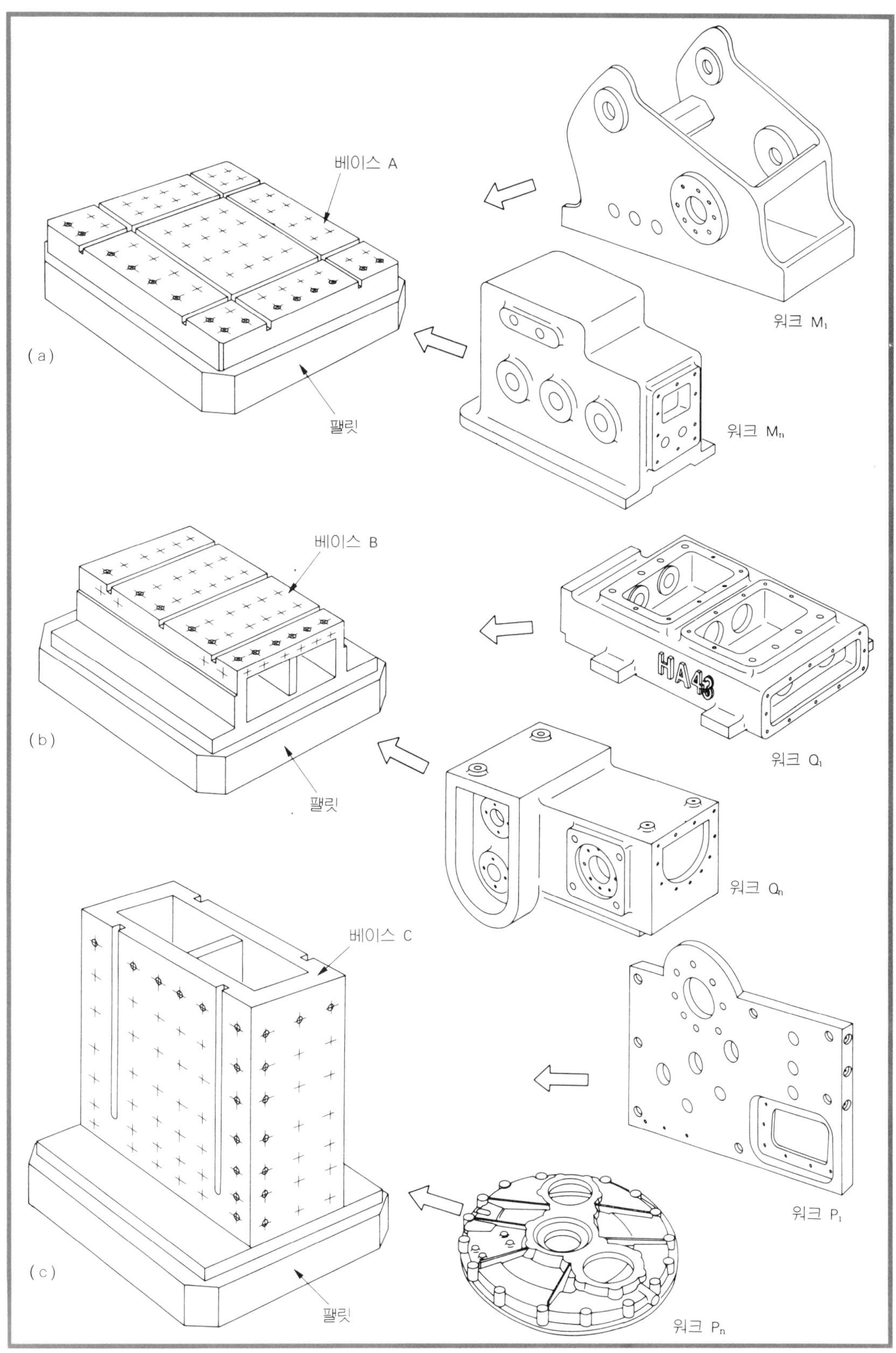

그림 1 수평형 MC의 베이스 · 3종의 예

견되면 고정 방법, 중심 맞추기 방법의 표준, 기준이 얻어진다.

공작물의 고정 작업, 준비에서 현재 장애가 되고 있는 작업을 적출하여 해결하면서 표준화, 기준화하는 것은 자기 공장의 실정을 잘 파악하고 있다는 전제하에서 이루어진다.

고정구, 준비 작업 공구로 표준화를 추진해 나가면 저차원의 내용이 부각되는 일이 있는데, 고정구에서는 종류나 수가 부족한 것을 알기도 하고, 전용 고정구에서는 공용성을 생각지 않고 공작물마다의 형편에 맞추어 만들어 버리기도 하기 때문에 다량의 전용 고정구가 되고 말았다는 것 등이 그런 것이다.

범용 준비 작업 공구는 상태가 좋은 것으로 충분한 양을 갖추는 것 외에 색별, 설치 장소, 설치 자세 등을 이용하기 쉽도록 연구하는 것도 중요하다.

전용 고정구의 이용은 MC에서 필요 불가결한 것으로 다종류의 공작물에 맞추어 무계획적으로 설계 제작하게 되면 둘 곳도 문제가 된다.

다종 다양하게 보이는 공작물도 크게 나누어 3~4종으로 하려고 하면 어느 공장에서나 가능하다. 이 3~4종이 전용 고정구의 베이스로 된다. **그림** 1은 수평형 MC(소·중형)에서 고정구를 3종으로 한 예이다.

(a)는 박스형·플레임 형상의 공작물용 베이스, (b)는 소형 공작물이나 가공 위치를 올리고 싶을 때 쓰는 베이스, (c)는 박물(薄物)이나 기준면이 수직형 공작물 세트용으로 앵글 플레이트의 개량형이라 할 수 있는 베이스이다.

사전 준비를 간략화하기 위하여 작업을 한 방향뿐만 아니라 다각적으로 할 필요가 있다.

☯ 가공 정밀도와 고정 정밀도

가공 정밀도는 고정 정밀도와 함께 밀접한 관계가 있음은 물론 기계, 주위 환경, 가공 방법 등에 따라 많이 좌우되는 것은 두말할 나위 없다.

하지만 고정 정밀도에 의해서도 가공 정밀도는 영향을 받는다. 그것은 기준면의 평면도 불량이나 먼지가 섞여 들어 가는 것 외에 공작물의 전 가공 응력에 의해서도 양부는 좌우된다.

"고정 정밀도"란 낯선 말일지 모르지만 고정으로 인하여 가공 정밀도에 영향이 생겼을 때 바르지 못하게 고정되어 있다고 생각하여 이와 같이 부른다. 공작물의 가공 정밀도가 나쁠 때 원인을 알아보면 고정 상태에서는 정품이었으나 풀어서 측정해 보면 불량품으로 되는 일이 있다. 특히 강성이 낮은 공작물은 될 수 있는 대로 스트레스를 받지 않게 고정하도록 신경쓰지 않으면 안된다.

그러면 강성이 좋은 공작물에서는 고정 정밀도에 신경쓰지 않아도 되는가 하면 그렇지도 않다.

고정할 곳, 가공 기준 등 주의해야 할 것은 모두 신경을 써야 좋은 결과를 얻을 수 있다. 예컨대, 고정 기준 부분에 먼지가 끼어들어도 곤란한 것은 누구나 알고 있다. 조사해 볼 때에는 정직대를 움직여 힘이 걸리지 않는 것을 찾거나 공작물을 두드려서 소리를 들어 판단하든지 공작물을 움직여 삐걱거림이 있는지 등의 방법을 취하는 것이 보통이다.

그림 2는 좀 거친 방법이지만 고정 기준에 여러 개의 에지를 설치하여서 공작물에 묻은 먼지를 제거하려고 한 것이다. 공작물을 고정구에 올려 놓고 공작물을 전후로 움직여 먼지가 에지의 홈에 떨어지도록 한 것이다.

공작물을 바르지 못하게 고정한 채 가공하면 가공한 곳에 어떤 영향이 미치는지 구체적인 예로 알아보자.

그림 3 (a)는 기어 박스이며 상자형으로 강성이 있다. 그 발 한 곳에 테스트를 하기 위하여 고의로 $12\,\mu$m 오차가 생기게 했다. 그런 후 4면에 플레인 커터 가공을 했더니 **그림** 3 (b)와 같은 가공 스트레스가 나타났다.

그림에서는 알기 쉽게 하기 위하여 측정할 곳의 일부를 표시하고 있다. 이것만의 테스

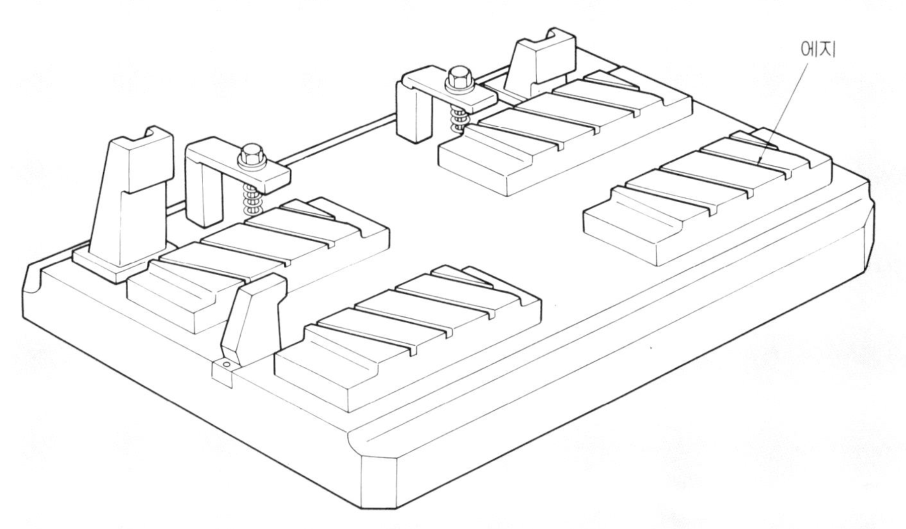

그림 2　공작물을 올려 놓은 후 세트하기 전에 왕복시켜 먼지를 에지 홈에 떨어뜨린다.

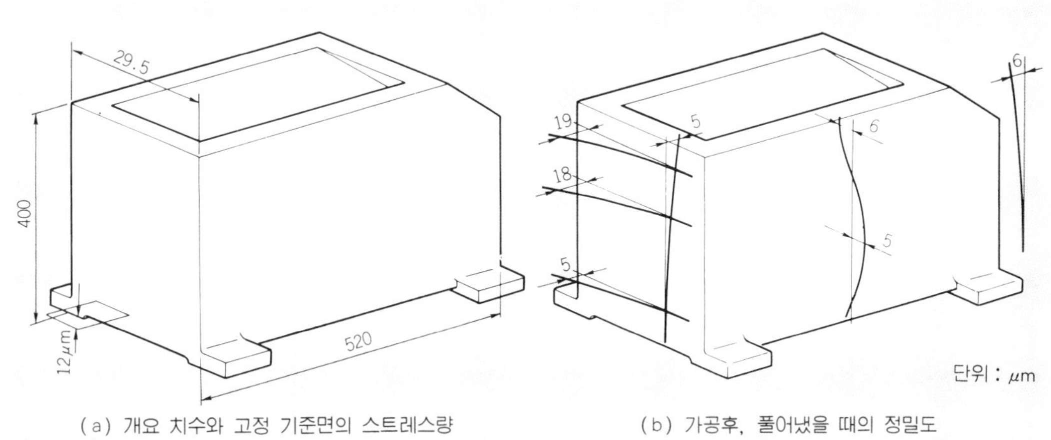

（a) 개요 치수와 고정 기준면의 스트레스량　　　（b) 가공후, 풀어냈을 때의 정밀도

그림 3　기어 박스의 설치 기준면의 스트레스와 가공 정밀도

트로 많은 결론을 내는 것은 위험할지도 모르지만 다음과 같은 것을 알 수 있다.

① 전에 한 가공 스트레스보다 더 큰 양의 오차가 가공 장소에 나타났다.

② 전에 한 가공 스트레스 위치 부근에서 오차가 가장 컸다.

③ 그리고 떨어진 위치에도 가공 오차는 영향을 준다.

④ 공작물의 모양에 따라서 오차 발생 방식이 직선적으로 되지 않는다.

측정 오차도 다소 가미하여 생각하지 않으면 안된다고 생각되나 기준면의 오차의 영향을 알 수 있다. 고정구의 정밀도가 낮아도 같은 영향이 공작물에 나타난다고 생각하는 것이 좋을 것 같다.

고정, 준비 작업은 가공 정밀도와 관계가 있는 작업이다. 따라서 고정구는 형상, 치수 외에 정밀도가 어느 정도 필요한가를 확인하는 것이 중요하게 된다.

☯ 기준면의 설정

공작물의 가공 기준은 면이 가장 많이 이용되고 있다. 면의 기준이 많이 쓰이고 있는 것은, 공작물 측은 기준을 만들기 쉬운 것, 고정구측은 호환성이 높은 준비 작업 공구를 살 수 있다는 이점이 있기 때문이다. 그러므로 가공 기준을 설정할 때는 우선 면을 기준으로 할 수 있는지의 여부를 검토하여야 할 것이다.

기준면의 위치, 형상은 공작물에 의하여 다양하지만 일반적으로 ① 고정 기준, ② 중심내기 기준(라인업 기준), ③ 위치 결정 기준의 3방향의 기준을 마련할 필요가 있다(**그림** 4). 공작물의 세트 위치를 정하려면 이 3방향의 구속이 필요한데 기준이 되는 면은 경우에 따라서는 절삭되지 않아도 좋다.

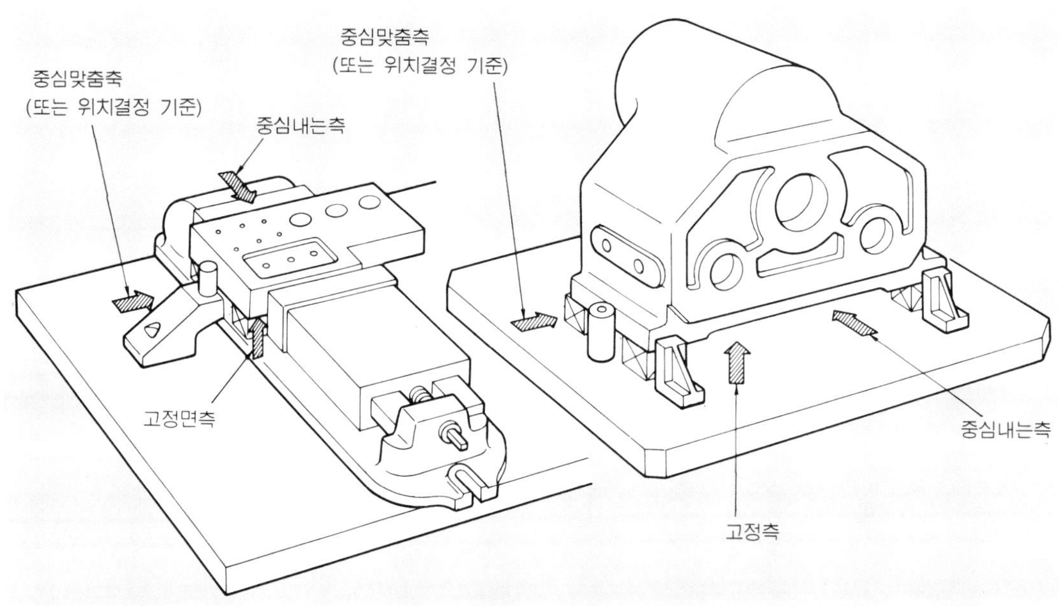

그림 4 공작물의 가공 기준의 예

  제**5**장 준비 작업과 고정구

　공작물의 고정 자세가 정해지면 고정 기준, 중심 기준, 위치 결정 기준을 설정하고 이들 기준에 맞는 고정측의 기준을 설정한다. 공작물의 고정 자세는 가공할 장소의 수에 따라 정해지는 것으로 기준면은 그 준비를 하기 쉽게 하기 위한 것이다.

　한 번의 설치로 가공할 수 없는 것은 고정 기준이 위치 결정 기준이 되거나 역으로 변하는 일도 있다. 그 고정 자세에서의 역할로 고정 기준, 중심 기준, 위치 결정 기준으로 표현한다.

　프로그램의 기준점이 이들 기준과 일치되면 하기 쉬워진다. 그러나 프로그램으로 이들 위치를 좌표 기준으로 하기 위한 노력은 안하는 편이 좋을 것이다. 예컨대, 수직형 MC에서는 될 수 있는 대로 좌우에 있는 치수선이 많이 나와 있는 위치(공작물의 끝일 필요는 없다)를 선택하는 것이 일반적이다. 프로그램도 단시간이고 알기 쉬운 것을 만드는 것은 될 수 있는 대로 도면의 표기를 직접 이용하는 방법을 생각하는 편이 좋기 때문이다.

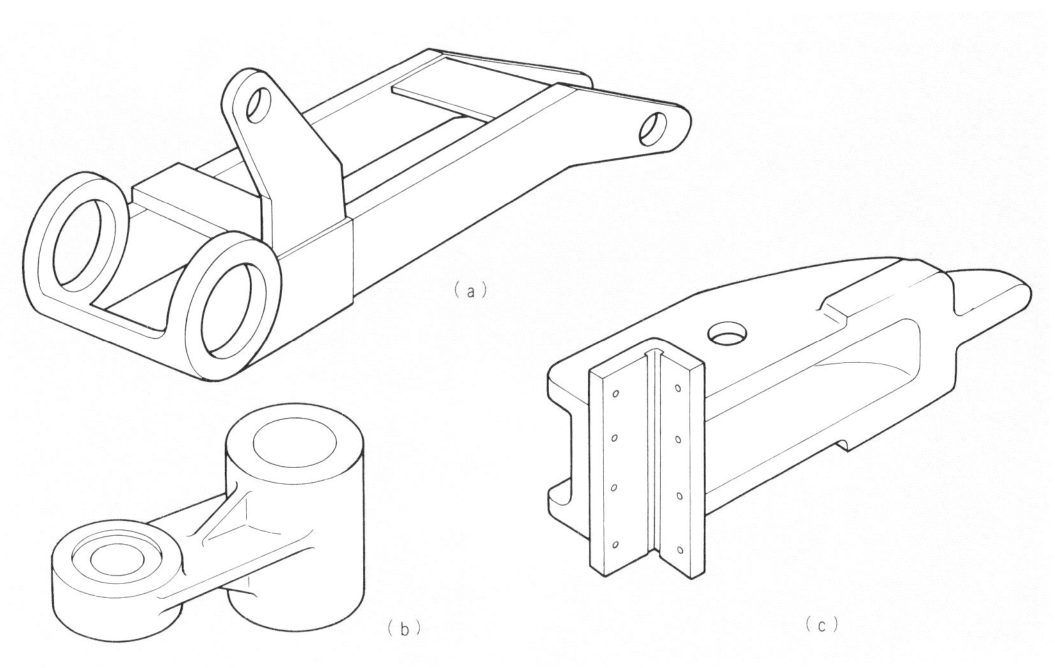

그림 5　높은 면이 없어서 고정면 선정에 어려움이 있는 공작물

　공작물의 형상에 따라서는 어디를 기준으로 해야 좋을지 애매한 것도 있다(**그림 5**). 그러나 대부분 망설이지 않고 3가지의 기준면이 정해지는 공작물도 많이 있다. **사진 1, 2**는 기준면의 설정을 망설임없이 정한 예이다.

　사진 1은 유니버설 픽처를 이용하여 범용 고정구로 고정측에 기준을 만든 것이다.

　유니버설 픽처의 측면에 기준쪽을 세트하고 원통 블록을 통하여 공작물을 받치고 있다. 다른쪽(사진 손 앞쪽)은 사이드 척을 설치하여 기준면에 밀어붙이는 역할을 담당시키고 있다.

사진 1   유니버설 픽처를 베이스로

사진 2   MC를 설치하여 높은 위치에서 지지

사진 2는 가공할 때에 MC의 노즈(nose)가 테이블에 간섭하지 않도록 고정 기준이 조금 높은 곳에 있으므로 높은 위치에서의 지지와 고정을 하고 있다. 중심 기준은 흑피부를 좌측 지주에 맞추고 있다.

기준면 설정이 어려운 불특정 다수의 공작물에 대하여 일반론으로 어떻게 하면 좋다고 할 수는 없다. 케이스 바이 케이스로 생각하지 않으면 안된다. 여기서 기준면에 한가지 도움이 되도록 하는 고정 여유 보스, 고정 여유 시트를 소개하기로 한다.

☯ 고정 여유 보스, 고정 여유 시트

기준면을 절삭하지 않은 부분을 이용하는 일도 있으나 고정 여유 보스, 고정 여유 시트는 절삭한 후에 이용을 생각하는 것이 일반적이다. 또 고정 여유 보스, 고정 여유 시트

제**5**장 준비 작업과 고정구

는 가공 종료 후에 그 이름 그대로 잘라버리는 일도 있다. 그러나 일반적으로 가공 후에도 깎아 버리지 않고 그대로 두는 일이 많은 것 같다. 그러므로 고정 여유 보스, 고정 여유 시트를 설치할 때는 가공 종료 후의 처리도 고려하지 않으면 안된다.

고정 여유 보스, 고정 여유 시트를 설치하는 이유는 다음과 같이 생각된다.

① 동일 기준면 내의 높이를 맞춘다.

② 공작물의 일부가 기준면 설정 때문에 깎여 나가는 것을 방지한다.

③ 기준면의 가공 시간을 단축한다.

④ 준비 자세를 안정시킨다.

고정 여유 보스, 고정 여유 시트를 설치하면 그 이점(利點)은 ①~④의 이유 몇 가지를 만족시키게 되는데 편의상 각각의 대표 예를 들어 설명한다.

(1) 동일 기준면 내의 높이를 맞추는 예

사진 3은 MC의 전 가공을 수평 보링 머신으로 하고 있는 것이다. 이 공작물(기어 박스)은 수평 보링 머신에서는 상면, 저면의 가공을 하고 MC에서 주위의 보링 가공 등을 하는 것이다. 상면은 평평하지만 여기를 고정 기준으로 하면 내부 가공이 있으므로 트라이 컷 등의 작업을 하기 어려워진다. 그래서 단차가 있는 저면을 밑으로 하여 고정하기로 했다.

단차가 있는 대로 기준면 절삭, 단차 분량만큼 높이가 다른 정직대를 써도 큰 결점은 없다. 그러나 높이가 균일치 못하면 높이 차를 정확하게 깎는 번거로움의 정도, 가공 범위의 애매한 정도, 흑피의 지나친 절삭, 이송 방향의 불일치 등등, 작은 결함이 매우 많다.

사진 3 고정 여유를 붙인 공작물

사진 3과 같이 고정 여유 보스, 고정 여유 시트를 설치하여 기준면의 높이를 맞추면 기준면의 가공 시간이 단축되는 외에 운반 등의 작업성이 좋아진다. 이 공작물은 깜빡하

여 기계에 그냥 들어가면 고정 여유 보스 부분은 숨겨져 버리므로 가공 후에도 고정 여유 보스는 그대로이다.

(2) 공작물의 일부가 기준면 때문에 깎여나가는 것을 방지한 예

그림 6은 하우징인데 MC 가공은 A면을 앵글 플레이트로 세트하고 가공 방향 B, C, D로 하는 공정이었다. 이 때 하면이 되는 쪽에 기준면을 설치하는 것은 경사져 있는 부분에 평탄한 면을 어느 정도 설치해야 한다는 것이다. 고정 여유 보스를 설치하지 않은 채 기준면으로서 경사부를 깎으면 국부적으로 바깥쪽에 얇아지는 부분이 나와 버리고 만다.

이것을 해소하기 위하여 그림 중의 E부에 고정 여유 보스를 설치하여 기준면으로 했다. 이 쪽은 E부와 F부가 많으나 기준면의 한 각을 이루는 곳이므로 F부에도 고정 여유 보스를 설치해 줌으로써 어느 공작물이나 같은 가공 좌표로 가공할 수 있게 된 예이다.

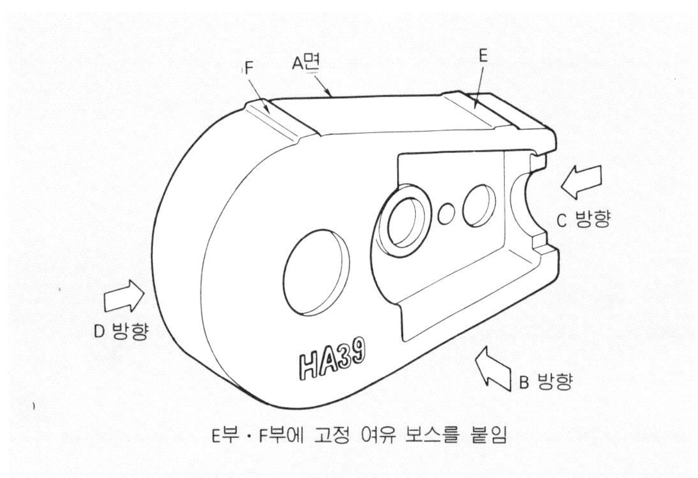

그림 6 고정 여유 보스의 예①

흑피부를 기준면으로써 깎고 싶을 때에는 부품으로써의 외관이 나빠지거나 그 부분이 약하게 되어서는 곤란하다. 기준면으로서 깎고 싶은 부분에는 소재 중에서 미리 낮은 볼록부를 만들어서 절삭 후 흑피부와 높이를 맞추는 일도 한다.

부품으로써의 기능 등의 저하가 없고 더욱이 가공에서 작업성을 나쁘게 하지 않게 하기 위한 기준면, 즉 고정 여유 보스, 고정 여유 시트는 더욱 연구되고 이용될 것이다.

(3) 기준면의 가공 시간을 단축한 예

가공 장소에 따라서 기준면의 가공은 작업 수단으로 그 자체가 목적이 아닌 경우가 있다. 이럴 때는 작업성을 좋게 한다고 해도 기준면 가공 작업이 불어날 뿐이다.

이들 가공은 최소한의 절삭으로 마치는 연구가 필요한데 그 방법으로 고정 여유 보스가 잘 채용된다.

소재의 필요한 부분에 얼마간의 볼록부를 만들면 기준면 가공의 절삭 시간이 단축된다. 이 방법은 간단하므로 가장 채용하기 쉬운 고정 여유 보스일 것이다. 예컨대, **그림 7**의 A면을 기준면으로 할 때 A이면 전부를 깎는 것은 절삭 길이가 길어져 그 일부만 깎으면 2 부분이 오목부로 되어 기준편에 닿기 어렵게 된다.

여기서 이것을 고정 여유 보스로 하여 해결했다. 고정 여유 보스의 면적은 작으므로 준비 작업 때 먼지가 끼는 것을 방지하는 데에도 유리하다.

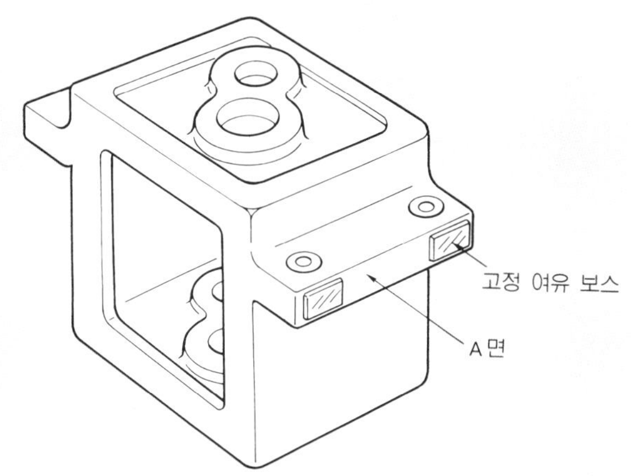

그림 7 고정 여유 보스의 예②

공작물 중에는 부품으로 기계에 조립될 때 실제에는 넓은 면이나 긴 면이 아니라도 좋은 경우가 있다. 이런 때에 이 방법으로 가공 시간을 단축할 수 있다.

(4) 준비 자세를 안정시키는 예

그림 8을 참고. 가공 장소는 플레인 커터, 드릴, 보링, 탭 등인데 이 형상대로는 공작물을 안정하게 잘 세트하는 데 많은 시간이 걸린다. 전용 고정구를 써서 세트하는 방법도

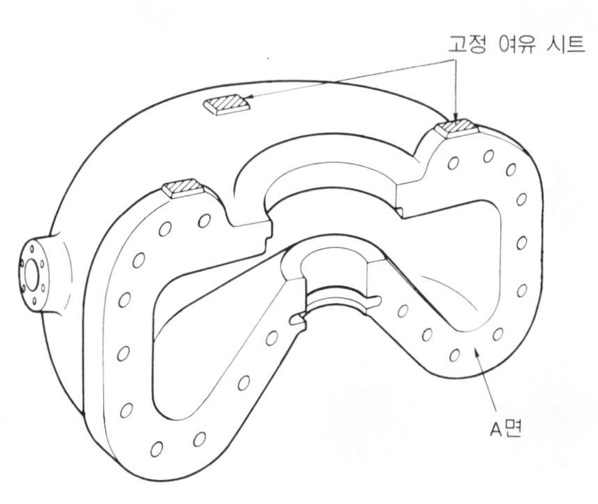

그림 8 고정 여유 보스의 예③

있겠으나 공작물의 종류가 많으므로 전용 고정구의 수가 많아져 정리하는 데에도 큰일이다.

전용 고정구를 쓰지 않고 안정하게 가공하기 위해서는 공작물에 고정 여유 시트를 붙인다. A면을 아래로 하고 매뉴얼기에서 고정 여유 시트를 미리 가공한다. MC에서는 고정 여유 시트를 고정 기준으로 하여 준비를 한다.

조여 붙이는데 좀 문제가 있으나 가공물의 안정성이 좋아지고 준비 작업도 빨라지고 절삭도 안정된 예이다. 이 고정 여유 시트는 가공 종료 후에도 잘라버리지 않는다. 그림에서는 크게 표시하였으나 고정 여유 보스는 눈에 띄지 않도록 최소 한도로 필요한 만큼만 한다.

☯ 흑피(黑皮)의 위치 결정 기준

절삭되지 않은 부분을 기준으로 하지 않으면 안되는 경우가 있다. 여기서 흑피를 이용하고 있는 예를 두 가지 소개한다.

사진 4 전 흑피 공작물의 기준 예

사진 4는 기어 박스인데 전(前) 가공하지 않은 전(全) 흑피부터 시작하는 가공이다. 3방향의 기준면이 모두 흑피인 채 그대로 준비하고 있다. 이 자세에서 가공은 엔드 밀, 드릴, 탭(2 공정에서 가공할 수 없는 부분) 등이 있으며, 바른손 앞쪽이 중심 기준으로 되어 있다. 일견 사이드 잭같이 보이나 더블 너트로 되어 있는 곳에 주목해 주기 바란다. 흑피 상대이므로 기준면은 좁아도 되고 값싸게 하고 싶다는 것이 주 이유이다. 이 방법이면 조정도 가능하다.

주물의 보스 중앙에 보링을 하려면 이 공정에서 조정할 필요가 있다. 스케일로 잠깐 재어 보아도 그 가부를 알 수 있다.

흑피를 기준으로 할 때 기준보다 더 중요한 위치가 있다는 것을 알 수 있다. 기준은 준비하기 쉬운 곳을 택하는 것과 함께 조정할 필요가 있는지 여부를 검토한다.

이 가공 로트 내에서 소재의 분산이 적으면 좋고 로트마다의 변화에도 대응할 수 있다.

사진 5 흑피에서 원세팅으로 전가공하는 고정

사진 5는 브래킷의 준비 예이다. 고정 방법이 두드러져서 기준이 흐려진 감이 있다. 이 고정은 이 공작물 전용이 아니고 조합 여하에 따라 여러 가지로 이용된다. 기준은 V블록 형상(왼쪽)에 밀어 붙여져 있다. 이 브래킷은 원세팅으로 보링, 단면 절삭, 드릴, 탭 등을 할 수 있도록 검사된 것이다.

☯ 구멍 기준의 공작물

고정 기준에 구멍을 이용하는 일도 있다. 기준으로 하는 구멍은 가공이 끝난 경우와 흑피의 경우가 있다.

내경을 기준으로 하여 공작물을 세트할 때 미리 가이드 메탈을 테이블 위 또는 고정구 상에 고정하고 중심내기, 중심 맞추기를 해 둔다. 이것은 공작물을 가이드 메탈에 끼워 넣었을 때 다시 중심을 보지 않아도 좋게 하기 위해서다.

사진 6은 앵글 플레이트 가이드 메탈을 고정시킨 예이다. 공작물의 고정은 외주부에서

했다. 공작물의 차입을 쉽게 하기 위하여 가이드 메탈의 상단부에 테이퍼를 주면 편리하다.

사진 6 가이드 메탈(중앙)에 공작물을 삽입·세트한다.

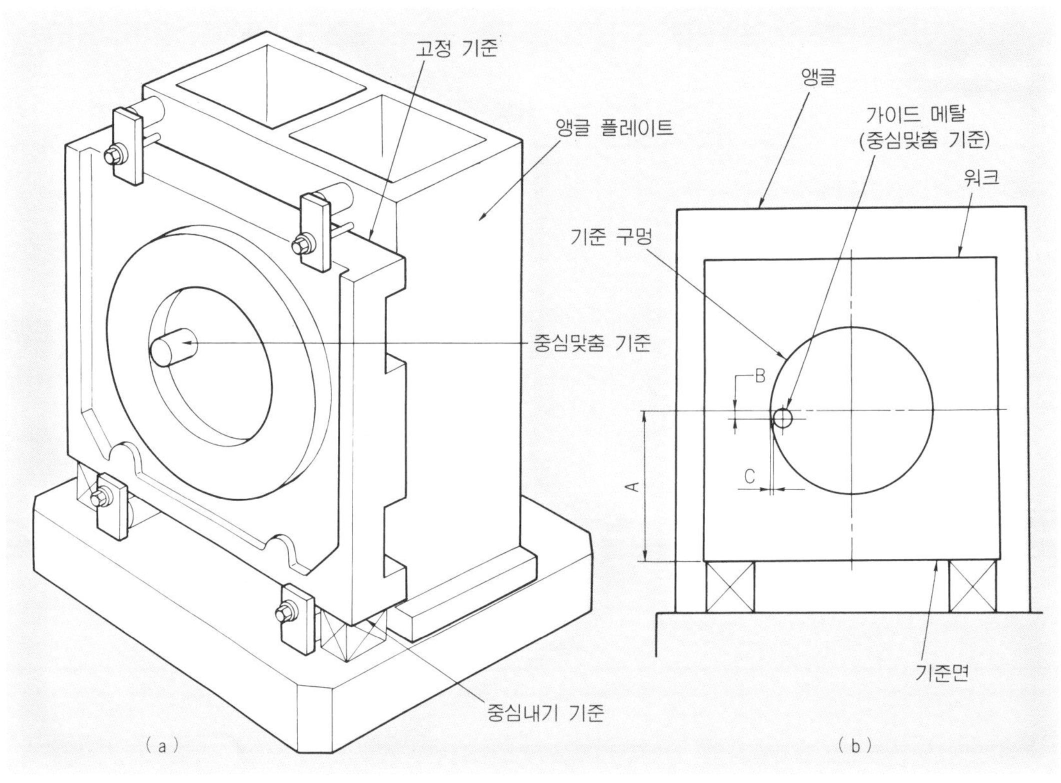

그림 9 가이드 메탈과 구멍 직경이 다른 예

　　제5장 준비 작업과 고정구

　　그림 9는 공작물의 구멍 지름과 가이드 메탈과의 지름이 같지 않은 예를 나타낸다. 고정 기준과 중심 기준은 면을 이용하고 중심 맞추기 기준에 구멍을 이용한 것이다. 공작물의 기준 구멍의 지름이 정확하면 가이드 메탈은 공작물과 같은 지름이 아니더라도 이와 같은 방법으로 정확한 위치 결정이 가능하다.

　　이 방법의 또 하나의 장점은 설령 기준면과 기준 구멍 사이에 치수 오차(A치수가 나와 있지 않으면 그 분량이 B치수로 된다)가 있어도 기준면으로부터 공작물이 뜨는 일은 없다. 그리고 이 경우에도 오차(C치수)는 극히 적다고 할 수 있다.

　　기준 구멍이 여러 개 있어서 그들을 기준으로 세트하는 일이 있다. 이런 경우에는 두 개의 구멍을 택하여 두 구멍 기준의 고정을 한다. **그림 10**은 두 구멍 기준의 고정구의 예이다. 한쪽은 진원, 다른 한쪽은 다이어 핀(원을 잘라 마름모꼴로 했으므로 가이드 메탈이지만 이렇게 부른다)으로 한다. 이것은 핀 지름의 대소에 관계없이 공작물을 차입하기 쉽도록 하기 위한 배려이다.

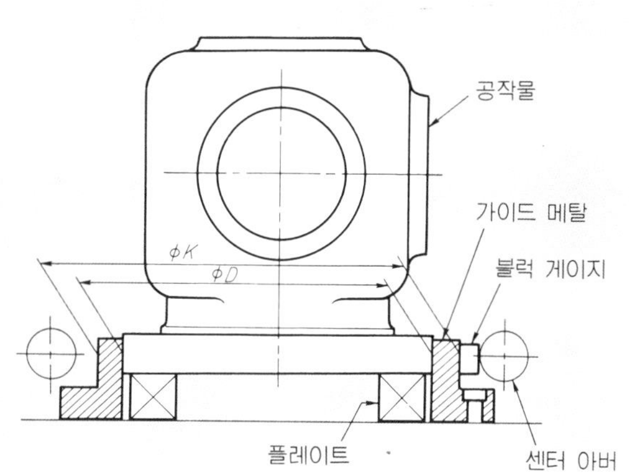

그림 11 공작물 외경이 그 중심 맞춤

　　다이어 핀의 역할은 공작물의 중심내기 기준으로 하기 위한 것으로 그 기울기를 기울이면(예컨대 90° 선회) 존재 이유가 없어진다. 가이드 메탈, 다이어 핀의 상단부는 테이퍼로 하는 것이 좋을 것이다.

　　기준 구멍을 3개 이상 설정하지 않는 것은 공작물의 구멍 지름, 구멍 피치 등이 일정하지 않으면 고정쪽과 맞추기 어려워지기 때문이다.

☯ 외경, 외주(外周) 기준에 의할 때

　　공작물의 외경 부분을 기준에 세트하는 일도 있다. **그림 11**은 공작물의 외경 치수 정밀도가 엄할 때의 예이다.

　　가이드 메탈은 공작물이 들어가는 내경뿐만 아니라 외경도 동심도, 면거칠기를 정밀도가 좋게 제작해 둔다.

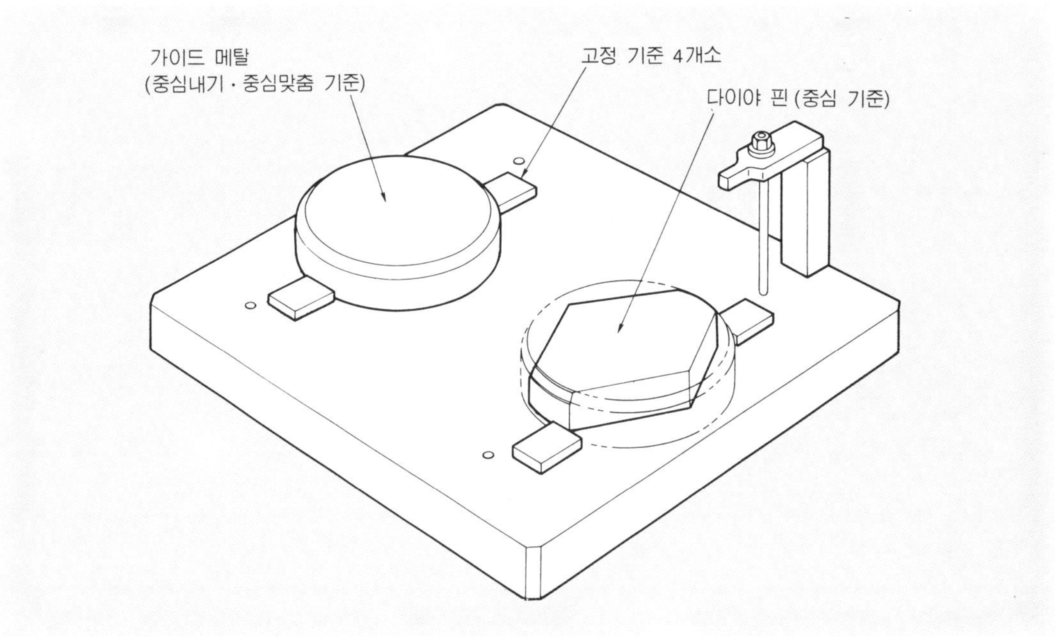

그림 10 구멍 기준의 고정구

이와 같이 필요하면 가공 중에 외경에서 중심을 확인할 수가 있고, 또 중심을 낼 때에도 내경에서 하기 보다 외경쪽에서 하기 쉬운 경우가 많다.

외경 이용의 가이드 메탈도 내경 이용과 마찬가지로 공작물의 차입(差込)을 쉽게 하는 연구나 가이드 메탈이 준비 중이나 절삭 중에 움직이는 일이 없도록 견고하게 고정하는 것이 중요하다.

흑피의 외주를 이용한 기준도 있다. **사진 7**은 사이드 잭을 이용하여서 흑피의 외주로

사진 7 사이드 척에 의하여 흑피 외주에서 내원 중심을 구한다.

부터 내원의 중심을 구한 예이다. 흑피는 면이 거칠어, 받는 면을 너무 넓은 면으로 하면 문제가 일어나기 쉽다. 이와 같은 방법은 공작물 소재의 불균일이 어느 정도 안정성이 없으면 안된다.

이 방법은 가이드 메탈과 같이 공작물을 차입하지 않아도 되고 칩이 떨어지기 쉽다는 등 이점도 많이 있다.

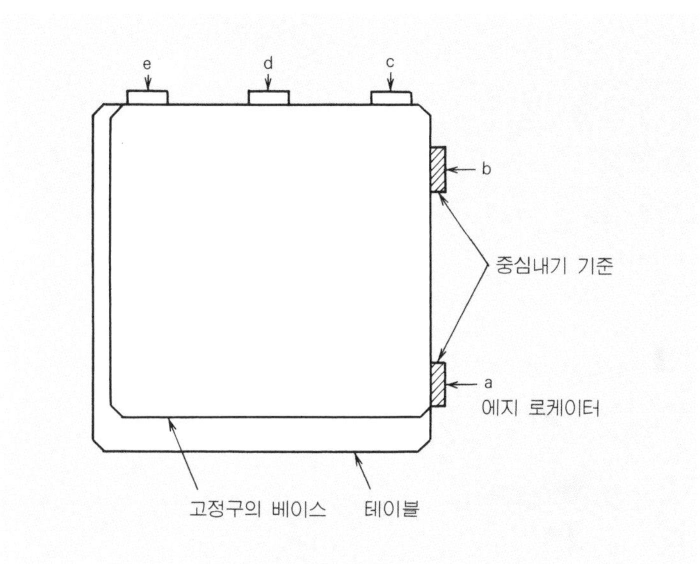

그림 12 위치 결정 기준의 에지 로케이터

그림 12는 이것은 에지 로케이터로 중심내기 기준과 위치 결정 기준을 구하려고 한 예이다. 그림 중의 a, b는 중심내기 기준, c, d, e는 위치 결정 기준을 가리킨다. c, d, e 중 위치 결정 기준으로서 어느 한 곳을 채용하려고 하면 어느 위치가 좋을 것인가.

현장 작업중에 써보면 c가 제일 맞추기 쉽다는 것을 경험상 알 수 있다.

일직선의 기준은 떨어진 쪽이 안정되므로 a, b는 거리가 어느 정도 안정되게 된다. 이 a, b(중심내기)에 대하여 위치 결정만의 성격을 갖게 하기 위한 기준(1개소)의 위치는 a, b에 가까울수록 좋다. 즉 c가 좋은 것이다.

책상 위에서 잠깐 생각하면 e가 안정될 것 같은 느낌이 든다. 그러나 위치 결정 기준은 점이 좋고 그 위치는 중심내기 기준에 영향이 적은 중심내기 기준에 될 수 있는대로 가까운 것이 좋다.

그런데 일반적으로는 범용성을 중시하여 d의 위치에 설정하는 일이 가장 많아지고 있는데, 이것은 회전 중심에서 치수 측정을 하기 쉽고, 공작물을 테이블 중심에 놓았을 때 c의 위치에는 공작물이 미치지 못하고 있는 일이 있는 등의 이유가 있기 때문이다.

MC를 살리는 것은 고정구 나름

MC의 특성을 더욱더 발휘시키는 것은 가공물의 고정 방법이 아닐까. MC를 살리는 것도 죽이는 것도 고정 방법 나름이란 뜻이다.

● MC의 유효 특성

MC가 종래의 범용기에 비하여 우수한 점은 절삭 공구를 정확하게 위치 결정할 수 있다는 일이다.

종래의 공작 기계에서 구멍뚫기를 할 때 금긋기 작업을 하거나 구멍뚫기 지그를 만들어 구멍뚫기를 했다. 그런데 구멍 가공 지그는 설계에서 시작하여 많은 가공이 있기 때문에 값이 비싸다.

다시 말하면, 구멍뚫기 지그는 1구멍에 10만 엔의 비용이 든다. MC이면 이것 없이도 가공할 수 있으므로 대단한 이점이 된다.

보통 매달 같은 일이 오는 것은 어느 정도 튼튼한 지그를 만들어 작업을 하고 있는데 그래도 가능한 한 경제적으로 하려고 생각하여 주물이 아닌 철골 구조로 하거나 또 이전에는 NC는 반드시 기준면이 필요하여서 기준면만을 범용기로 가공해 두는 등 까다로웠으나 최근은 잭업시켜서 흑피 소재 그대로를 고정하여 가공하는 방법도 일반화되었다. 이 때도 금긋기 없이 되므로 대단한 이점이 있다.

MC에서는 범용기에 비하여 절삭 시간이 어느 정도 증가했는가 하는 단순한 절삭 시간만의 비교로는 잴 수 없는 효과가 있기 마련이다.

절삭 시간만을 비교한다면 범용기나 MC는 그다지 큰 차이가 없다. 예컨대 범용기에서 1시간 걸리는 일을 MC이면 30분에 된다고 해도 기계의 설치비가 5~6배가 되므로 수지가 맞지 않는다. 실제는 그것만으로는 비교할 수 없는 이점이 있기 마련이다.

예컨대, 장시간 운전할 수 있다는 것도 하나의 큰 이점이다. 그러기 위하여 팰릿 체인저나 자동 계측, 절삭 공구의 파손 자동 검지 등 무인화를 위한 주변 기기를 갖고 있다.

이와 같은 MC의 특성을 100% 살린 고정구를 생각하는 것이 현장인의 중요한 일이다.

● MC를 살리는 고정구

MC를 유효하게 쓰기 위한 고정구의 조건으로는 ① 경제적일 것, ② 한 번의 고정으로 될 수 있는 대로 많은 가공을 할 수 있을 것이라는 두 가지 점으로 집약된다.

(1) 경제적 고정구

경제면에서 생각해 보면 될 수 있는 대로 전용 고정구를 적게 하여서 범용성을 갖게 하는 일이다. 즉 제일 기초가 되는 고정구는 시판품이거나 회사 독자의 것을 만들어도 좋겠지만 그 기초는 각각의 가공물에 맞춘 고정구를 간단하게 설치할 수 있도록 하여 범용성을 갖게 하는 것이다.

물론 될 수 있는 대로 값싸게 만드는 일이 중요하므로 가능하면 다른 곳에 가공을 의뢰하는 것이 아니고 그 현장에서 바로 될 수 있으면 좋다. 예컨대, 구멍을 뚫거나 위치 결정의 핀을 넣든가 하는 정도로 되는 고정구가 이상적이다. 가공 시간이 적고 코스트도 들지 않는다.

시판품의 고정구를 보면 전체 면에 나사를 내거나 홈이 가로, 세로로 들어가 있다. 이것은 여러 가지 상황에 대응할 수 있도록 범용성을 주어 될 수 있는 대로 간편하게 하려고 한 것이다.

이상적인 지그를 만들었다면 3,000만 엔 정도 든다. 그것으로 30만 개의 제품을 만들었다 해도 지그 비용은 1개당 100엔 꼴이다. 채산이 맞을 것인가.

또 최근에는 모델 체인지가 심하여 전용 지그는 바로 쓸 수 없게 되는 일도 생각할 수 있다. 따라서 가격이 차지하는 지그 비용은 문제 요인의 하나로 그것을 작게 억제하는 것이 중요하다.

(2) 될 수 있는 한 많은 가공을 하는 고정구

가능한 한 간섭을 없애는 일이 중요하다. 간섭이 없다는 것은 그만큼 많은 장소를 가공할 수 있음을 뜻하므로 한 번 고정으로 많은 가공을 마칠 수 있다.

예컨대, 에지 로케이터이면 조임판으로 두 면을 고정시키고 수평형 MC에서 로터리 테이블을 써도 나머지 두 면밖에 가공할 수 없게 된다. 물론 두 면밖에 가공하지 못해도 가령 한 번에 20개 정도의 가공물을 고정하고 가공한다면 별문제이지만.

또 조임쇠가 가공 개소(個所)에 겹치는 일이 잘 있는데 조임쇠에 창을 만들어 두면 조임을 풀어 다시 고정하지 않아도 동시 가공할 수 있게 된다. 순간적인 재치를 발휘하면 효율이 훨씬 달라진다.

어느 기계나 마찬가지이지만 특히 MC의 경우에는 어느 정도로 가동할 수 있느냐가 문제인데 24시간 가동할 수 있다면 가장 좋을 것이다.

그러기 위하여 팰릿이나 매거진 등의 활용을 생각하게 되는데 6련의 매거진 같은 것은 1,000만 엔 이상한다. 두 개 교환하여 쓰는 팰릿 체인저는 200~300만 엔 정도이다.

그러니까 1개의 팰릿에 3개씩 가공물을 설치하도록 연구하면 6련의 매거진과 같은 기능을 시킬 수가 있으므로 대단한 코스트 다운으로 이어진다. 큰 물건을 가공할 때에는 1팰릿에 1개의 가공물만 고정하지만 작은 물건일 때는 2층, 3층으로 고정하면 큰 폭의 코스트 다운도 가능하다.

또 그렇게 함으로써 가공물 1개당 가공 시간이 5분 또는 10분 걸려도 여러 개를 동시에 가공하면 연속 가동할 수 있게 된다. 5분이나 10분 사이에 사람이 기계 곁을 떠날 수는 없지만 몇 시간씩 연속 가동되면 기계를 떠나서 다른 일을 할 수 있게 된다.

간섭이 없는 고정구란 가능하면 가공면에 어떤 고정구나 조임판도 나와 있지 않는 것이 이상적이다. 그러기 위하여 가공물 자체의 구멍이나 나사를 이용하는 것이 제일 좋은 방법이다.

극단적인 예로, 소재 그 자체를 처킹하고 모든 가공을 한 뒤 최후에 절단 완성한다는 방법도 있다. 소재 그 자체가 고정구로 된다는 뜻이다. 물론 소재에 여분이 필요하나 가공 시간, 지그에 드는 비용과 소재의 단가를 비교하면 소재를 좀더 쓰는 것이 이득일 것이다.

메이커는 급이송이 20 m라든가 ATC가 몇 초에 교환될 수 있는가 등 한창 경쟁하고 있는데 유저가 그런 시간 코스트의 감각을 가져오고 있다는 증거라 할 수 있다.

예전에는 가공물에 접근은 2 mm 앞이 일반적이었으나 지금은 0.5 mm가 보통으로 되어 있다. 예전에는 관성력으로 절삭 공구가 가공물에 부딪치지 않을까 걱정했지만 지금은 0.5이면 0.5에 정확히 위치 결정된다고 확신을 가질 수 있게 되었으므로 조금이라도 대기 시간을 줄이려고 얼마 안되는 이송 시간조차 신경써서 일하고 있다.

이런 상황이므로 공작물 교환시 대기 시간이 아까워 팰릿 체인저를 써서 외부 준비하여 24시간 가동하려고 생각하게 된다. 기계에 대한 신뢰도가 높아졌다고 말할 수 있다.

● 고정구의 구체적인 예

사진 1의 가공물은 두 번으로 나누어 가공한다. 원통부는 선반에서 전에 가공되어 있다.

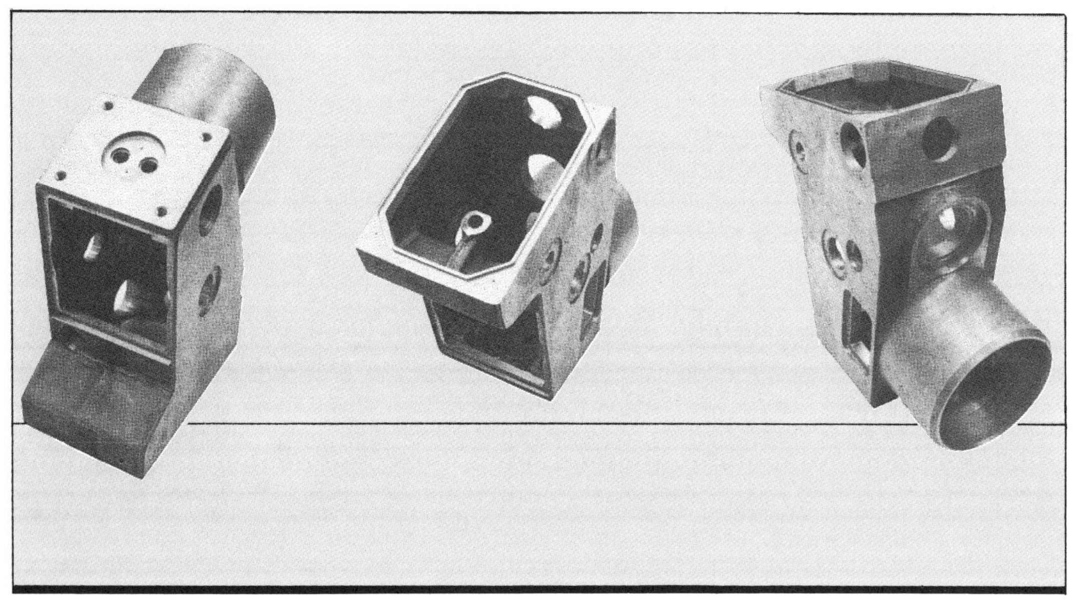

사진 1 고정 예①의 가공물

  제**5**장 준비 작업과 고정구

그림 1과 같이 로터리 테이블을 이용하여 원통부를 기준으로 하여 가공물 내부의 자리면을 이용하여 설치한다. 이것으로 3면 가공을 한다.

다음 공정에서는 그림 2와 같이 가공물의 두 개의 구멍을 기준으로 하고 고정한다.

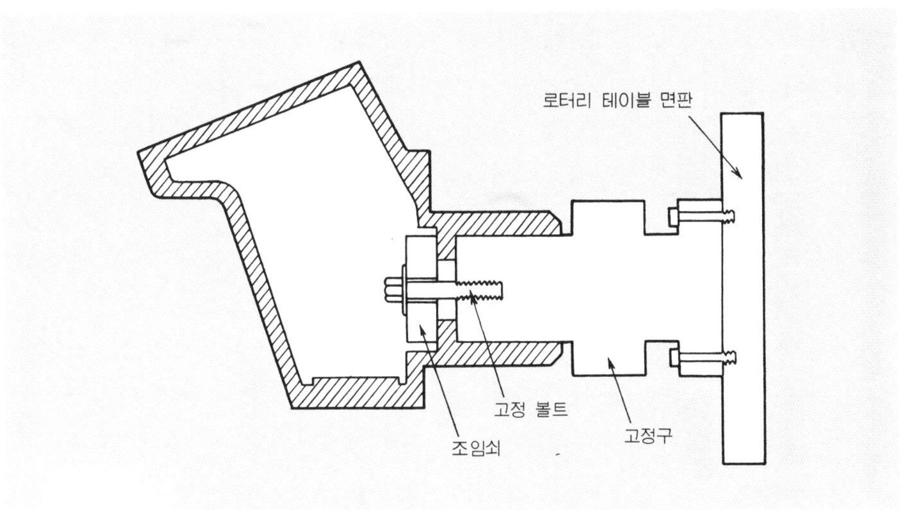

그림 1 ①의 고정구 – 1(외부 3면 가공용)

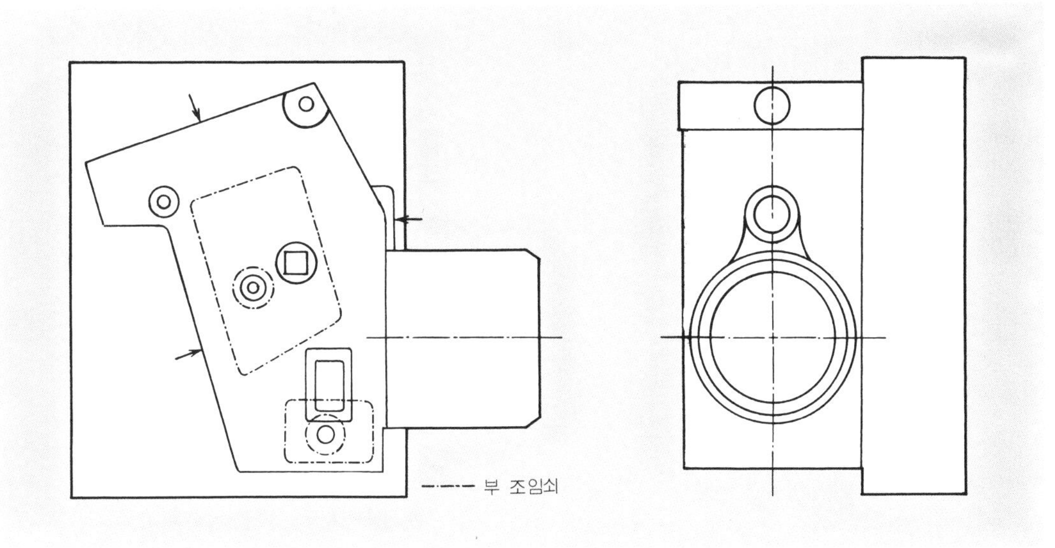

그림 2 ①의 고정구 – 2(경사창 및 가공용)

사진 2의 가공물은 기준면으로써 밀링 머신에서 한 면을 가공했다. 가공은 2공정으로 나눈다.

제1공정의 고정은 그림 3과 같이 하고 외주 가공을 모두 마친다. 이 고정구는 다듬질 형상에 맞추어 그 형상이 볼록하게 되는 상태로 가공되어 있다. 사람의 눈은 대단한 것으로 가공물의 두께의 배분 등을 생각하면서 눈짐작으로 적당히 고정하는 것이다.

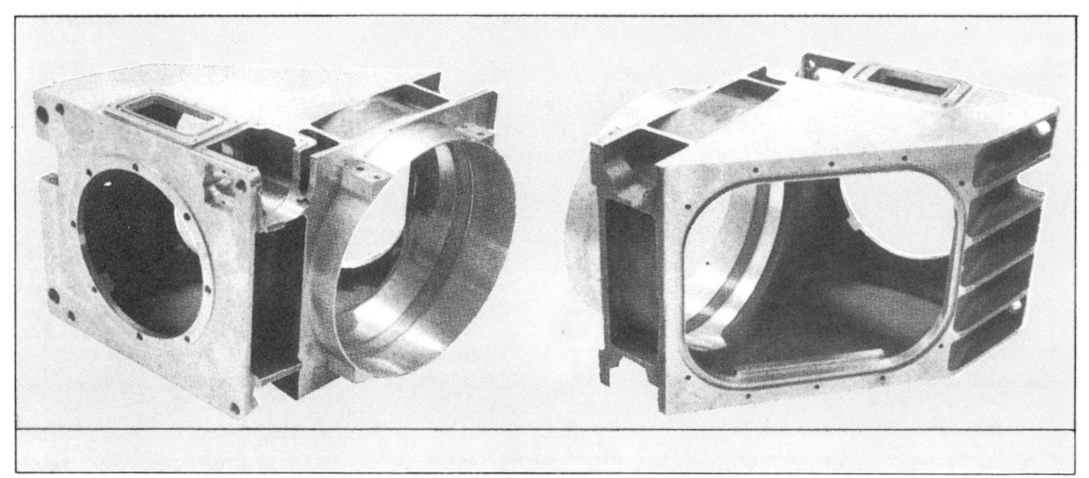

사진 2 고정 예②의 가공물

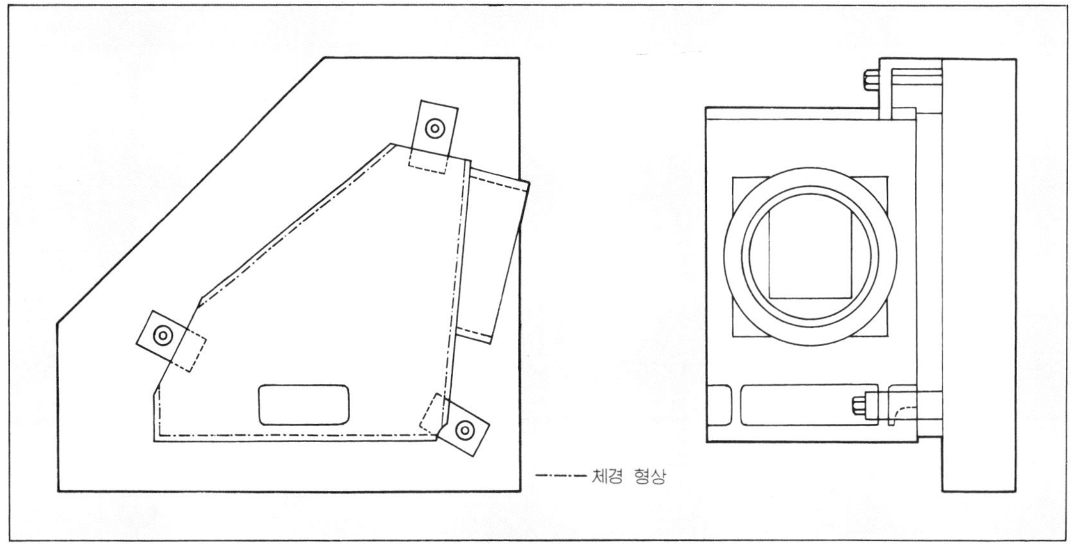

그림 3 ②의 고정구 - 1(외곽용)

　걱정되는 사람은 게이지를 대면서 위치 결정을 하고 실제 가공할 때는 게이지를 치우는 방법도 가능하다. 또 +자 금긋기해서 가공물의 +자선과 맞추는 방법도 있다. 0.2 mm 이내의 위치 맞춤이 된다.

　주물의 정식 가공 방법으로는 금긋기를 하여 절삭 여유를 보거나 하는데, 코스트를 생각하면 금긋기는 낭비이므로 그것을 하지 않도록 사전 가공하여서 기준을 정하거나 가공물의 절삭 여유를 육감으로 정한다.

　주물의 경우는 코너나 상형, 하형을 정하는 방식에서 오차가 크게 나오는 부분과 적게 나오는 부분이 있다. 이런 점을 고려해서 기준 잡는 방법에 주의를 기울이고 있다.

　제 2 공정은 **그림 4**와 같이 가공을 마친 구멍을 이용하여 고정, 그림 오른쪽의 창가공을 하여 완성한다.

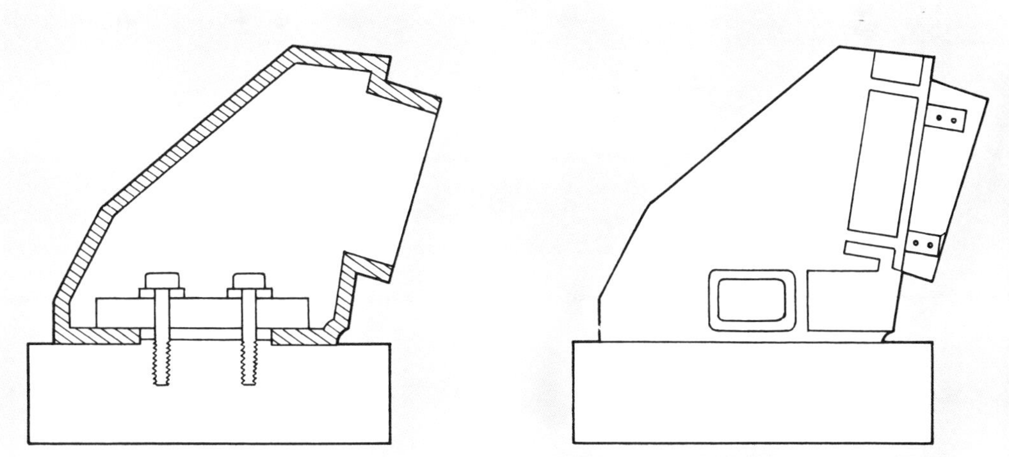

그림 4   ②의 고정구-2(외곽창부용) 저면 구멍 기준

*   *   *

고정구에 대해 생각하는 바 전용 고정구와 범용 고정구가 있는데 이제부터는 그 중간 격인 고정구가 필요하게 되는 것이 아닌가 생각된다.

제일 기본이 되는 지그가 있어서 그것에 가공물 전용의 고정구를 블록 빌드식으로 조립하여 범용성을 높이게 된다.

만일 가공 개수가 적어 강철의 고정구를 만드는 것이 귀찮으면 될 수 있는 대로 가공하기 쉬운 경합금 등을 이용하는 것도 생각된다. 경합금은 강성이나 강도가 문제있다고 생각할지 모르지만 강철보다 두껍게 하거나 폭을 갖게 하면 소로트 가공에는 충분히 견딘다.

대량 생산 시대라면 그렇게 안되겠지만 다품종 소량 생산 시대에는 이런 경제 관념을 가질 필요가 있다.

또하나 되풀이 생산되는 것이라면 퍼머넌트 준비식 고정구로 팰릿마다 놓아 두고 다음 가공시에는 그대로 교체하여 쓰는 방법도 있다. 팰릿 한 개도 80만 엔씩 하므로 낭비지만 되풀이 생산할 경우에는 유효한 방법이라 할 수 있다.

MC에서 공작물의 설치

1

대형 MC 가공에 사용하는 고정구는 중소형의 MC와 마찬가지로 범용 고정구를 사용하고 있다.

즉 베이스 플레이트, 2면 앵글 플레이트 및 4면 블록은 각각 사용하는 팰릿의 크기에 맞추어 대형화되고 있다.

대형 공작물의 MC에 의한 가공에서는 중, 소형 공작물의 경우와 다른 문제점을 갖고 있으므로 그들을 고려한 고정구, 공구, 프로그래밍 등이 필요하다.

특히 공작물이 크기 때문에 절삭 여유가 소형 공작물에 비하여 많아 그 오차가 크게 나타난다.

또 가공 시간도 길어지므로 절삭열, 실내 온도의 변화, 기계의 발열에 의한 열변형, 칩의 열에 의한 영향 등을 고려할 필요가 있다. 그러나 고정구로서 기본적인 구성에는 변함이 없다.

⇧ 대형 수직형 MC의 고정구

팰릿 상의 고정구 본체로 되는 베이스 플레이트, 2면 앵글 플레이트 및 4면 블록은 그대로 대형화하여 사용하고 있다. 또 기준 블록, 받침쇠, 조임구, 척, 기타 부품도 그대로 대형화, 표준화하여 사용하고 있다.

MC에서 공작물의 설치

2

◀安田工業▶

앵글 블록, 앵글 플레이트, 서브테이블, 머신 바이스 등은 MC의 범용 지그의 대표이다. 로트 수가 많은 공작물, 특이한 형상을 가진 공작물, 흑피를 기준으로 한 다면 가공을 필요로 하는 공작물 등에는 전용 지그편이 대응하기 쉬울 것이다.

견고하고 고정밀도로 표준화된 앵글 블록 등을 지그 베이스로 하고 각종 공작물의 서브지그를 유닛화하여 착탈시키는 방법은 범용과 전용을 조합시킨 경제적인 지그로 표준화가 가능하다. 지그의 표준화의 예로 두 가지 실시 예를 소개한다.

〔실시 예 1〕

수평형 MC용의 다수 개용 지그이다. 앵글 블록 등을 지그 베이스로 하고 각종 공작물 및 공정별로 유닛화된 서브지그를 블록의 4쪽 면에 설치하여 기어 펌프 부품의 구멍 가공을 한다.

⇧실시 예 1의 다수개용 지그

⇧실시 예 2의 조합 부품 동시 가공용 지그

　지그 베이스로 되는 앵글 블록은 고정밀도를 요구하므로 밑면은 스쳐맞춤 다듬질하고, 서브지그의 고정면으로 되는 4쪽 면 다듬질과 위치 결정 핀 구멍의 가공은 팰릿 테이블 위에 에지 로케이터를 이용하여 위치 결정한 후 사용하는 기계로 공동 다듬 가공을 한다.

　이와 같은 다수 개용 지그일 때 공작물은 각각의 위치, 방향에서 가공되므로 공구나 스핀들이 공작물과 간섭하거나 가공 정밀도가 불안정되기 쉬우므로 충분한 연구가 필요하다.

 제**5**장　준비 작업과 고정구

컴프레서의 케이싱 가공용 지그이다. 두 개의 서로 다른 부품은 기계의 가공 완료 후 조립되어 한쌍으로 되기 위하여 동축도, 피치 정밀도 등의 상호 정밀도가 매우 중요하다. 따라서 이 지그도 공작물 고정면과 위치 핀 구멍의 다듬질 가공은 사용 기계에서 공동 다듬 가공한다.

조합 공작물을 동일 지그 한 쌍으로 준비하여 같은 사이클 중에 가공하게 되므로 상호 정밀도가 안정되고 조립 공정에서 부품 공급이 원활하게 된다.

다방향에서 가공에도 적응할 수 있도록 앵글 플레이트에는 절결 구멍 등 여러 가지로 연구되어 있다.

MC에서 공작물의 설치

3

◀ 三津鐵工 ▶

공작물의 예

수직형 MC는 인덱스가 없는 한 원척에서는 상면(1면) 가공 외에는 할 수 없다. 본 기계는 이 수직형 MC의 결점을 보완하기 위하여 개발된 것이다.

분할축은 수평 방향으로 되어 있고 0°, 90°, 180°, 270°로 90°씩의 분할은 NC 장치로부터 신호 M 기능으로 한다. 공작물의 고정면은 양지식, 양면 분할 클램프식이다. 언클램프는 에어 실린더를 사용하고 언클램프 완료 후 분할용 모터가 회전한다. 모터는 분할축이 90° 회전한 곳에서 브레이크가 걸려 정지하고 모터가 완전히 정지한 상태에서 클램프 동작에 들어간다.

클램프는 스프링을 쓰며 앞에 언클램프시에 에어 실린더로 압축되어 있고 언클램프용 에어 실린더를 열어 배출시키면 스프링 힘에 의하여 클램프된다.

박스형 공작물 두 개를 사진과 같이 플레이트 기반에 고정하고 한쪽에서 4면 가공을, 다른 쪽에서 2면 가공한다. 이 사이 ③에서는 플레이트에 뒷창 가공을 시킨다. 되풀이 생산시에는 이 플레이트가 고정구 겸 위치 결정 지그판으로 된다.

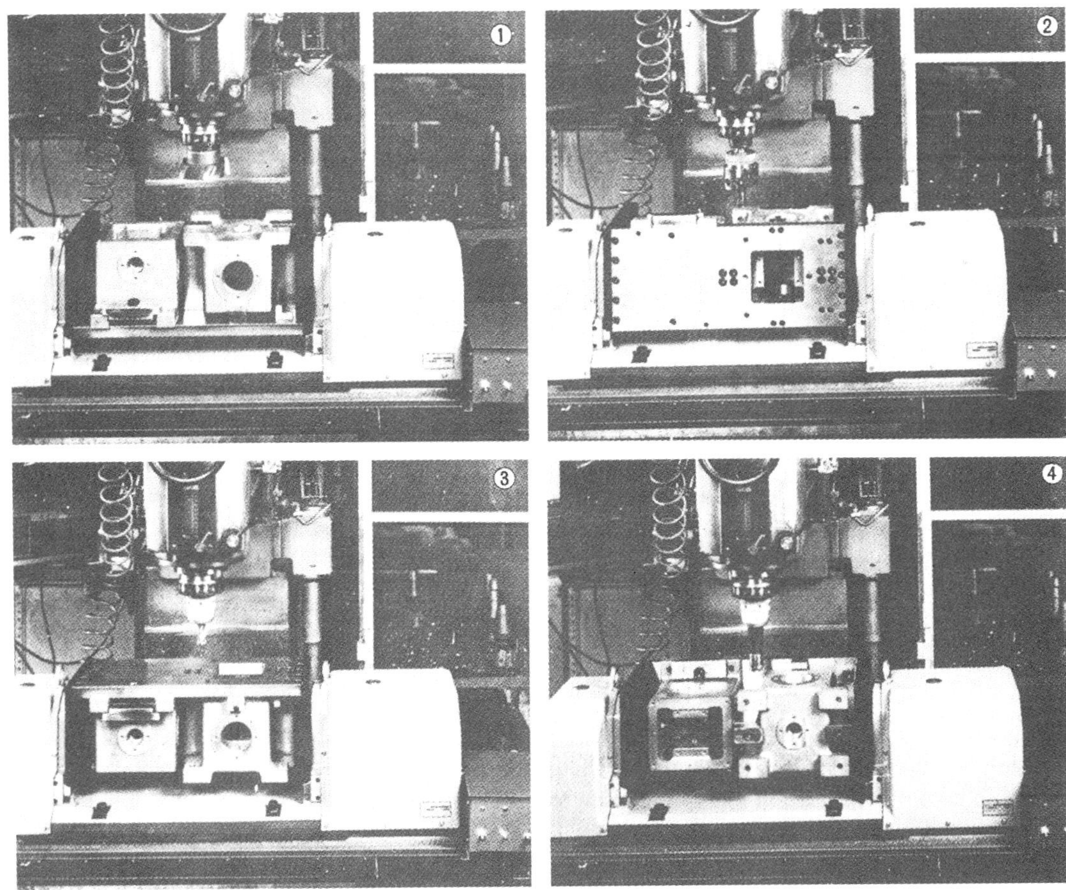

⇧①~④의 순으로 0°, 90°, 180°, 270°와 플레이트가 선회하여 원척으로 4면을 가공할 수 있다.

제5장 준비 작업과 고정구

MC에서 공작물의 설치

4

● □70 mm 이하용 표준 팰릿

종래 각형 공작물을 고정할 경우 머신 바이스를 사용하고 있었으므로 머신 테이블에 2~3개의 공작물밖에 고정이 안되어 가공 시간이 짧은 것은 작업자가 기계에서 떨어질 수 없었다.

여기서 X축 방향의 위치 결정 홈을 갖고, Y축 방향에 기준면을 갖는 센터 블록을 두개 고정하고 다시 T홈에 Y축 방향으로 자유로이 이동되는 웨지 효과를 이용한 수평 조임 클램프(벡터 클램프)를 써서 최대 44개의 공작물을 고정할 수 있는 1030×600 mm의 표준 팰릿을 제작했다.

사진의 예는 □70의 공작물의 제1, 제2공정을 가공하는 것으로 각각 22개의 공작물을 고정했다.

● 펌프용 플랜저 가공 지그

9종류의 펌프용 플랜저는 어느 것이나 중심부에 지름 3.4 mm, 깊이 57 mm의 구멍 가공이 필요하다. 종래에는 공작물 10개를 V자 모양 홈을 갖는 지그에 위치를 결정하고 고정하여 드릴링 센터로 가공하고 있었으므로 공작물을 물리고 푸는데 10분, 가공에 20분이 소요되었다.

여기서 1000×600 mm의 팰릿에 324개소의 위치 결정, 고정용 구멍을 만들고 이것에 고정 지그에 의하여 공작물을 상부에서 고정하고 가공한다.

이것에 의하여 공작물의 탈착과 가공에서 2.5시간을 단축할 수 있고 더욱이 야간 무인 운전이 가능하게 된다.

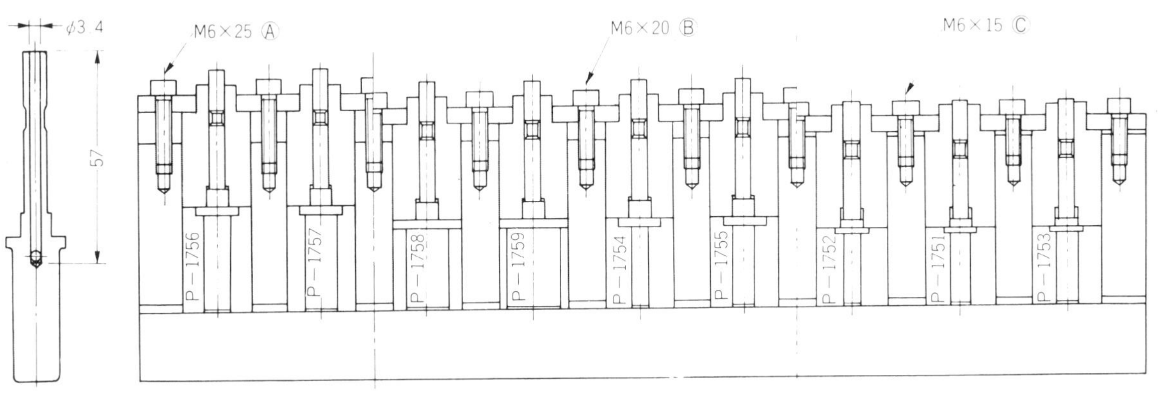

⇧ 공작물 형상 · 치수와 공작물의 고정 방법

MC에서 공작물의 설치

5

◀ 津田駒工業 ▶

지그 베이스는 몇 가지로 통일하고 기계 본체 또는 매스 블록에 고정할 구멍은 공동용 으로 하는 것이 좋겠다.

제 **5**장 준비 작업과 고정구

이것은 준비 공수의 단축화와 생산 대수의 변동에 의한 대상 공작물의 변천에도 원활하게 대응된다.

당사에서는 MC용 지그 베이스의 사이즈는 다음의 세 가지로 통일하고 있다.

① $850 \times 600 \times t\,40$

② $600 \times 425 \times t\,35$

③ $425 \times 300 \times t\,30$

이들 길이×폭은 숫자를 보면 알 수 있듯이 각각 상관 관계가 있어서 APC에 세트하는 경우에도 동시에 몇 가지의 공작물을 동시 가공할 수 있도록 배려한 것이다.

● 큰 주물의 경우

대상의 공작물은 구멍수 약 100개로 가공 내용은 보링, 드릴, 탭 가공, 재질은 FC 20의 큰 주물이다.

종래에는 플래노밀러, 보링 머신, 래디얼 드릴링 머신으로하여 총공수는 3.5시간 소요되었다.

현재는 수평형 MC에서 집약화를 기하고 있다. 첫번째 고정에서 3면 가공, 두번째에서 나머지 3면을 가공한다(보링, 드릴, 탭 가공). 정미 절삭 시간을 단축하기 위하여 등피치, 동패턴의 구멍뚫기, 탭 가공에는 다축 어태치먼트를 채용했다. 플래노밀러(앞공정)와 MC 가공으로 총가공 시간은 10시간이다.

종래에는 준비에 1시간, 가공 시간 35시간, 모두 36시간이 걸렸는데 개선 후는 준비 시간 1시간을 더하여 모두 11시간으로 단축했다.

● 작은 주물의 경우

 매스 블록에 고정된 공작물은 재질이 FC 20, 구멍 수 20, 제작 개수는 월간 400~500개, 가공 내용은 밀링, 보링, 탭 가공이다.

 MC 가공 전에는 선반과 래디얼 드릴링 머신으로 하여 1개당 2.3시간 걸렸는데 MC에서는 0.9시간으로 되었다. 이전에는 재처킹시에 편심을 피할 수 없었으나 MC 가공에서는 구멍 피치 $\pm 0.020 {}_{0}^{+0.05}$로 다듬어낸다.

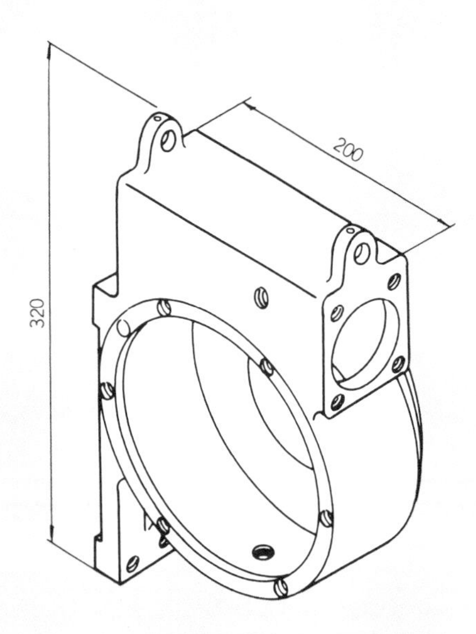

MC에서 공작물의 설치

6

이것은 베이스 플레이트상에 클램핑 보디, 로케이팅 맴버, 블록 스팬 시스템 등 많은 지그 커맨드를 조합하여 지그, 고정구를 구축하는 블록 빌드 지그 시스템이다. 여러 가지 형상의 공작물에 신속 대응할 수 있어서 다품종 생산용으로 경제적 고정밀도의 지그이다. 특별히 값비싼 전용 지그, 고정구를 제작할 필요가 없다.

⇧ 수평형 MC용에 구축한 예

위의 사진은 수평형 MC용으로 구축한 지그의 예로 공작물은 섬유 기계용 커버 부품 (FC 25). 축조 시간은 332×640 mm의 베이스 플레이트를 사용하여 약 2시간이다.

공작물은 수직 고정으로 롱 드릴과 밀링 가공을 하기 위하여 위치 결정 떨림 방지에 주의하고 또 가공 위치가 집중되어 있는 것을 살려서 칩 처리에도 신경써서 구축된다.

아래 사진은 수직형 MC용으로 구축한 지그의 예로 공작물은 섬유 기계용 커버 부품 (FC 25) 축조 시간은 332×640 mm의 베이스 플레이트를 사용하여 약 1.5시간이다.

수직형 MC에 의한 가공은 평면적으로 지그 구축은 쉽게 생각하지만 이 예와 같이 두께가 얇고 절삭력에 의하여 응력이 생기기 쉬운 가공물에서는 로케이팅 멤버와 레스트 너트에 의한 공작물의 높이 조정이 가능하게 되는 위치 결정의 부재가 필요하게 된다.

특히 연속하여 절삭점이 이동해 가는 엔드 밀 가공의 경우에는 이 높이 조정 기구의 구축이 클램프 방법과 함께 중요하게 된다.

또 조여붙이는 힘을 일정하게 하기 위하여 3개의 훅다운 클램프를 써서 언클램프시의 스트레스가 작아지도록 배려하고 있다.

⇧ 수직형 MC용에 구축한 예

MC에서 공작물의 설치

7

◀ 서독 · Blüco ▶

격자 모양에 나사 구멍과 핀 구멍을 교대로 뚫은 정반 위에, 같은 고정 구멍을 가진 각종 구성 부품을 사용하여 공작물을 고정한다. 이 격자의 간격 및 구멍 지름은 다음의 3종류가 있다.

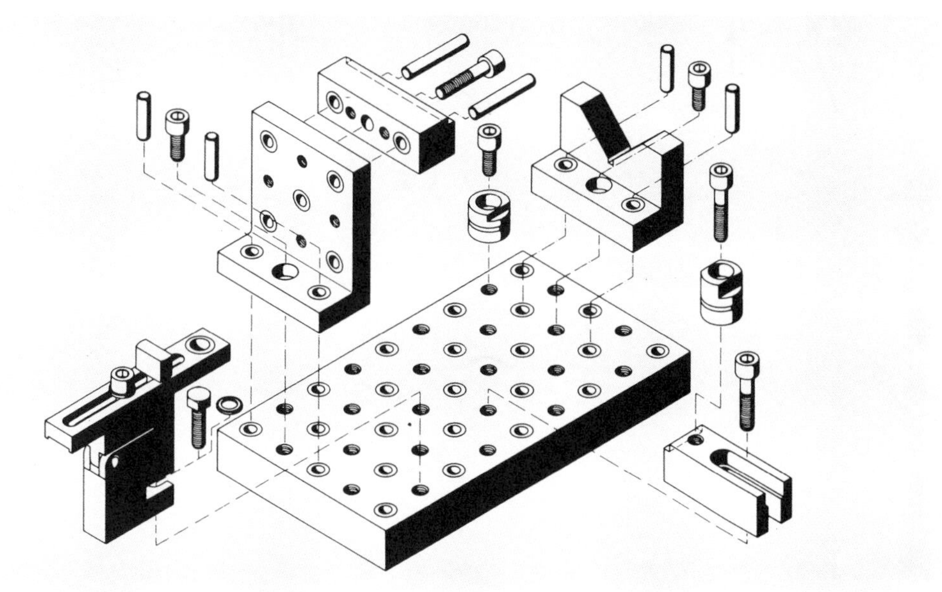

① 310 시스템…격자 간격 30mm(±0.01mm), 나사 구멍 M10, 핀 구멍 10.015mm
② 412 시스템…격자 간격 40mm(±0.01mm), 나사 구멍 M12, 핀 구멍 12.02mm
③ 516 시스템…격자 간격 50mm(±0.01mm), 나사 구멍 M16, 핀 구멍 16.02mm

이 세 가지 시스템은 격자 간격과 구멍 지름이 다를 뿐 시스템의 기본적인 구성은 같다. 다만 기초 정반은 평면상 외에 매스 블록상의 입체 정반, 양면 앵글 플레이트를 비롯하여 원형 정반, 앵글, 양면 앵글 등도 있다.

기타 구성 요소는 그림과 같이 V블록, 사인대, 바이스, 각종 클램프, 서포트, 타워 등으로 이루어 지며 거의 모든 형상의 공작물을 고정할 수 있다.

서독에서는 벤즈, 지멘스 등 대기업에서 채용하고 있다.

제6장
자 료 편

BT 50의 툴링 시스템

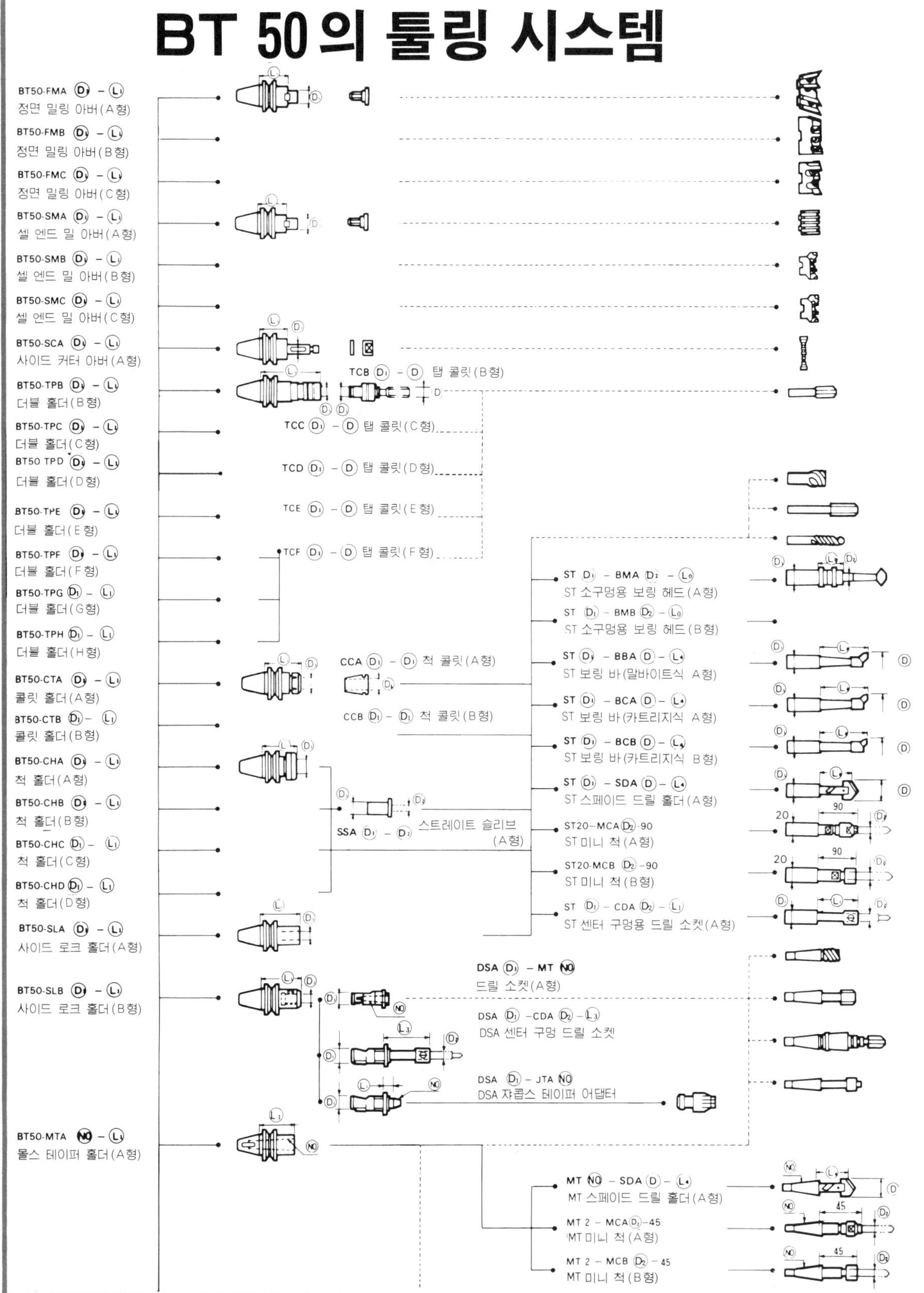

제**6**장 재 료 편

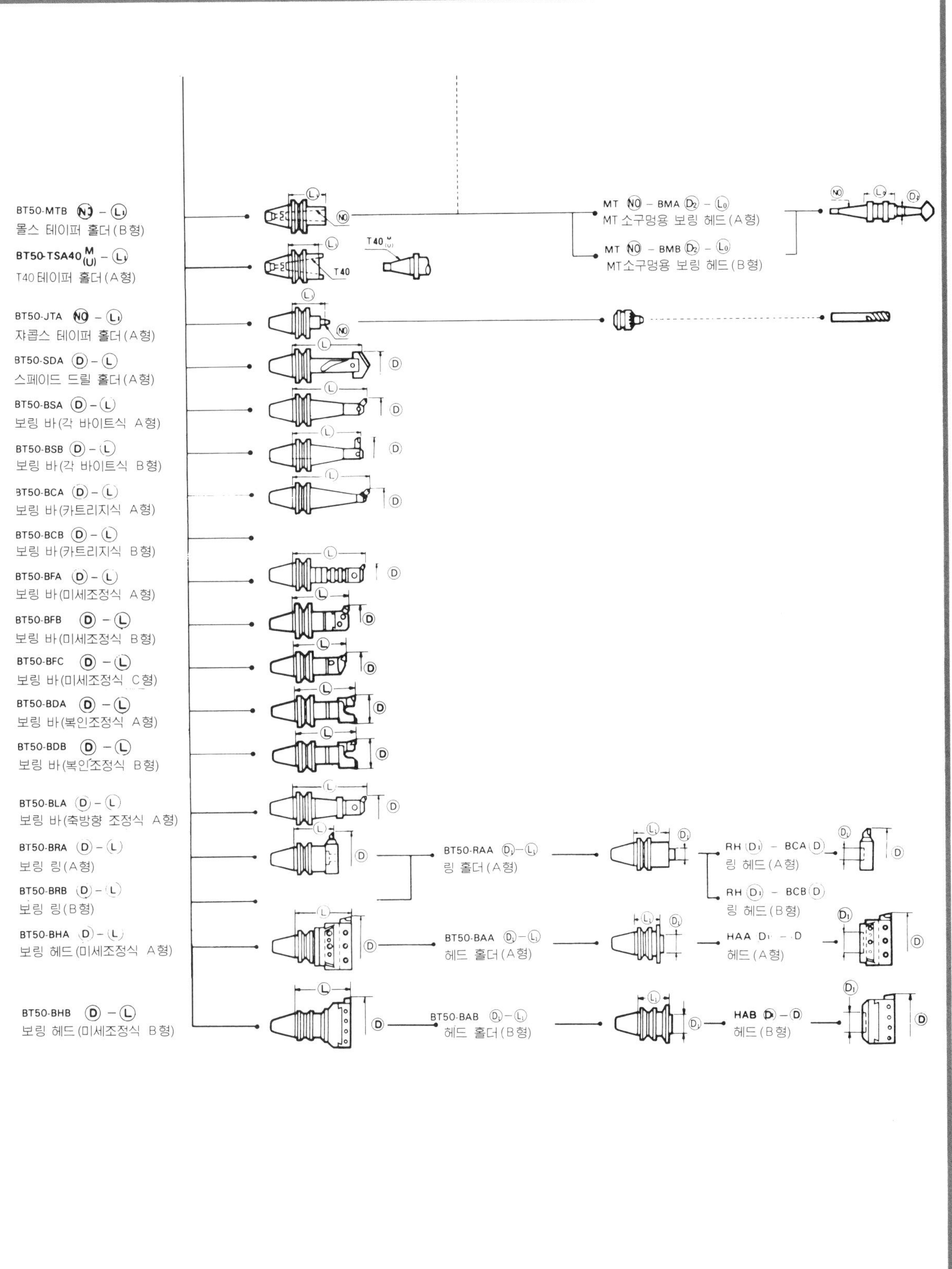

BT50-MTB (NO) – (L₁)
몰스 테이퍼 홀더(B형)
BT50-TSA40 M(U) – (L₁)
T40 테이퍼 홀더(A형)
BT50-JTA (NO) – (L₁)
쟈콥스 테이퍼 홀더(A형)
BT50-SDA (D) – (L)
스페이드 드릴 홀더(A형)
BT50-BSA (D) – (L)
보링 바(각 바이트식 A형)
BT50-BSB (D) – (L)
보링 바(각 바이트식 B형)
BT50-BCA (D) – (L)
보링 바(카트리지식 A형)
BT50-BCB (D) – (L)
보링 바(카트리지식 B형)
BT50-BFA (D) – (L)
보링 바(미세조정식 A형)
BT50-BFB (D) – (L)
보링 바(미세조정식 B형)
BT50-BFC (D) – (L)
보링 바(미세조정식 C형)
BT50-BDA (D) – (L)
보링 바(복인조정식 A형)
BT50-BDB (D) – (L)
보링 바(복인조정식 B형)
BT50-BLA (D) – (L)
보링 바(축방향 조정식 A형)
BT50-BRA (D) – (L)
보링 링(A형)
BT50-BRB (D) – (L)
보링 링(B형)
BT50-BHA (D) – (L)
보링 헤드(미세조정식 A형)
BT50-BHB (D) – (L)
보링 헤드(미세조정식 B형)
MT (NO) – BMA (D₂) – (L₀)
MT 소구멍용 보링 헤드(A형)
MT (NO) – BMB (D₂) – (L₀)
MT소구멍용 보링 헤드(B형)
BT50-RAA (D₁)–(L₁)
링 홀더(A형)
RH (D₁) – BCA (D)
링 헤드(A형)
RH (D₁) – BCB (D)
링 헤드(B형)
BT50-BAA (D₁)–(L₁)
헤드 홀더(A형)
HAA D₁ – D
헤드(A형)
BT50-BAB (D₁)–(L₁)
헤드 홀더(B형)
HAB (D) – (D)
헤드(B형)
T40

7/24 테이퍼의 주축단 · 섕크

JIS B 6101 「7/24 테이퍼의 주축단 및 섕크」 중의 섕크의 규격값은 테이퍼부의 큰 지름과 길이가 MC용 홀더의 섕크 형상의 MAS(일본 공작 기계 공업회) 규격과 공통된다(ATC를 전제로 한 MC용 홀더의 JIS 규격은 없다). 7/24 테이퍼는 이른바 내셔널 테이퍼(NT)인데 JIS에서는 호칭 번호로 하여 단순히 40, 50 등으로 되어 있다. MAS에서는 BT 40, BT 50 등으로 부르고 있다. 최근 TES(일본 공작 기기 공업회) 규격과 홀더의 공통 규격화가 진행되고, BT 50과 BT 40에 대해서는 TES와 공통된다.

주축단

(JIS B 6101)

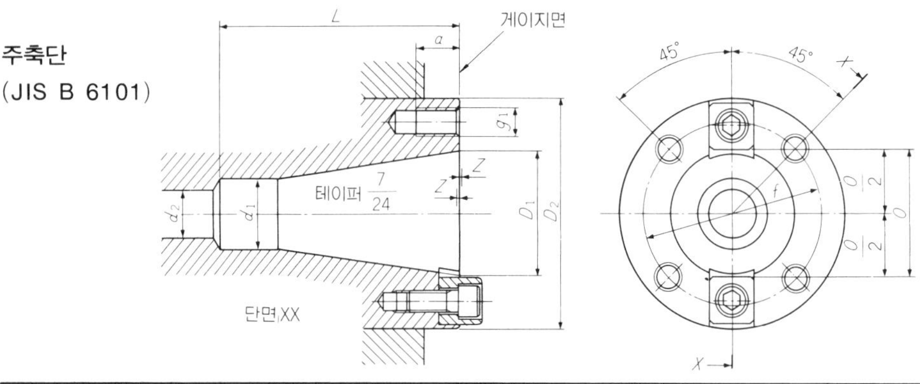

단위 : mm

호 칭 번 호[1]		30	35	40	45	50	55	60
테이퍼부	D_1[2](기준치수)	31.750	38.100	44.450	57.150	69.850	88.900	107.950
	Z[3] (최 대)	0.4	0.4	0.4	0.4	0.4	0.4	0.4
	d_1 ($H12$)	$17.4^{+0.180}_{0}$	$21.4^{+0.210}_{0}$	$25.3^{+0.210}_{0}$	$32.4^{+0.250}_{0}$	$39.6^{+0.250}_{0}$	$50.4^{+0.300}_{0}$	$60.2^{+0.300}_{0}$
	d_2 (최 소)	13	13	17	21	27	27	35
	L (최 소)	73	86	100	120	140	178	220
단 면 부	D_2 (h 5)	$69.832^{0}_{-0.013}$	$79.357^{0}_{-0.013}$	$88.882^{0}_{-0.015}$	$101.600^{0}_{-0.015}$	$128.570^{0}_{-0.018}$	$152.400^{0}_{-0.018}$	$221.440^{0}_{-0.020}$
	m (최 소)	12.5	14	16	18	19	25	38
	f	54	60.3	66.7	80	101.6	120.6	177.8
	g_1	M10	M10	M12	M12	M16	M20	M20
	a (최 소)	16	16	20	20	25	30	30

주 : (1) 호칭 번호 65, 70, 75, 80까지 규격이 있는데 머시닝 센터에서는 35~50 범위내이므로 생략했다.
    (2) D_1은 기준 치수로 Z의 범위에 있지 않으면 안된다.
    (3) Z는 게이지 면에서 테이퍼 대단면 쪽의 최대값이다.

MC용 홀더 섕크

(MAS 규격)

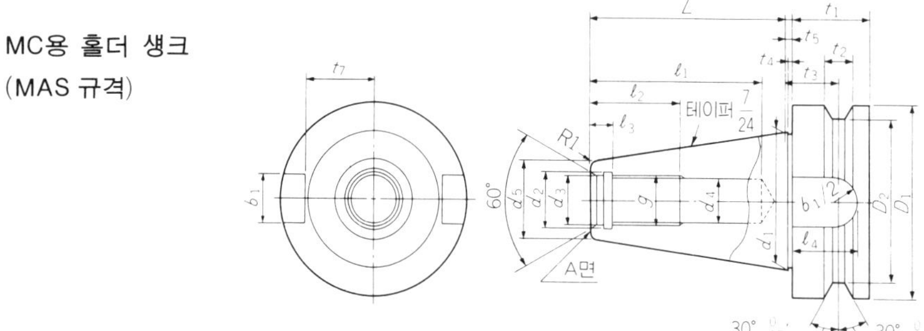

단위 : mm

호칭번호	D_1	D_2	t_1	t_2	t_3	t_4	t_5	d_1	d_2	d_3($H8$)	d_4	L	l_2	l_3	g	l_4	b_1	t_7	d_5	l_1
B T 40	$63^{0}_{-0.05}$	53	25	$10^{+0.1}_{0}$	16.6 ± 0.1	2	2 ± 0.4	44.45	19	$17^{+0.027}_{0}$	14	65.4 ± 0.2	30	8	M16	21	$16.1^{+0.18}_{0}$	$22.6^{0}_{-0.2}$	25.3	70
B T 45	$85^{0}_{-0.05}$	73	30	$12^{+0.1}_{0}$	21.2 ± 0.1	3	3 ± 0.4	57.15	23	$21^{+0.033}_{0}$	17.5	82.8 ± 0.2	38	9	M20	26	$19.3^{+0.21}_{0}$	$29.1^{0}_{-0.2}$	33.1	70
B T 50	$100^{0}_{-0.05}$	85	35	$15^{+0.1}_{0}$	23.2 ± 0.1	3	3 ± 0.4	69.85	27	$25^{+0.033}_{0}$	21	101.8 ± 0.2	45	11	M24	31	$25.7^{+0.21}_{0}$	$35.4^{0}_{-0.2}$	40.1	90
B T 60	$155^{0}_{-0.05}$	135	45	$20^{+0.1}_{0}$	28.2 ± 0.1	3	3 ± 0.4	107.95	33	$31^{+0.039}_{0}$	26.5	161.8 ± 0.2	56	12	M30	34	$25.7^{+0.21}_{0}$	$60.1^{0}_{-0.2}$	60.7	110

MC기별 툴링 생크 규격

대부분의 머시닝 센터의 생크 형상은 BT 40이거나 BT 50—즉 7/24 테이퍼=내셔널 테이퍼의 40 또는 50이다. 일부에 BT 45나 BS 50(ϕ50 스트레이트 생크)가 쓰이고 있다. 문제가 되는 것은 풀스터드 볼트의 형상으로 이 α부의 각도가 MC기와 대응되지 않으면 홀더가 완전하게 로크되지 않는다. 일반적으로 MAS(일본 공작 기계 공업회) 규격의 I형(α=45° 표 중의 P1)과 II형(α=60° 표 중의 P2)이 쓰이고 있는데 그 중에는 90°나 15°의 것도 있다. 툴링 시스템을 선택할 때의 주의점의 하나이다.

기계 메이커	형 식	생크 형상	풀 볼트 형상	ATC 제한 (T=공구개수)
池貝철공	ANC 시리즈	BT 50	P 1	T 30 ϕ150×400 20kgf
	MX 3	BT 40	P 1	T 20 ϕ80×250 5kgf
遠州밀링		BT 40	P 2	
浦和제작소	UB 75	BT 40	P 2	T 18 ϕ100×300 7kgf
大隈철공	MC 5H	BT 50	P 2	T 30 ϕ140×400 20kgf
	MCM.MCR	BT 50S	전용	T 50 ϕ200
	MCV.MCVA	BT 50S	전용	T 24.18 ϕ120
大阪기공	MCH 시리즈	BT 50	전용	T 20.30 ϕ110×350 15kgf
	MCV 500.800	BT 50	전용	T 20 ϕ110×350 15kgf
	MCV 300	BT 45	전용	T 15 ϕ110×350 10kgf
오엠제작소	TMC-16	BT 50	전용	T 20 ϕ150×400 20kgf
大矢제작소	RE-1M	BT 45	P 1	T 20 ϕ100×200 8kgf
倉敷기계	MH 751	BT 50	P 1	T 20 ϕ130×300 15kgf
寿공업	OPM 시리즈	BT 50	P 1	
静岡철공소	B-10V	BT 45	전용	T 16 ϕ115×400 10kgf
	B-3V	BT 40	전용	T 20 ϕ75×300 5kgf
新日本공기	FSP	BT 50(FSP 이외 BT 50S)	전용	
東芝기계	BMC 시리즈	BT 50(BS50)	P 1 (P 2)	T 24.30 ϕ140×440 15kgf
豊田공기	FUN(FHN) 시리즈	BT 50	P 2	T 20.24 ϕ120×400 15kgf
	FHN 80T	BT 50	P 2	T 32 ϕ165×400 20kgf
도야마기계	TMC-40U	BT 40	P 1	T 17 ϕ115
新潟철공	HN 시리즈	BT 50	P 2	T 30.40 ϕ150×330 15kgf
浜井산업	MC-50V	BT 50	P 2	T 20 ϕ125×300 15kgf
	MC-5V	BT 45	P 2, P 1	T 20 ϕ90×300 12kgf
日立정기	VA 40/50	BT 50	P 1	T 20 ϕ120×300 15kgf
	VA 35.MINIMATIC	BT 40	P 1	T 18 ϕ80×250 6kgf
	MG.BD	BT 50S	전용	T 30 ϕ150 15kgf
日立정공	MACC-MATIC 110/130	BT 50S	전용	T 15 ϕ100×300 15kgf
	MBN	BT 50S	전용	
	MACC-MATIC 36/48	BT 40	P 2	T 15 ϕ100×250 12kgf
大隈豊和기계	MILLAC 2	BT 50	P 2	T 20 ϕ125×350 15kgf
	MILLAC 1.RAMCON 3	BT 40	P 1	T 15 4kgf
牧野밀링	VNC.FNC 시리즈	BT 50	P 1	T 20 ϕ125×350 15kgf
	HDNC.HNC 시리즈	BT 50	P 1	T 20.30 ϕ125×350 20kgf
	MC 60(100)	BT 50	P 1	T 20.30 ϕ135×400 18kgf
	MC 60(100)	BS 50	전용	
松浦기계	MC-660/710V	BT 40	P 2	T 25 ϕ76 6kgf
	MC 1000/1500V	BT 45	P 2	T 30 ϕ95×400 12kgf
三井정기	VP 4A(5A)	BT 50	전용	T 20 ϕ125×320 15kgf
	HP 4.5	BT 50	전용	T 24 ϕ140×320 15kgf
	H5B	BT 50	전용	
三菱중공업	MPA 시리즈	BT 50, BT 50S	전용	T 16~
山崎철공		BT 50	P 2 (전용)	
安田공업	YPC-45	BT 40	P 1	T 30 ϕ100×300 7kgf
	YBM 시리즈	BT 50	P 1	T 30~ ϕ210×400 20kgf
	YMC 시리즈	BT 50	P 1	35kgf
碌々산업	VIX.V 10	BT 40	P 2	T 20 ϕ76×250 8kgf
와시노기계	FA 203	BT 40S	전용	

● 생크 형상

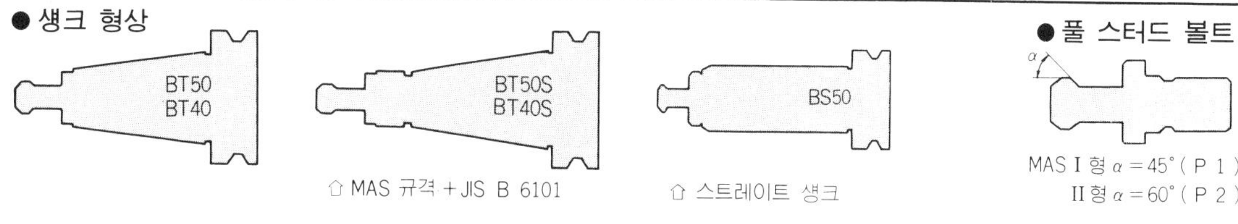

● 풀 스터드 볼트

몰스 테이퍼 생크 소켓
(JIS B 6163)

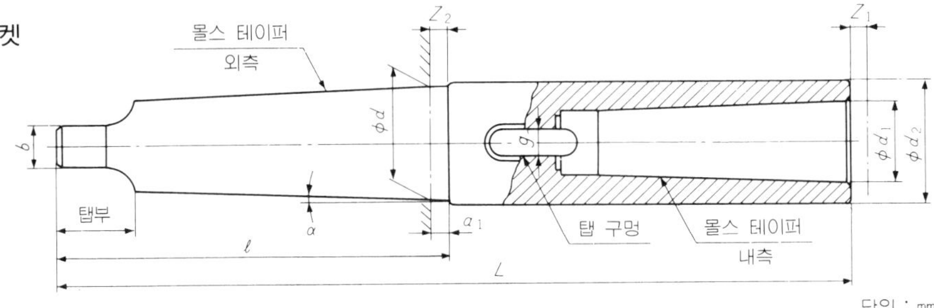

호 칭	몰스 테이퍼 번호		d	l	a_1	d_1	d_2 (최대)	L (최소)	b	g	게이지 라인의 위치 범위	
	내 측	외 측									z_1 (최대)	z_2 (최대)
MT 1 × 1	1	1	12.065	69	7	12.065	20	145	5.2	5.4	1	1
MT 1 × 2	1	2	17.780	84	9	12.065	20	160	6.3	5.4	1	1
MT 2 × 2	2	2	17.780	84	9	17.780	30	175	6.3	6.6	1	1
MT 1 × 3	1	3	23.825	99	5	12.065	20	175	7.9	5.4	1	1
MT 2 × 3	2	3	23.825	103	9	17.780	30	194	7.9	6.6	1	1
MT 3 × 3	3	3	23.825	103	9	23.825	36	215	7.9	8.2	1	1
MT 2 × 4	2	4	31.267	124	6.5	17.780	30	215	11.9	6.6	1	1.5
MT 3 × 4	3	4	31.267	128	10.5	23.825	36	240	11.9	8.2	1	1.5
MT 4 × 4	4	4	31.267	128	10.5	31.267	48	265	11.9	12.2	1.5	1.5
MT 3 × 5	3	5	44.399	156	6.5	23.825	36	268	15.9	8.2	1	1.5
MT 4 × 5	4	5	44.399	163	13.5	31.267	48	300	15.9	12.2	1.5	1.5
MT 5 × 5	5	5	44.399	163	13.5	44.399	63	335	15.9	16.2	1.5	1.5
MT 4 × 6	4	6	63.348	218	8	31.267	48	355	19	12.2	1.5	2
MT 5 × 6	5	6	63.348	218	8	44.399	63	390	19	16.2	1.5	2

몰스 테이퍼 번호
단위 : mm

MT No.	테 이 퍼		테이퍼각 α
MT.1	1/20.047	0.04988	1° 25′ 43″
MT.2	1/20.020	0.04995	1° 25′ 50″
MT.3	1/19.922	0.05020	1° 26′ 16″
MT.4	1/19.254	0.05194	1° 29′ 15″
MT.5	1/19.002	0.05263	1° 30′ 26″
MT.6	1/19.180	0.05214	1° 29′ 36″

몰스 테이퍼 (JIS B 6163)

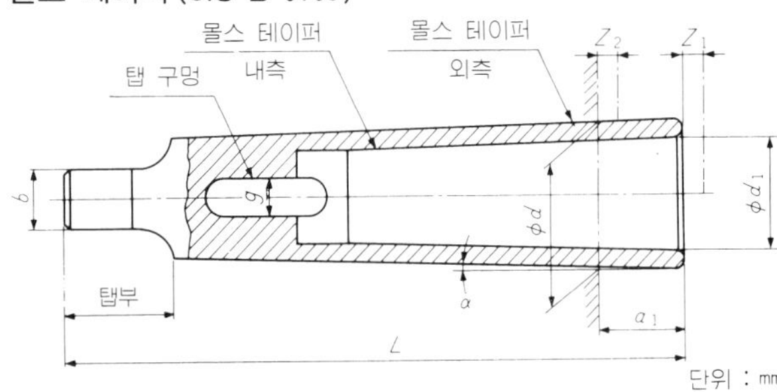

호 칭	몰스 테이퍼 번호		d	L	a_1	d_1	b	g	게이지 라인의 위치 범위	
	내 측	외 측							z_1 (최대)	z_2 (최대)
MT 1 × 2	1	2	17.780	92	17	12.065	6.3	5.4	1	1
MT 1 × 3	1	3	23.825	99	5	12.065	7.9	5.4	1	1
MT 2 × 3	2	3	23.825	112	18	17.780	7.9	6.6	1	1
MT 2 × 4	2	4	31.267	124	6.5	17.780	11.9	6.6	1	1.5
MT 3 × 4	3	4	31.267	140	22.5	23.825	11.9	8.2	1	1.5
MT 3 × 5	3	5	44.399	156	6.5	23.825	15.9	8.2	1	1.5
MT 4 × 5	4	5	44.399	171	21.5	31.267	15.9	12.2	1.5	1.5
MT 3 × 6	3	6	63.348	218	8	23.825	19	8.2	1	2
MT 4 × 6	4	6	63.348	218	8	31.267	19	12.2	1.5	2
MT 5 × 6	5	6	63.348	218	8	44.399	19	16.2	1.5	2

BT 50 시스템

플레인 커터 아버 A형
쉘 엔드 밀 아버 A형

● 플레인 커터 아버 A형(발췌)

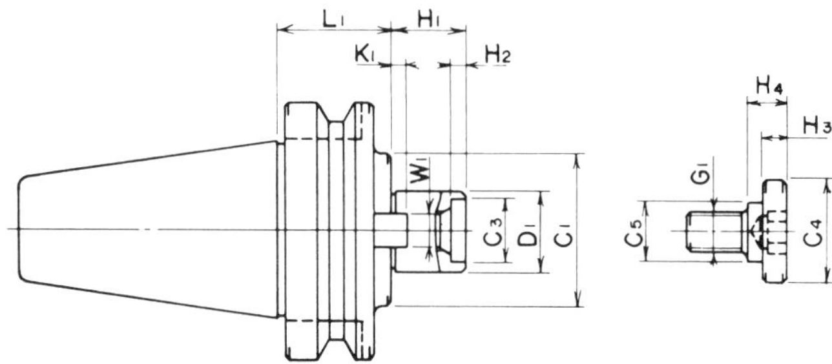

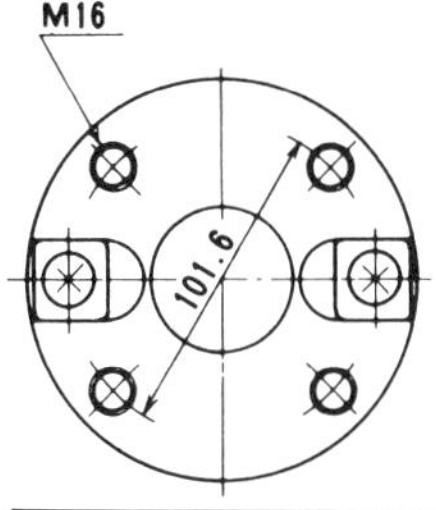

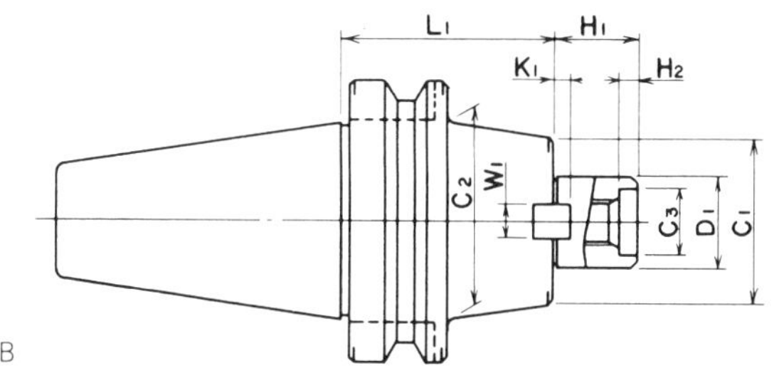

코 드	그림	D_1(h6)	L_1	C_1	C_2	C_3	H_1	H_2	W_1	K_1	G_1	C_4	C_5	H_3	H_4	중량(kg)	클램프 볼트	커터 직경 JIS B4113-1970
BT50-FMA31.75- 45	A	31.75	45	60	—	24	30	6	12.7	7	M16	40	23	10	16	4.6	MBA-M16 or	102
- 75	B		75		70											5.2	JIS B1176-1974	(100)
-105			105													6	M16	
-FMA38.1 - 45	A	38.1	45	80	—	28	34	6	15.9	9	M20	50	27	14	20	4.3	MBA-M20	127
- 75			75													5.5		(125)

● 쉘 엔드밀 아버 A형(발췌)

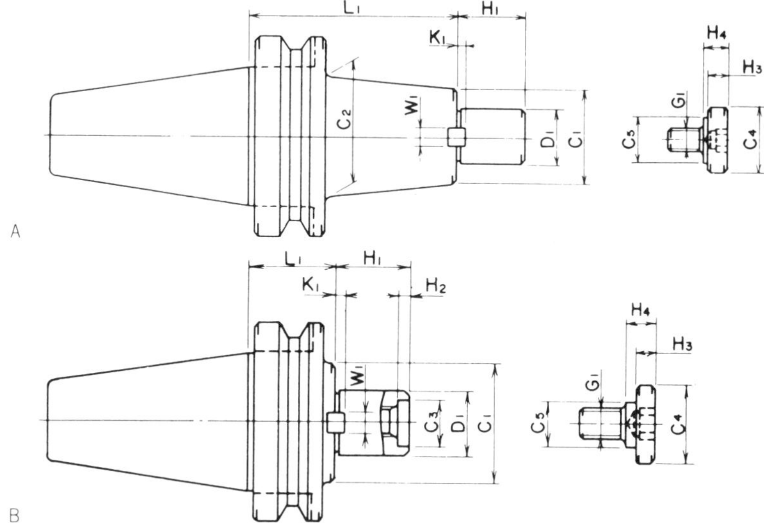

코 드	그림	D_1(h6)	L_1	C_1	C_2	C_3	H_1	H_2	W_1	K_1	G_1	C_4	C_5	H_3	H_4	중량(kg)	클램프 볼트	커터 직경 JIS B4214-1966
BT50-SMA27- 105	A	27	105	50	60	—	36	—	10	4	M12	33	23	10	12	5.2	M B A - M12	60, 75
-SMA27-150			150													5.8		
-SMA32- 45	B	32	45	60	—	24	38	6	10	4.5	M16	40	23	10	16	4.2	M B A - M16	100
-SMA40- 45	B	40	45	80	—	28	38	6	12	5	M20	50	27	14	20	4.3	M B A - M20	125
-SMA40- 75			75													5.5		

BT 50 시스템 사이드 커터 아버 A형 / 탭 홀더 B형

● 사이드 커터 아버 A형 (발췌)

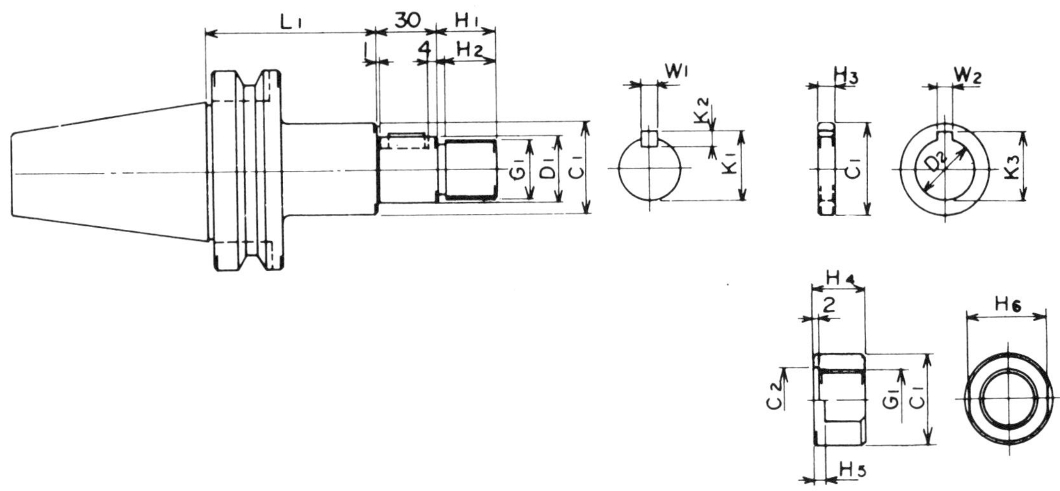

코 드	D_1(h6)	L_1	C_1	G_1	H_1	H_2	W_1	K_1	K_2	D_2	H_3	W_2	K_3	C_2	H_4	H_5	H_6	중량	커터 직경			
																			JIS B 4206-1975	JIS B 4107-1976	JIS B 4219-1964	JIS B 4109-1972
BT50-SCA16- 90	16	90	26	M 14×1.5	16	13	4	17.2	4	16	3, 5, 7	4	17.7	17	13	3	22	4	50	—	60	—
-120		120									8, 10, 12							4.1				
-SCA22- 90	22	90	34	M 20×1.5	21	18	6	23.6	6	22	3, 5, 7	6	24.1	23	18	4	30	4.3	(60), 63, (75)	60	75	60
-135		135									8, 10, 12							4.6				
-SCA27- 90	27	90	40	M 24×2	25	21	7	29	7	27	3, 5, 7	7	29.8	28	21	4	32	4.7	80, (100)	75	100, 125	75
-135		135									8, 10, 12							5.1				
-SCA32- 90	32	90	46	M 30×2	30	26	8	34	7	32	3, 5, 7	8	34.8	33	26	5	41	5.1	100, 125 (150)	100, 125	150, 175 200	100, 125 150, 175
-135		135									8, 10, 12							5.7				
-SCA40- 90	40	90	55	M 36×3	36	31	10	42.5	8	40	3, 5, 7	10	43.5	41	31	5	46	5.8	160, (175) 200	150, 175	—	—
135		135									8, 10, 12							6.8				

● 탭 홀더

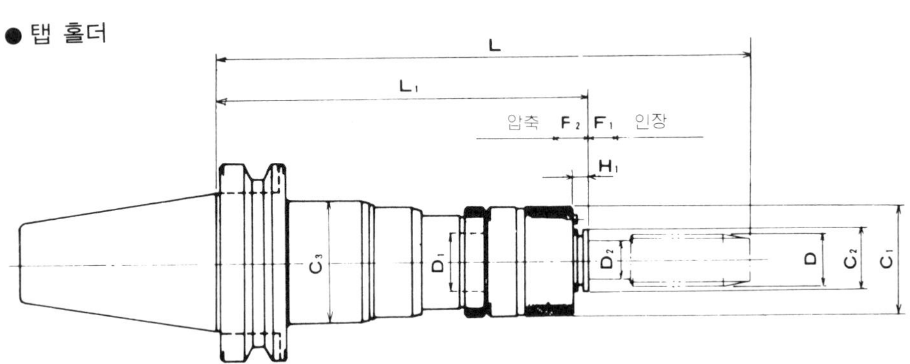

코 드	D_1	L_1	C_1	C_2	C_3	H_1	F_1	F_2	D_2	D	중량 (kg)	탭 콜릿 코드
BT50-TPB19-165	19	165	38	19	45	4	15	15	5 ~ 9	M 4~M 12	4.3	T C B 19-①
-TPB30-195	30	195	56	32	63	8	20	20	8.5~20	M 12~M 27	5.8	T C B 30-①
-TPB45-255	45	255	78	45	98	12	25	25	14 ~28	M 18~M 36	12	T C B 45-①

주 : D는 미터라인 암나사(그 외에 UNC, PF, PT가 있다). 중량은 탭콜릿을 포함한다.

BT 50 시스템

● 콜릿 홀더 A형 (발췌)

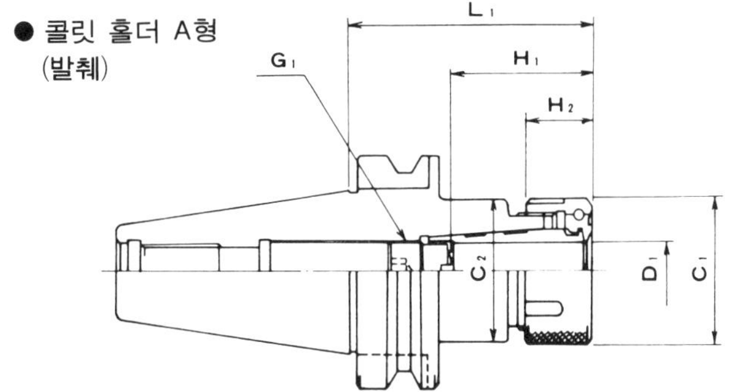

코 드	D₁	L₁	C₁	C₂	G₁	H₁		H₂	H₃	중량 (kg)	콜릿 코드
						MIN	MAX				
BT50-CTA10- 75	3 ~10	75	36	32	M14×1.5	21	70	18	–	3.7	CCA10- D₁
-105		105								3.8	
-135		135								3.9	
-CTA20- 75	6 ~20	75	50	50	M24×1.5	42	90	25	–	3.6	CCA20- D₁
-105		105								4.	
-135		135								4.4	
-CTA25-105	6,8,10~25	105	62	60	M28×1.5	59	115	28.5	–	4.2	CCA25- D₁
-135		135								4.8	

척 콜릿 A형 (발췌)

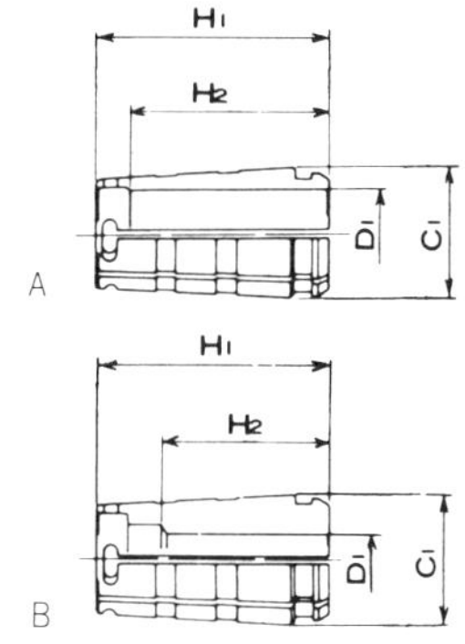

코 드	그림	D₁	C₁	H₁	H₂
CCA10 – D₁	A	3 ~ 5	17.2	26	16
		5.2~ 5.8			18
		6 ~10			20
CCA20 – D₁	B	6 ~ 9.5	29.5	50	32
		10 ~15.5			35
	A	16 ~20			40
CCA25 – D₁	B	6, 8	36.5	68	38
		10 ~15			48
	A	15.5~20			54
		20.5~25			57

● 척 홀더 A형 (발췌)

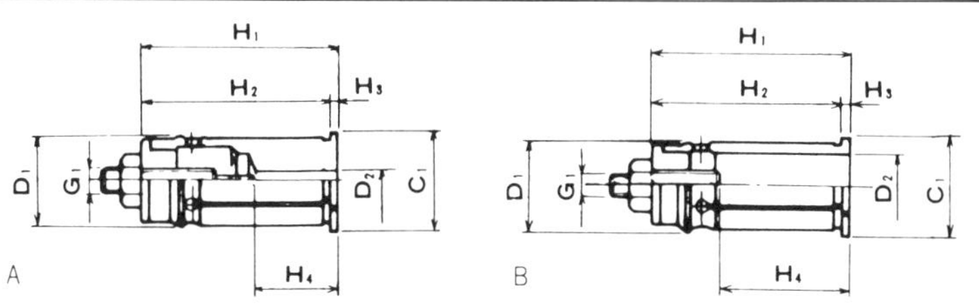

코 드	D₁(H6)	D₃(H6)	L₁	C₁	C₂	H₁	H₂	H₃	H₄		E₁	중량 (kg)	슬리브 코드
									MIN	MAX			
BT50-CHA32-120	32	25	120	69	65	78	110	64	65	78	0~7	5.4	SSA32- D₂
-150			150									6.2	
-CHA42-135	42	42	135	88	80	86	125	67	72	86	0~7	6.2	SSA42- D₂
-165			165									7.2	

스트레이트 슬리브 A형

코 드	그림	D₁	D₂	C₁	H₁	H₂	H₃	H₄		G₁
								MIN	MAX	
SSA32-D₂	A	32	6	37	75	72	3	25	45	M10
			8							
			10					30		
	B		12					35	60	
			16					40		
			20					45		
			25					50		
SSA42-D₂	A	42	12	48	82	77	5	35	50	M12
			16					40		
	B		20					45	65	
			25		92	87		60	75	
			32							

BT 50 시스템

사이드 로크 홀더 A형
몰스 테이퍼 홀더 A형

● 사이드 로크 홀더 A형

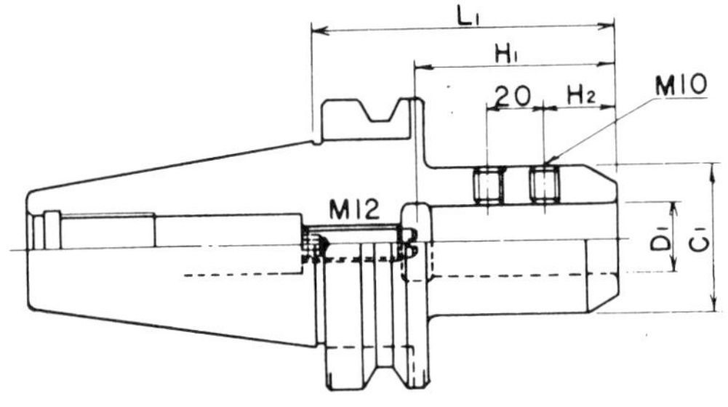

코 드	D_1(H6)	L_1	C_1	H_1		H_2	중량 (kg)
				MIN	MAX		
B T 50- S L A 20- 105	20	105	50	55	70	25	4.6
- S L A 25-105	25	105	50	55	70	25	4.5
- S L A 32-105	32	105	60	65	80	30	4.7

● 몰스 테이퍼 홀더 A형

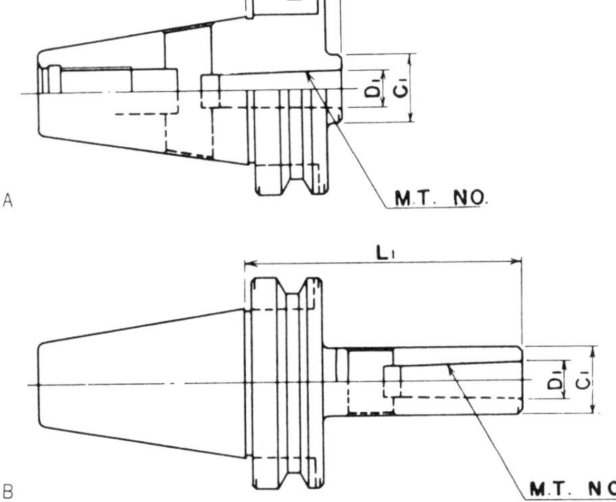

코 드	그림	M . T .NO.	L_1	D_1	C_1	중량 (kg)
B T 50- M T A 1 - 45	A	1	45	12.065	25	3.9
-120	B		120			4.2
-180			180			4.3
- M T A 2 - 45	A	2	45	17.78	32	3.9
-135	B		135			4.3
180			180			4.6
- M T A 3 - 45	A	3	45	23.825	40	3.8
-150	B		150			4.6
-180			180			4.9
- M T A 4 - 75	A	4	75	31.267	50	3.9
-180	B		180			5.4
- M T A 5 -105	A	5	105	44.399	65	4.5
-210	B		210			7.2

제6장 재 료 편

BT 50 시스템

야곱스 테이퍼 홀더 A형
스페이드 드릴 홀더 A형

● 쟈콥스 테이퍼 홀더 A형

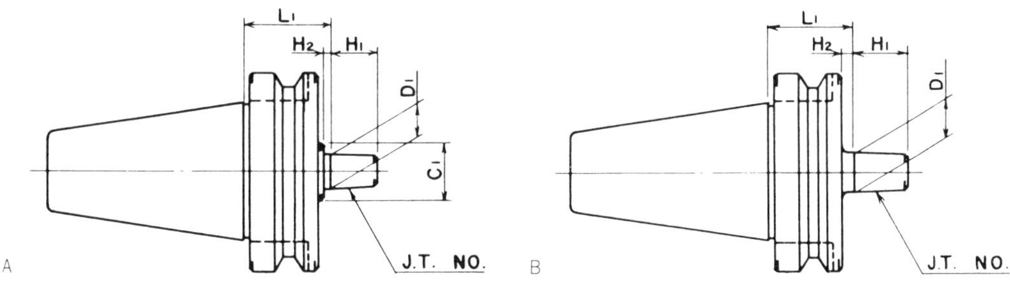

코 드	그림	J.T.NO.	L_1	D_1	C_1	H_1	H_2	중량(kg)
B T 50- J T A 1 - 45	A	1	45	9.754	30	15	3	4
-105			105					4.2
- J T A 2 S- 45	A	2 SHORT	45	13.94	30	18	3	4
-105			105					4.2
- J T A 2 - 45	A	2	45	14.199	30	20	4	4
-105			105					4.2
- J T A 33 - 45	A	33	45	15.85	30	24	4	4
-105			105					4.2
- J T A 6 - 45	A	6	45	17.17	30	24	4	4
-105			105					4.2
- J T A 3 - 45	B	3	45	20.599	—	28	7	4
-105	A		105		35		5	4.2

● 스페이드 드릴 홀더 A형

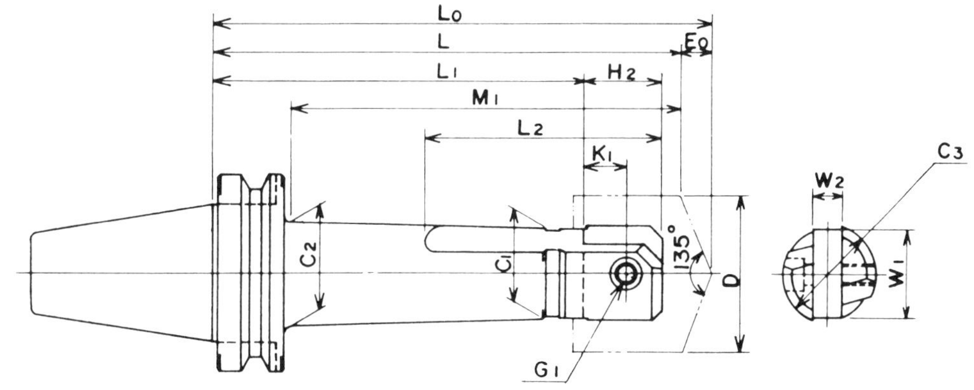

코 드	D	L_0	L	L_1	L_2	M_1	K_1	C_1	C_2	C_3	G_1	H_2	W_1	W_2	E_0	중량(kg)
B T 50- S D A 60-165	50~60	177	165	124	100	122	23	40	—	45	M 8	38	40	12	10~12	5.1
-255		267	255	214	120	212			45							6.8
- S D A 80-165	60~80	181	165	116	100	122	23	45	—	50	M 10	40	45	15	12~16	5.4
-240		256	240	191	120	197			53							6.6
-330		346	330	281		287										7.9
- S D A 100-165	80~100	185	165	112	100	122	23	55	—	60	M 10	45	55	18	16~20	6.2
-240		260	240	187	120	197			65							7.9
-330		350	330	277		287										9.9

BT 50 시스템　보링 바 / 보링 헤드

● 보링 바 각 바이트식 A형(발췌)

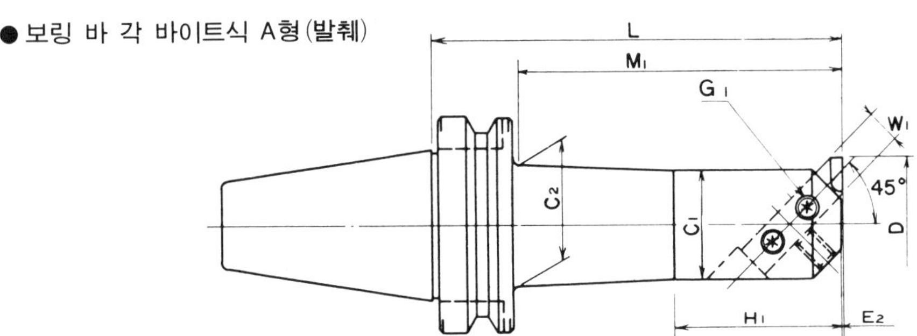

코　드	D		L	C_1	C_2	M_1	H_1	E_2	W_1	G_1	중량 (kg)	공구 길이	
	MIN	MAX										단	장
B T 50- B S A 62 -195	62	90	195	50	56	152	80	2	16	M 10	6.2	74	—
-270			270			227					7.6		
- B S A 72 -195	72	110	195	60	66	152	95	2.4	19	M 10	7	85	100
-285			285			242					9.3		
- B S A 90 -210	90	125	210	75	80	167	110	4	19	M 12	9.2	110	—
-300			300			257					12.3		
- B S A 105-285	105	160	285	90	94	—	130	3	25	M 12	15	130	150

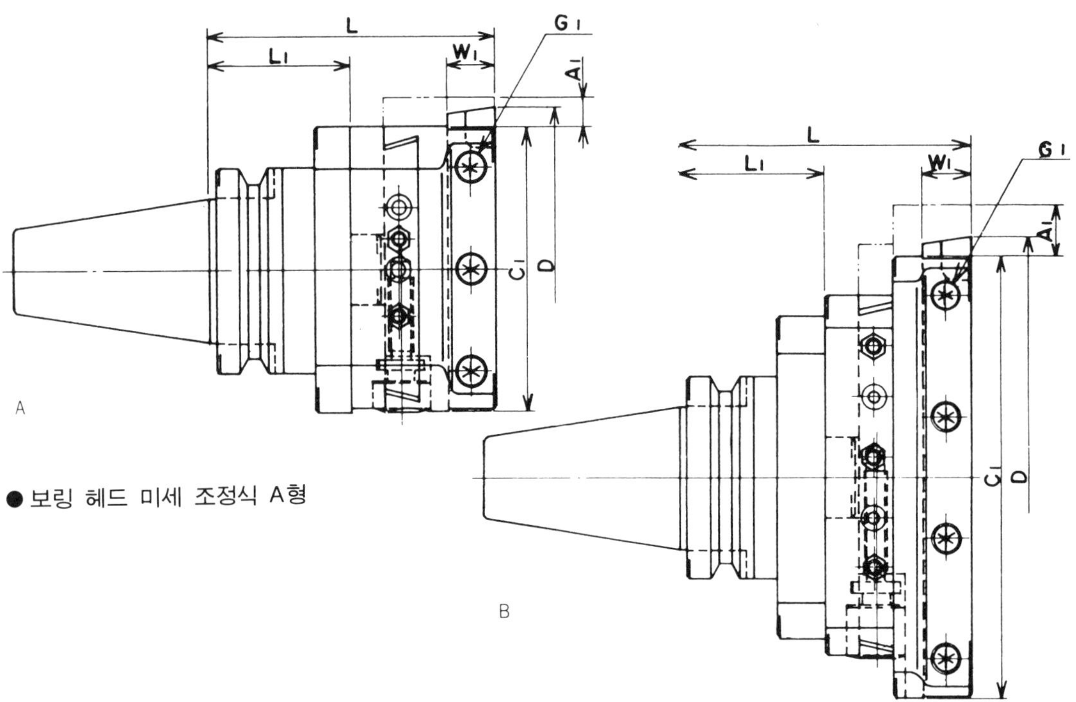

● 보링 헤드 미세 조정식 A형

코　　드	그림	D		L	L_1	C_1	W_1	A_1	G_1	중량 (kg)	홀더 코드	헤드 코드	공구 길이
		MIN	MAX										
B T 50- B H A 160-150	A	160	265	150	75	140	25	13	M 16	11.9	B T 50- B A A 35-75	H A A 35-160	140
- B H A 240-150	B	240	370			220		25		15.7	- B A A 40-75	H A A 40-240	160
- B H A 320-150	B	320	450			300				17.2		-320	

찾 아 보 기

MEMO

기계 가공 기술 시리즈 No.9

머시닝 센터 활용 매뉴얼

1998. 7. 2. 초 판 1쇄 발행
2020. 9. 15. 초 판 6쇄 발행

지은이 | 툴엔지니어 편집부
옮긴이 | 심증수
펴낸이 | 이종춘
펴낸곳 | **BM** ㈜도서출판 **성안당**
주소 | 04032 서울시 마포구 양화로 127 첨단빌딩 3층(출판기획 R&D 센터)
　　 | 10881 경기도 파주시 문발로 112 출판문화정보산업단지(제작 및 물류)
전화 | 02) 3142-0036
　　 | 031) 950-6300
팩스 | 031) 955-0510
등록 | 1973. 2. 1. 제406-2005-000046호
출판사 홈페이지 | **www.cyber.co.kr**
ISBN | 978-89-315-3615-7 (13550)
정가 | **25,000원**

이 책을 만든 사람들
책임 | 최옥현
진행 | 이희영
교정·교열 | 문 황
전산편집 | 이지연
표지 디자인 | 박원석
홍보 | 김계향, 유미나
국제부 | 이선민, 조혜란, 김혜숙
마케팅 | 구본철, 차정욱, 나진호, 이동후, 강호묵
마케팅 지원 | 장상범, 조광환
제작 | 김유석

■ **도서 A/S 안내**

성안당에서 발행하는 모든 도서는 저자와 출판사, 그리고 독자가 함께 만들어 나갑니다.
좋은 책을 펴내기 위해 많은 노력을 기울이고 있습니다. 혹시라도 내용상의 오류나 오탈자 등이 발견되면 **"좋은 책은 나라의 보배"**로서 우리 모두가 함께 만들어 간다는 마음으로 연락주시기 바랍니다. 수정 보완하여 더 나은 책이 되도록 최선을 다하겠습니다.
성안당은 늘 독자 여러분들의 소중한 의견을 기다리고 있습니다. 좋은 의견을 보내주시는 분께는 성안당 쇼핑몰의 포인트(3,000포인트)를 적립해 드립니다.

잘못 만들어진 책이나 부록 등이 파손된 경우에는 교환해 드립니다.